Jacob Herzfeld

Die Bleichmittel, Beizen und Farbstoffe

Eigenschaften, Prüfung und praktische Anwendung auf Baumwolle,

Wolle, Seide, Halbwolle, Halbseide, Jute, Leinen, etc.

bremen
university
press

Jacob Herzfeld

Die Bleichmittel, Beizen und Farbstoffe

Eigenschaften, Prüfung und praktische Anwendung auf Baumwolle, Wolle, Seide, Halbwolle, Halbseide, Jute, Leinen, etc.

ISBN/EAN: 9783955620325

Auflage: 1

Erscheinungsjahr: 2013

Erscheinungsort: Bremen, Deutschland

Die

Bleichmittel, Beizen

und

Farbstoffe.

Eigenschaften, Prüfung und praktische Anwendung

auf Baumwolle, Wolle, Seide, Halbwolle,

Halbseide, Jute, Leinen etc.

von

Dr. J. HERZFELD.

Zweite gänzlich neu bearbeitete Auflage

von

Dr. FELIX SCHNEIDER.

Chemiker und Lehrer an der preuss. höheren Fachschule für die Textil-Industrie zu Aachen.

BERLIN W.

Verlag von M. KRAYN.

1900.

Aus dem Vorwort der ersten Auflage.

Im Laufe meiner Thätigkeit an der Färberei-Abteilung der hiesigen Höheren Webeschule empfand ich stets lebhaft den Mangel eines zeitgemässen Lehrbuchs über das grosse Gesamtgebiet der Färberei und Bleicherei. Die in der spärlichen Litteratur sich vorfindenden ähnlichen Werke stammten sämtlich aus den vierziger und fünfziger Jahren. Wohl kein Gebiet hat nun seitdem, namentlich seit den letzten 15 Jahren eine gründlichere und umfassendere Umgestaltung erhalten, als das vorgenannte Gebiet. So entschloss ich mich denn zur Ausarbeitung nachstehenden Werkchens. Durch eine leichtfassliche Darstellungsweise habe ich versucht, dem Bildungsstande des Färbers in Deutschland zu entsprechen, unter Abkürzung oder gänzlicher Fortlassung aller schwierigen theoretisch wissenschaftlichen Auseinandersetzungen. Bei den Teerfarbstoffen vermied ich die Anführung der chemischen Konstitutionsformeln und selbst die Andeutung der Darstellungsweise. Dagegen hoffe ich durch die getroffene Einteilung der Farbstoffe nach den Farben dem praktischen Färber eine grössere Übersicht geschaffen zu haben, als es die von andern Verfassern inne gehaltene streng wissenschaftliche Anordnung bietet.

Das Werk wird das Gesamtgebiet der Färberei und Bleicherei nach den neuesten Erfahrungen umfassen. Um die Ausarbeitung als auch um die Verbreitung in Fachkreisen zu erleichtern, beschloss ich, das Buch in zwei Teilen erscheinen zu lassen, jedoch so, dass ein jeder ein in sich abgeschlossenes Ganze bildet. Im vorliegenden ersten Teile werden sämtliche Bleichmittel, Beizen und Farbstoffe, nach ihrer grösseren oder geringeren Bedeutung für die Färberei und Bleicherei abgehandelt. Besonders hervorgehoben wird stets die praktische Seite, die Art und Weise der Anwendung auf die verschiedenen Fasern. Im zweiten Teile wird u. a. das zu grosser Ausdehnung gelangte Maschinenwesen auf dem Gebiete der Färberei und Bleicherei, vorzugsweise an der Hand zahlreicher Maschinen-Zeichnungen beschrieben werden. Über diejenigen, welche heutzutage, an den altväterlichen Anschauungen festhaltend, ratlos und verbittert die durchgreifende Veränderung der Arbeitsverhältnisse durch den Maschinenbetrieb beklagen, geht bekanntlich die mächtig fortschreitende Zeit einfach zur Tagesordnung über. Ein Industriezweig ferner, der nicht mit allen Kräften bestrebt ist, sich die Vorteile des Maschinenbetriebes zu sichern und versuchen wollte, an der Arbeitsmethode der früheren „guten, alten Zeit" festzuhalten, weiht sich selber dem Untergange. In erster Linie werde ich die deutsche Maschinen-Industrie für Färberei und Bleicherei berücksichtigen, weil sie anerkanntermassen sich zur Höhe der Leistungsfähigkeit gegenüber der ausländischen, namentlich gegenüber den hier früher allein massgebenden englischen und französischen Maschinenfabriken, aufgeschwungen hat. Auch das für den Färber Wissenswerte über die physikalische und chemische Beschaffenheit der Textilfasern, die Reinigungs- und Bleichmethoden, die Färbereimethoden für Gewebe, Garn und loses Faser-Material, das Färben von gemischtem Fasermaterial wie Halbwolle und Halbseide wird besonders abgehandelt werden. Im Anhange gedenke ich noch einen Abriss der Farbenlehre zu geben sowie eine Zusammenstellung über Untersuchungen von Farbstoffen als solche und im angefärbten Zustande schematisch in Tabellenform.

Für den Anfänger auf dem Gebiete der Färberei hoffe ich ein Hilfs- und Lehrbuch geschaffen zu haben; der Praktiker wird Anregung zu weiterem Forschen finden.

Dr. J. Herzfeld.

Vorwort zur zweiten Auflage.

Bei der Bearbeitung vorliegenden Buches war ich bestrebt, so weit es bei der grossen Anzahl von Neuerungen auf diesem Gebiete möglich war, das Alte beizubehalten und das Neue in den Rahmen des Alten einzufügen. Auch ist die alte möglichst allgemein verständliche Schreibweise berücksichtigt worden und der Aufbau des Buches nach praktischen Gesichtspunkten geordnet. Daher ist bei Besprechung der Farbstoffe nur die praktische Seite, nicht die Chemie derselben, wie schon bei der ersten Auflage, in Betracht gezogen und sind die Veröffentlichungen der Farbenfabriken berücksichtigt worden. Herrn Dr. E. Nölting, Direktor der Chemieschule Mülhausen, und Herrn Dr. S. Kapff, Leiter der Färbereiabteilung der preuss. höh. Fachschule für Textilindustrie Aachen, sage ich an dieser Stelle für den mir auf viele Fragen gütigst erteilten Rat meinen besten Dank. Möge diese zweite Auflage in den Kreisen, in welchen die erste Auflage Aufnahme gefunden, den gleichen Zwecken eines kurzen Lehrbuches dienen.

Dr. Felix Schneider.

Inhaltsverzeichnis.

Die Bleichmittel.

Die Bleichmittel bezwecken die in der Faser enthaltenden fremden Stoffe zu entfernen oder wenigstens zu entfärben. Dies sind solche Bestandteile, die die Faser färben oder verunreinigen. Die färbenden Teile der Baumwolle verhindern beispielsweise, dass die reine weisse Farbe der Cellulose, aus der die Baumwolle besteht, hervortritt. Ferner müssen die dem Garne oder Gewebe in der Spinnerei oder Weberei zugesetzten künstlichen Mittel wieder beseitigt werden. Die Bleichmittel richten sich wesentlich nach der Natur der Faser. Die Bleichmittel für Baumwolle und Leinen sind andere als die für Wolle und Seide. Die Pflanzenfasern, die wesentlich aus Cellulose bestehen, widerstehen den Einwirkungen der meisten chemischen Mittel. Die fremden färbenden Stoffe der Faser werden hier verhältnismässig leicht zerstört oder aufgelöst, ohne dass die Faser leidet. Würde man dieselben chemischen Mittel bei den Tierhaaren und Seiden anwenden, so würden nicht nur die fremden Substanzen, sondern auch der Spinnstoff selbst aufgelöst, zum mindesten stark angegriffen und leicht brüchig gemacht werden.

Chlorkalk, Unterchlorigsaurer Kalk, Calciumhypochlorid, Bleichkalk besteht dem Hauptbestandteile nach aus unterchlorigsaurem Kalk und Chlorcalcium: Ca $(OCl)_2$ + Ca Cl_2. Der Vereinigung beider, der aktiven Substanz des Chlorkalkes, kommt nach Odling und Lunge die Formel Ca (OCl) Cl zu, da Chlorkalk durch Kohlensäure fast alles Chlor verliert, was ja nicht der Fall sein könnte, wenn Chlorcalcium ein Bestandteil wäre; daneben enthält er in wechselnden Mengen auch noch freien Kalk und kohlensauren Kalk gemäss der Gewinnung. Er wird im grossen Maasse in den Sodafabriken hergestellt, welche die als Nebenprodukt abfallende Salzsäure benutzen. Aus Salzsäure und Braunstein wird Chlorgas, das auch neuerdings vielfach auf elektrolytischem Wege erhalten wird, entwickelt, welches über Schichten von trockenem, gelöschtem Kalk geleitet wird, um Chlorkalk zu bilden. Der Kalk absorbiert bis zu 40 % Chlor. Das entstandene Produkt ist ein gleichmässiges weisses Pulver, das einen chlorartigen Geruch besitzt und an der Luft nur sehr allmählich feucht wird. Mit Wasser wird der Chlorkalk zu einem gleichmässigen Brei angerührt, der sich in dem 20 fachen Gewicht Wasser zum grösseren Teile auflöst. Die so hergestellte Lösung dient zum **Bleichen von Baumwoll- und Leinen-Garnen und -Geweben.** Wichtig ist auch die Verwendung des Chlorkalkes zur Papierbleiche und Desinfektion.

Das Bleichen muss stets in verdünnter kalter Bleichflüssigkeit bei alkalischer Reaction geschehen. Die Lösung muss frei von ungelösten Teilchen sein und stets gleich bleibenden Gehalt besitzen, was durch Titrieren festzustellen ist, wie bei der Wertbestimmung des Chlorkalkes oder einfacher mit Aräometer. Die Stärke der zu verwendenden Lösung für Baumwoll-Gewebe mittlerer Schwere ist 0,25° Bé*). Die Stoffe müssen 8 — 10 Stunden in der Flüssigkeit ruhen bleiben. Soll die Bleiche in kürzerer Zeit sich vollziehen, so darf die Konzentration um $^1/_4$ bis $^1/_2$° Bé erhöht werden. Die Temparatur darf im allgemeinen 10 — 18° C. nicht übersteigen. Gewebe in starker Chlorkalklösung eingetaucht, oder Stellen, an welchen Chlorkalkteilchen haften, verlieren bald ihre Stärke und wird die Einwirkung nicht unterbrochen, so zerfallen sie sehr bald, da sich Cellulose in Oxycellulose verwandelt. Wird nun gar noch Wärme angewandt, so tritt der Zerfall zusehends ein.

Um die Wirkung der Chlorkalklösungen zu verstärken, empfiehlt G. Lunge einen geringen Zusatz von Essigsäure oder Ameisensäure.

Nach dem Chloren folgt längeres Liegen, Waschen und endlich Entsäuern in Bottichen, mit verdünnter Schwefelsäure oder Salzsäure in der Konzentration etwa $^1/_4$° Bé stärker als die vorher angewandte Bleichlösung, welches zum Zweck hat, den unveränderten Chlorkalk, den Kalk, den durch das Chlor zerstörten Farbstoff und etwa vorhandenes Eisen zu entfernen.

Das Verfahren, durch Kochen eine starke Chlorkalklösung herzustellen, ist zu verwerfen, da dieselbe sich hierbei zersetzt unter Entwickelung von Sauerstoff, der für die Bleiche verloren geht, und ein Teil des Clorkalks sich gleichzeitig in chlorsauren

---

*) Bé bedeutet Baumé.

Kalk verwandelt. Die Erschöpfung des Bleichbades erkennt man an einer kleinen Probe durch Zusatz von verdünnter Schwefelsäure. Tritt nur ein schwacher oder gar kein Chlor-Geruch ein, so kann man das Bad ablaufen lassen.

Die Wirkung des Chlorkalkes bei der Bleiche lässt sich folgendermassen erklären. In erster Linie wirkt die Kohlensäure der Luft ein und bildet unterchlorige Säure H OCl:

$$2\ Ca\ OCl_2 + CO_2 + H_2O = Ca\ CO_3 + Ca\ Cl_2 + 2\ H\ OCl.$$

Diese unterchlorige Säure ist sehr wenig beständig und liefert Sauerstoff (O) und Salzsäure (H Cl.):

$$H\ OCl = HCl + O.$$

Der Sauerstoff zerstört, oxydiert den die Faser verunreinigenden Farbstoff. Die daneben entstehende Salzsäure wirkt nun ihrerseits auch auf Chlorkalk und giebt damit freies Chlor:

$$Ca\ OCl_2 + 2\ H\ Cl = CaCl_2 + H_2\ O + Cl_2$$

Dies Chlor wirkt zwar wenig als trockenes Gas für sich bleichend, hat aber die Eigenschaft aus Wasser (H_2O) den Wasserstoff zu binden und Sauerstoff frei zu machen:

$$H_2\ O + Cl_2 = 2\ H\ Cl + O.$$

Dieser Sauerstoff wirkt wie schon eben gesagt als Zerstörer des Farbstoffes. So schreitet die Reaktion der Bleiche, einmal eingeleitet, der Zeit entsprechend fort.

Chlorkalk soll ein weisses Pulver ohne zusammenhängende Stücke darstellen und stets an trockenem kühlem Orte und zugedeckt aufbewahrt werden, da sonst rasch Zersetzung stattfindet. In den Handel gelangt er in verschiedenen Qualitäten. Guter Chlorkalk löst sich in weichem Wasser fast vollständig auf. Der Wert wird nach der Menge an sog. „wirksamen" Chlor, die enthalten ist, bestimmt. Guter Chlorkalk muss mindestens 34 % — 39 % Chlor oder 110° Gay Lussac haben.

Der Chlorgehalt kann auf verschiedene Weise bestimmt werden:

1. Mittels alkalischer Arsenitlösung nach Gay-Lussac und Pennot mit Jodkaliumstärkepapier als Indicator.
2. Durch Zusatz von Kaliumjodid und Salzsäure und Titrieren des frei gemachten Jods mit $^1/_{10}$ normal Thiosulfatlösung unter Zusatz von Stärkelösung. (Wagner).
3. Nach Baumann, indem man mit Wasserstoffsuperoxyd versetzt, welches Chlorkalk in Wasser und Sauerstoff zersetzt,

und dann das nicht verbrauchte Wassersuperoxyd mit Permanganat zurücktitriert.*)

In Deutschland, England, Russland und Amerika wird die Stärke des Chlorkalks gewöhnlich in Graden angegeben, welche den Prozenten an wirksamen Chlor gleich sind. In Frankreich und auch in einigen deutschen Fabriken geben die Grade die Anzahl Liter Chlorgas an, welche aus 1 kg Chlorkalk freigemacht werden können. Die Procente berechnet man aus den franz. Graden durch Multiplizieren der letzeren mit 0,318. (1 Liter Chlorgas wieg 3,18 g).

Franz. Grade:	Deutsche Grade:
63	20,02
65	20,65
70	22,24
75	23,83
80	25,42
85	27,01
90	28,60
100	31,80
105	33,36
110	34,95
120	38,13
125	39,72

Bei der Auflösung des Chlorkalkes zum Gebrauche ist darauf zu achten, dass die Lösung klar sei, frei von suspendierten, festen Teilchen. Dieselben würden, auf die Faser gelangt, dieselbe angreifen, wie schon oben bemerkt, was sich auch beim Färben äussern würde, da die meisten Farbstoffe auf Ocycellulose besser ziehen und so dunklere Stellen entstehen würden.

Chlorkalk wurde zuerst von Tennant in Glasgow im Jahre 1798 dargestellt.

Neben dem fast ausschliesslich verwendeten Chlorkalk hatten zur Bleiche von Baumwolle und Leinen bis vor wenigen Jahren einige andere Salze der unterchlorigen Säure, nämlich die des Natrium, Kalium, Aluminium, Magnesium und Zink eine geringere Bedeutung. In letzter Zeit haben aber besonders das unterchlorigsaure Natron und Kali durch Einführung der sogenannten elek-

---

*) Näheres siehe: Dr. Paul Heermann, Färbereichemische Untersuchungen S. 58.

trischen Bleiche grössere Wichtigkeit erlangt. Dieselbe beruht darauf, dass in der Bleicherei selbst, am Orte der Verwendung, durch Zersetzung mittels des elektrischen Stromes, durch Elektrolyse von Kochsalz, Chlornatrium (Na Cl) in wässeriger Lösung Bleichlauge gebildet wird. Der Vorgang ist dabei folgender: Na Cl zersetzt sich in Cl + Na; das Natrium wirkt sofort auf das Wasser der Lösung, bildet Natronhydrat und macht Wasserstoff frei:

$$Na + H_2O = Na\ OH + H.$$

Auf diese Natronlauge wirkt aber das Chlor seinerseits ein indem es dieselbe in unterchlorigsaures Natron und Chlornatrium verwandelt:

$$2\ Na\ OH + Cl_2 = Na\ Cl + Na\ OCl + H_2O.$$

Das unterchlorigsaure Natron hat als Bleichmittel gute Eigenschaften und führt sich daher immer mehr ein. Als Bleichmittel von beschränkter Anwendung sind diese unterchlorigsauren Salze zum Teil schon über hundert Jahre bekannt, freilich wurden sie früher viel kostspieliger erhalten.

Unterchlorigsaures Kali, Kaliumhypochlorit, Eau de Javelle, Javellsche Lauge oder **Bleichwasser,** KOCl. Diese Flüssigkeit wurde früher durch Einleiten von Chlor in Aetzkalilösung oder durch Zersetzen der Chlorkalklösung mit geringem Ueberschuss von Potaschelauge oder von schwefelsaurem Kali hergestellt. Es scheidet sich kohlensaures oder im anderen Falle schwefelsaurer Kalk ab, während Chlorkali und unterchlorigsaures Kali in Lösung bleiben. Jetzt wird dieselbe durch Elektrolyse erhalten aus Chlorkalium.

Unterchlorigsaures Natron, Natriumhypochlorit, Chlorsoda, Eau de Labarraque, NaOCl wurde ähnlich wie die vorige Flüssigkeit durch Einleiten von Chlor in Natronlauge oder kohlensaures Natron, sowie auch durch Zersetzen von Chlorkalklösung durch kohlensaures Natron hergestellt, in letzter Zeit aber ausschliesslich durch den elektrischen Strom aus Kochsalz. Es bildet eine gelbliche Flüssigkeit von unangenehmen Geruche nach Chlor.

Kalium- wie Natriumhypochlorit werden vielfach zum Bleichen im Kleinen, im Haushalt zum Bleichen von Wäsche verwendet. Die Anwendung im Grossen war bisher im allgemeinen nicht vorteilhaft, da Potasche und Soda bedeutend teurer als Kalk. Trotzdem fand es schon für Jute als wichtigstes Bleichmittel Verwendung und auch für Flachs und Hanf wurde es gebraucht. Es wird jetzt ausser zu diesen Zwecken in ganz bedeutendem Maasstabe zum Bleichen der Baumwolle verwendet. Es bietet vor Chlorkalk den

Vorteil, die Faser mehr zu schonen, da die Wirkung eine gelindere ist wahrscheinlich infolge langsamerer Dissociation wie beim Chlorkalk und weiter durch das Fortfallen der Säurepassage oder nur viel beschränktere Anwendung derselben, weil hier bei der Zersetzung schon in Wasser lösliches Natriumcarbonat und kein nur in Säuren lösliches Calciumcarbonat entsteht.

Unterchlorigsaure Thonerde, Aluminiumhypochlorit, Chloralaunerde, Wilsons Bleichflüssigkeit, $Al(ClO)_3$ wird durch Vermischen von Chlorkalklösung und schwefelsaurer Thonerde erhalten.

Es zersetzt sich leicht unter Bildung von Chloraluminium und Sauerstoff. Man kann damit schon leicht bleichen, wenn man die Waare 2—3 Stunden in einer wässerigen Lösung von $2^0/_0$ $Al(ClO)_3$ liegen lässt. Es bietet aber den Nachteil, dass das entstehende Chloraluminium die Faser leicht angreift. Die Verwendung ist daher nur eine beschränkte.

Unterchlorigsaure Magnesia, Magnesiumhypochlorit, Ramsays oder Grouvelles Bleichflüssigkeit $Mg(OCl)_2$ wird durch Zersetzen von Chlorkalk und schwefelsaurer Magnesia (Bittersalz) erhalten, und ist als ein energisches Bleichmittel bekannt. Dasselbe ist beim Bleichen zarter Stoffe dem Chlorkalk vorzuziehen. Die Bleichflüssigkeit, dargestellt nach Hodges, ist ebenfalls unterchlorigsaure Magnesia, erhalten durch Vermischen einer Lösung des in grossen Mengen vorkommenden Kieserit (schwefelsaure Magnesia) mit der Lösung von Chlorkalk. Vor der Verwendung der Flüssigkeit wird $20^0/_0$ kohlensaures Natron zugesetzt. Das Verfahren hat in Leinen-Bleichereien Verwendung gefunden.

Zinkhypochlorit (Varrentrappsches Bleichsalz) $Zn(OCl)_2$ hergestellt aus Zinkvitriol und Chlorkalk ist neuerdings als kräftiges Bleichmittel empfohlen worden.

Elektrische Bleiche. Die unterchlorigsauren Salze des Aluminiums, Magnesiums und Zinks haben jetzt an Bedeutung durch die elektrische Bleiche verloren. Mit Hilfe des elektrischen Stromes wurde zuerst folgendermassen zu bleichen versucht:

Hermite legte das zu bleichende Stück in Kochsalzlösung ein, welche er dann zersetzte. Kellner führte das Stück zwischen zwei Walzen hindurch, einer Eisenwalze als Kathode und einer Kohlenwalze als Anode. Das Stück, welches mit Kochsalzlösung getränkt war, nahm das durch die elektrolytische Zersetzung beim Durchgang zwischen den Walzen gebildete Chlor, ein gleichseitig durchgehender Mitläufer das gebildete Natronhydrat, $NaOH$, auf und gab dieses an Wasser in einem Bottich ab. Beide Verfahren bewährten sich nicht im Grossen. Stepanow suchte durch Elektrolyse von 2 Molekülen Kochsalz Na Cl und 2 Molekülen Kalkhydrat Ca (OH)$_2$ eine Bleichflüssigkeit zu erhalten von der Zusammensetzung des Chlorkalks. In der Praxis bewährt haben sich die Verfahren der Zersetzung von Kochsalzlösung nach den Patenten von Gebauer, Knöfler, C. Kellner, Haas und Stahl und von Vogelsang, bei denen das Prinzip das gleiche und nur die Apparatur verschieden ist.

Als Beispiel sei hier die Einrichtung von C. Kellner nach der Ausführung von Siemens & Halske, Charlottenburg, angeführt. Es wird in einem Steinzeugtrog mit unterem Einlauf und oberen Ueberlauf gearbeitet. Die Elektroden bilden Glasplatten, welche mit Platin-Irridiumdraht umwickelt sind. Die Endelektroden sind Netze aus demselben Material. Aus einem Sammelgefäss wird mittels Zentrifugalpumpe aus Hartblei und den entsprechenden Rohrverbindungen ununterbrochen Salzlösung dem Electrolyseur zugeführt und dieselbe wiederholt den Kreislauf bis die Concentration an activen Chlor (meist 1 %) erreicht ist. Durch eine Kühlschlange wird die Temperatur stets auf 20°—25° erhalten, um die Bildung von wirkungslosem chlorsaurem Natron zu vermeiden.

Versuche bei Gebauer, Charlottenburg, ergaben folgendes:

Bei 3 stündigem Betriebe des Apparates und Verwendung von 650 l Kochsalzlösung von 10° Bé = 180 kg Salz in 1 cbm Lösung bei 114 ampère und 112 volt wurde eine Lösung von 0,85 % activen Chlor = 5,5 kg activen Chlor in 650 l erhalten. Danach kostet 1 kg Chlor = 75 Pfg.

Kellner hat sein Verfahren noch weiter durch Einführung der sogenannten Spitzenelektroden verbessert, welche eine grössere Wirkung wie die oben genannten besitzen.

Eingehendere Behandlung findet dies Thema in Band II „Das Bleichen und Färben".

Schweflige Säure SO$_2$ ist bei gewöhnlicher Temperatur ein Gas von stechendem Geruche, welches vom Wasser begierig aufgenommen wird.

Dasselbe ist ein Verbrennungsprodukt des Schwefels. Im Grossen gewinnt man es durch Verbrennen von Schwefel oder Schwefelerzen, im Kleinen durch Einwirkung von Kohle oder Kupfer auf Schwefelsäure. Sowohl im gasförmigen Zustand wie in wässeriger Lösung dient sie zum Bleichen von Wolle und Seide. Die wässerige Lösung wird nach Bauméschen Graden gemessen und verkauft:

Prozentgehalt der wässerigen Schwefligen Säure bei 15° C:

Spezif. Gewicht:	Prozent an schwefliger Säure:
1.0056	1.0
1,0113	2.0
1,0168	3.0
1,0221	4.0
1,0275	5.0
1,0328	6.0
1.0377	7.0
1,0426	8.0
1,0474	9.0
1,0520	10.0

Die wässerige Lösung verwandelt sich bei Luftzutritt langsam in Schwefelsäure.

Die schweflige Säure wirkt infolge ihrer Neigung mit dem Sauerstoff des Wassers Schwefelsäure zu bilden als stark reduzierendes Mittel. Auf dieser reduzierenden Eigenschaft beruht die Anwendung der schwefligen Säure beim Bleichen. Indem nämlich mittels des Sauerstoffs des Wassers aus der schwefligen Säure Schwefelsäure gebildet wird, wird Wasserstoff frei, welcher sich mit den betreffenden Farbstoffen der zu bleichenden Wolle oder Seide zu wasserlöslichen Verbindungen vereinigt, die aus dem Gewebe ausgewaschen werden.

Zum Teil bilden sich auch aus den Farbstoffen der Faser Verbindungen mit SO_2, welche verschiedene Löslichkeit im Wasser haben und meist geringe Stabilität besitzen. Mit starken Säuren wie z. B. Schwefelsäure lässt sich aus ihnen wieder SO_2 austreiben und der ursprüngliche Farbstoff wieder herstellen. Es wirkt also überschüssige schweflige Säure auf der Faser störend; sie bildet an der Luft Schwefsäure, welche der Bleiche entgegen wirkt. Daher muss stets sehr gut nach der Bleiche gewaschen werden, um alle SO_2 zu entfernen. Oft genügt dies auch nicht und wendet man Wasserstoffsuperoxyd an, welches man dem Waschwasser zusetzt. Hierdurch wird alle freie SO_2 gleich zu H_2SO_4 Schwefelsäure oxydiert, die mit Wasser fortgeht. Gleichzeitig wird die Verbindung von Farbstoff und SO_2 leicht oxydiert, in welcher Form sie gut auswaschbar. Bleibt etwas davon auf der Faser zurück, so ist nun keine Schwefelsäure mehr vorhanden, welche sie zersetzen und die ursprüngliche Farbe herstellen könnte.

Die schweflige Säure wird zum Bleichen verwendet in folgenden Formen:

1. in wässeriger Lösung, mit welcher das zu bleichende Material, nachdem man die Lösung entsprechend verdünnt hat, getränkt wird.

2. als Gas. Die schweflige Säure wird dann in der Bleicherei in sogenannten Schwefelkammern durch Verbrennen von Schwefelstücken in einem eisernen Tiegel erzeugt, entzündet werden diese durch glühende Eisenbolzen. Nach dem Schwefeln werden die Kammern gelüftet und die Stoffe der Entschwefelung mit kalter verdünnter Salzsäure unterworfen. Je länger man die feuchten Strähne oder Gewebe in der Schwefelkammer hängen lässt, ein desto reineres Weiss wird erhalten. Man lässt die Ware 12 bis 24 und mehr Stunden in der Schwefelkammer hängen. Um ein besonders gutes Weiss zu erzielen, wird häufig zweimal geschwefelt. Die schweflige Säure verdichtet sich auf der feuchten Faser.

Es ist darauf zu achten, dass stets genügend Luft zur Verbrennung des Schwefels vorhanden ist und der Schwefel nach dem Rauminhalt der Kammer zu berechnen so, dass der Sauerstoff der in derselben vorhandenen Luft zur Verbrennung genügt. Im anderen Falle erlischt der Schwefel leicht, sublimiert und giebt Flecke, die nicht zu entfernen.

Das kondensierte Gas SO_2 kommt auch in flüssiger Form in den Handel und wird in den Bleichereien dann entsprechend verwendet.

3. Findet die schweflige Säure Anwendung in Form ihrer Salze:

Das Bleichen mit Calciumbisulfit oder mit Natriumbisulfit, Leukogen genannt, beruht ebenfalls auf der Entwickelung von schwefliger Säure, die sich beim Durchziehen des mit Bisulfit getränkten Stoffs durch warme verdünnte Salzsäure oder Schwefelsäure bildet. Beim Bleichen mit Bisulfit wird eine bessere Wirkung erzielt, als mit wässeriger schwefliger Säure. Das Bleichen geschieht wie folgt: In einer Lösung von 2 bis 4 Teilen Bisulfit in 100 Teilen Wasser bringt man den zu bleichenden Stoff und säuert dann unter 4 bis 5 maligem Herausnehmen nach und nach mit 20 Teilen verdünnter Schwefelsäure (1 : 10) an.

Natriumhydrosulfit $Na\,H\,SO_2$, dieses Salz der hydro-schwefligen Säure $H_2\,SO_2$ entsteht durch Einwirkung von Zink auf Natriumbisulfit $Na\,H\,SO_3$. Es ist dieselbe von Kallab zum Bleichen vorgeschlagen worden, indem man aus ihm die freie hydroschweflige Säure darstellt, welche stark reduciert und bleicht. Die Hauptver-wendung desselben beschränkt sich auf die Herstellung der soge-nannten Hydrosulfit-Indigo-Küpe. Seine Herstellung und Verwendung in der Wollbleicherei ist folgende:

In eine Tonne mit Rührwerk bringt man 30 Teile festes Natriumbisulfit, 50 Teile Wasser, fügt langsam 10 Teile Zink hin-zu und rührt von 20 bis 20 Minuten. Nach $1^1/_2$ Stunden ist die Reaktion beendet nach folgender Gleichung:

$$3\,Na\,H\,SO_3 + Zn = Na\,H\,SO_2 + Na_2\,SO_3 + Zn\,SO_3 + H_2O.$$

Unter Zusatz von Kalk kann die Lösung aufbewahrt werden.

Die sorgfältig gereinigten Stoffe werden nun in genetztem Zustande in ein Bad von reinem kalten Wasser gebracht, in welchem bester, sehr fein geriebener Indigo verteilt ist, $0,5-1,5$ pro cbm Wasser, schnell durchgezogen und nun mit einer gleich-mässigen Ablagerung von Indigo versehen in das Reduktionsbad eingelegt, das auf 100 Pfd Wolle 12—15 l obiger Hydrosulfitlösung und 5 l Essigsäure enthalten muss, (Färberztg. 94. S. 196) und lässt 10 Stunden darin. Nach dem Bleichen wird gut gespült, ge-schleudert und im Freien oder bei 30—35⁰ getrocknet.

Ammoniumpersulfat $(NH_4)_2\,S_2O_8$ besitzt als Oxydations-mittel auch bleichende Eigenschaften; es wird durch Elektrolyse von $(NH_4)_2\,SO_4$, Ammoniumsulfat, erhalten; findet aber im Grossen noch keine Verwendung als Bleichmittel.

Ammoniumpercarbonat $(NH_4)_2\,(CO_3)_3$, welches auch durch Elektrolyse von $(NH_4)_2\,CO_3$, Ammoniumcarbonat erhalten wird, ist ebenfalls ein Oxydationsmittel und bleicht Baumwolle, Wolle, Seide und Federn.

Wasserstoffsuperoxyd H_2O_2. Dasselbe kommt in wässeriger Lösung als Handelsprodukt vor, dient, da es leicht Sauerstoff ab-giebt, zum Bleichen von Seide und Wolle und kann wohl als das vollkommenste Bleichmittel angesehen werden, weil es keine nach-teilig wirkenden Stoffe in der gebleichten Faser zurücklässt. Es bleicht weit intensiver als schweflige Säure und wird die Wolle selbst nach noch so langer Zeit nicht wieder gelblich, wie dies bei der Behandlung mit schwefliger Säure der Fall ist.

Wasserstoffsuperoxyd wurde 1818 von Thénard entdeckt. Es entsteht bei der Einwirkung verdünnter Säuren auf Superoxyde wie Natrium-, Calcium-, Bariumsuperoxyd.

$$\text{Z. B. } BaO_2 + 2\,HCl = H_2O_2 + BaCl_2.$$

Im Grossen wird es meist aus Bariumsuperoxyd und Schwefelsäure dargestellt. Die verdünnte wässerige Lösung lässt sich durch Destillation unter vermindertem Druck stark konzentrieren und so 99,7 procentiges Wasserstoffsuperoxyd erhalten. Das Handelsprodukt enthält jedoch nur 3% H_2O_2 und wird nach den Volumprocenten Sauerstoff, welche es abgeben kann als 10 volumprocentig bezeichnet. Das käufliche Produkt ist eine wasserklare Flüssigkeit, von schwach saurer Reaktion und bitterem Geschmack. In konzentrierter Lösung ist es sehr unbeständig, haltbar in verdünnter angesäuerten Lösung bei Ausschluss der Wärme. Zusatz von Alkohol, Aether oder Naphtalin konservieren es. Bei der Zersetzung zerfällt es wie folgt:

$$H_2O_2 = H_2O + O.$$

Es wirkt also bei der Bleiche als Oxydationsmittel. In andern Fällen z. B. auf Permanganat wirkt es reducierend.

Infolge der leichten Zersetzbarkeit wird das Superoxyd am besten in hölzernen Fässern an einem Orte von mässiger Temperatur aufbewahrt. Vor der Verwendung wird das käufliche Wasserstoffsuperoxyd mit Ammoniak schwach alkalisch gemacht, da es so besser wirkt. Völlig ausgenutzt ist die Lösung, wenn einige Tropfen von gelöstem übermangansaurem Kali eine bleibende Färbung hervorrufen. Gebrauchte Bäder kann man indessen durch Zugabe von Superoxyd immer wieder auffrischen, so lange dieselben einigermassen rein bleiben.

Soll Wolle gebleicht werden, so muss dieselbe vorher durch Waschen sorgfältig gereinigt sein. Schmutz und Fett behindern stets den Bleichprozess. Das Bleichen wird in einem hölzernen Gefässe vorgenommen, da metallene Zersetzungen herbeiführen. Nach dem Bleichen wird an der Luft getrocknet, am besten unter Einwirkung der Sonnenstrahlen oder in einem Trockenraume, wo jedoch die Temperatur nicht zu hoch steigen darf. Nach einer Gebrauchsanweisung der Firma Königswarter & Ebell in Linden vor Hannover soll das Bleichbad auf 34° C. erwärmt werden und die Ware unter öfterem Umziehen 10 Stunden lang in der Bleichflüssigkeit, welche auf 1 l 12 volumprocentiger Wasserstoffsuperoxyd 20 ccm Ammoniak (0,91 sp. G.) enthält, ruhen.

Nach dem Bleichen folgt das Ausringen und Trocknen an der Sonne oder im Luftstrom bei 15°, dann mehrmaliges Waschen in reinem Wasser und schliesslich in einer schwachen Lösung von Seife oder Glycerin.

Nach H. Köchlin tränkt man die gewaschene nasse Ware mit einer Lösung von 1 l H_2O_2 von 3 %, 1 l Wasser und 200 gr. Wasserglas von 20° Bé, rollt auf, lässt 24 St. liegen, spült und trocknet.

Wolle wird auch häufig mit Wasserstoffsuperoxyd und mit schwefliger Säure gebleicht. Man zieht dann das Stück während mehrerer Stunden durch verdünnte Wasserstoffsuperoxydlösung (1,Teil käufliche Lösung mit 10—20 Teilen Wasser und mehr verdünnt), lässt es mehrere Stunden aufgerollt liegen, wiederholt dann die Operation. Am besten giebt man etwas Magnesiumsulfat und Silicatlösung zum Bade zu. Spült dann die Stücke mit Wasser und mit verdünnter schwefliger Säure. Der gewünschte Farbton wird erlangt durch Zusatz von Aethyl- oder Methylblau, Indigocarmin oder Anilinblau u. a. m. beim letzten Spülen.

Um Seide zu bleichen, wird dieselbe durch starke Seifenbäder entschält, durch verdünntes Ammoniak entfettet und dann ähnlich wie Wolle behandelt. z. B.: In mit der 3 fachen Menge Wasser verdünntes H_2O_2 von 12 Volumprozenten, welches mit Ammoniak, Wasserglas oder Magnesia alkalisch gemacht ist, eingelegt 1—3 Tage, gespült und gebleicht.

Zum Bleichen von Jute kann folgendes Verfahren dienen: Die Jute wird zunächst in einer schwachen Sodalösung (5 : 100) gekocht und mit Wasser gespült. Die Wasserstoffsuperoxydlösung wird mit calcinierter Soda neutralisiert, auf 30° C. erwärmt und die Jute 24 Stunden darin ruhen gelassen. Als Vorbleiche kann eine 5 prozentige Chlorkalklösung dienen, welche bis zur sauren Reaktion mit Schwefelsäure versetzt wird. Nach der Bleiche wird an der Luft getrocknet.

Die Wertbestimmung des käuflichen Wasserstoffsuperoxyd kann auf verschiedene Arten geschehen:

1. Durch Titration von 10 ccm käuflicher Wasserstoffsuperoxydlösung, welche mit 30 ccm verdünnter Schwefelsäure versetzt ist, mit einer Kaliumpermanganatlösung von bestimmtem Gehalt. Die der bis zur Rotfärbung gebrauchten Menge Permanganatlösung entsprechende Menge H_2O_2 ergiebt sich aus folgender Gleichung:

$$2 \, K \, Mn \, O_4 + 5 \, H_2O_2 + 3 \, H_2SO_4 = K_2SO_4 +$$
$$2 \, Mn \, SO_4 + 8 \, H_2O + 5 \, O_2.$$

Aus den Grammen H_2O_2 berechnet sich das enthaltene

Gewicht an Sauerstoff und, da 1 l Sauerstoff bei 0^0 und 760 mm 1,429 g wiegt, das Volumen Sauerstoff das den angewandten ccm H_2O_2 entspricht. (Näheres siehe Winkler, Maassanalyse.)

2. Man lässt H_2O_2 auf Jodkalium und Schwefelsäure einwirken, wobei Jod frei wird:

$$H_2O_2 + 2 HJ = 2 H_2O + J_2$$

Das Jod titriert man mit einer Thiosulfatlösung von bekanntem Gehalt und berechnet daraus das H_2O_2.

3. Zur schnellen Kontrolle mit weniger Genauigkeit ist die Methode von Contamine anwendbar:

Man bringt mehrere ccm mit Ammoniak neutralisierter H_2O_2-Lösung in ein Probierglas von 50 ccm Länge, fügt bis zu 30 ccm destilliertes Wasser hinzu und schliesslich einige Krystalle Kaliumpermanganat, welche man in Seidenpapier gehüllt hat. Man verschliesst sofort das Probierglas mit dem Finger, schüttelt und stülpt das Glas in eine Wanne mit Wasser. Man kann nun den Gehalt an Sauerstoff in ccm ablesen.

Von den Metallverbindungen des Wasserstoffsuperoxyd sind von Bedeutung:

Bariumsuperoxyd, BaO_2, dasselbe wird im grossen dargestellt durch Erhitzen von Bariumoxyd auf 700^0 unter erhöhtem Druck; beim Erhitzen unter vermindertem Druck auf dieselbe Temperatur giebt es leicht Sauerstoff ab und dient so zur Darstellung des Sauerstoffs. BaO_2 ist eine grau-weisse poröse Masse, welche sich in Säuren unter Bildung von H_2O_2 löst und stets Bariumoxyd enthält. Seine Wertbestimmung ist der des Wasserstoffsuperoxyd analog; (näheres siehe Zeitschrift f. anal. Chemie 1892, 31 S. 2⁸). Bei seiner Verwendung als Bleichmittel wird aus ihm mit Salzsäure H_2O_2 freigemacht und dient es für Tussah, Chappeseide und ist auch für Baumwolle vorgeschlagen worden. Das Handelsprodukt enthält 8% aktiven Sauerstoff.

Natriumsuperoxyd Na_2O_2 hat als Bleichmittel weit grössere Bedeutung als Wasserstoffsuperoxyd und Bariumsuperoxyd. Dargestellt wird es von der Aluminium-Society, limited in London, indem man elektrolytisch gewonnenes metallisches Natrium auf Aluminiumwagen, welche in eiserne Cylinder geschoben werden, auf 300^0 erhitzt. Na_2O_2 ist ein gelblich-weisses Pulver, das leicht an der Luft Feuchtigkeit anzieht und dann in NaOH und Sauerstoff zerfällt, in viel Wasser oder verdünnte Säuren eingetragen giebt es Wasserstoffsuperoxyd. Vor Wasserstoffsuperoxyd hat es den Vorteil grösserer Billigkeit, besserer Haltbarkeit und Transportfähigkeit. 1 kg technisches Wasserstoffsuperoxyd von 3% liefert nur 10 l Sauerstoff, 1 kg $Na_2 O_2$ aber 143 l. Um es vor Zersetzung zu schützen, kommt es in Blechbüchsen in den Handel (durch Königswarter & Ebell, Hannover) und muss stets trocken aufbewahrt werden. Das Handelsprodukt ist sehr rein, da je 1 kg 143 l = 204,49 g Sauerstoff geben. Chemisch reines gäbe 205,1 g Sauerstoff. Es enthält also 20,4 % aktiven Sauerstoff.

Bei der Anwendung desselben arbeitet man wie bei Wasserstoffsuperoxyd nur in Holzgefässen. Je alkalischer das Bad und je höher seine Temperatur, um so leichter zersetzt es sich, unter Umständen wird dann aller Sauerstoff frei und wirkt dann nicht bleichend; je höher also die bei der Bleiche angewendete Temperatur ist, um so geringer alkalisch muss das Bad sein.

Königswarter & Ebell empfehlen folgende Verfahren:

1. In 95 Litern Wasser werden 3 kg kryst. Bittersalz gelöst und langsam 1 kg $Na_2 O_2$ eingetragen, dann setzt man zu dem alkalischen Bade noch $1^1/4$ kg Schwefelsäure von 66° Bé zu, um die Bittererde zu neutralisieren und das gebildete Magnesiumsuperoxyd zu zersetzen.

2. 100 Liter Wasser werden mit 1,35 kg konz. Schwefelsäure von 66° Bé versetzt und darin 1 kg Natriumsuperoxyd eingetragen; wenn es sauer reagiert, wird es mit Ammoniak neutralisiert oder mit Wasserglas oder phosphorsaurem Natron. — In das Bad werden die zu bleichenden Stücke eingelegt und beschwert, und je nach dem Stoff 1 bis 10 Stunden darin gelassen. Nachher wird 10 Min. in eine $1/4$—$1/2$ prozentige Schwefelsäurelösung eingelegt und dann mit Wasser gespült; darauf gleich gefärbt oder in gut ventilierten Räumen getrocknet. Ausser dem beschriebenen schwachen Bade von 1 % wendet man auch stärkere bis 6 % an. Das Bad kann nach dem Gebrauch aufbewahrt werden und mit neuem $Na_2 O_2$ mehrmals aufgefrischt werden; während der Zeit des Aufbewahrens muss es sauer sein; vorm Gebrauch wird es wieder alkalisch gemacht.

Baumwolle soll in $1/2$—1 prozentigem Bade bei 40° in 1—3 Stunden gebleicht werden.

Leinen erfordert 1 % seines Gewichtes an $Na_2 O_2$ und wird auch bei 40—50° in mehreren Stunden gebleicht.

Wolle wird mit Bädern von 2—3 % bei 50° in 4 bis 5 Stunden gebleicht.

Seide braucht 3—5% seines Gewichtes an $Na_2 O_2$, es werden 4—6 prozentige Bäder bei 80° verwendet. Die Dauer ist 4—8 Stunden.

Ebenso lassen sich auch Stroh, Elfenbein, Horn, Federn u. a. m. mit Natriumsuperoxyd bleichen.

Die Wertbestimmung des $Na_2 O_2$ ist der des freien $H_2 O_2$ analog. Man macht durch Eintragen in verdünnter Schwefelsäure $H_2 O_2$ frei und bestimmt dies wie oben. Näheres siehe an oben angegebener Stelle.

Uebermangansaures Kali, Kaliumpermanganat, Chamäleon, $KMnO_4$. Tiefrote Krystalle, die sich in Wasser zu einer tiefpurpurfarbenen Flüssigkeit lösen. Das Salz wird im Grossbetriebe durch Eindampfen von Kalilauge mit chlorsaurem Kali und Hinzumengen von Braunstein unter beständigem Umrühren und Ausziehen der Schmelze mit Wasser dargestellt.

In die so erhaltene grüne Lösung von Kaliummanganat wird Chlor eingeleitet oder sie wird mit Salpetersäure versetzt, wodurch sie zu roter Permanganatlösung oxydiert wird. Es dient ausser anderen Zwecken zum Bleichen von Wolle, Baumwolle, Jute und Leinen in sehr beschränktem Maasse. Der Vorgang beim Bleichen ist folgender: Beim Eintauchen der Faser in die Lösung schlägt sich Mangandioxyd als fein verteilter brauner Ueberzug auf der Faser nieder und Sauerstoff wird frei, welcher bleicht. Sobald man nunmehr die Faser einer reduzierenden Substanz wie schweflige Säure aussetzt, wird das Dioxyd in Oxydul übergeführt, welches sich im Wasser löst. Die Faser erscheint sodann in rein weissem Zustand. Enttärbt man mit saurem schwefligsaurem Natron, so eignet sich das Verfahren auch für gemischte Gewebe. Die Baumwollfaser wird bei diesem Bleichmittel mehr geschont als bei Chlorkalk. Wegen des hohen Preises des Kalisalzes nimmt man meistens das Natronsalz.

Bei Baumwolle und Leinen verfährt man wie folgt: Die gut gereinigten Gewebe oder Garne werden in die Lösung von übermangansaurem Kali getaucht, welcher man vorher schwefelsaure Magnesia oder Schwefelsäure zugesetzt hat. Nach einer Viertelstunde hebt man die Stoffe heraus und bringt sie in ein Bad mit schwefliger Säure. Hierin belässt man die Ware so lange bis der Niederschlag auf der Faser sich gänzlich gelöst hat. Die Behandlung in beiden Bädern wird solange wiederholt, bis das verlangte Weiss erzielt ist. Man braucht 2—5 "/o übermangansaures Kali und $^3/_4$ % schwefelsaure Magnesia. Das Bad hat eine schöne purpurrote, ins violett ziehende Farbe, welche verschwindet, sobald das Mangandioxyd sich auf der Faser niedergeschlagen hat. Das schweflige Säurebad wird auf 20—30° C. erhitzt. Leinen bleicht schwerer als Baumwolle. Zum Schluss werden die Stoffe mit Schmierseife gehörig gewaschen.

Da nach diesem Verfahren nicht aller Sauerstoff des Permanganats ausgenutzt wird, so hat Manzoni vorgeschlagen, die Baumwolle in Schwefelsäure von 5° Bé bei 20° einzulegen fünf Stunden lang, und das nötige Permanganat allmählich zuzusetzen, so wird kein Dioxyd MnO_2 gebildet, sondern dessen Sauerstoff kommt auch zur Verwendung und die Baumwolle wird nicht gebräunt:

$$MnO_2 + H_2SO_4 = MnSO_4 + H_2O + O.$$

$^1/_2$ kg Permanganat genügt, um 100 kg Baumwolle zu bleichen. Nach der Passage muss gut gespült werden.

Das Bleichen der Wolle kann in derselben Weise geschehen. Beim Waschen setzt man zweckmässig der schwachen Seifenlösung noch Ammoniak zu.

Für Jute findet die Permanganatbleiche ebenfalls häufig Verwendung. Man verwendet 2—3 % Permanganat vom Gewicht der Jute, legt die Ware in ein Bad ein, welches in 100 l 25 gr. $KMnO_4$ enthält, lässt 2 Stunden darin und lässt dann in einer Lösung von schwefliger Säure von 2° Be. über Nacht liegen, dann wird gespült.

Die Wertbestimmung des Permanganat geschieht durch Titrieren von Oxalsäure von bestimmten Gehalt oder mittels Eisenoxydulsalz. reinem Mohr'schem Salz, oder aus reinem Eisendraht und Schwefelsäure dargestellten.

Näheres siehe Winkler, Maassanalyse, oder Heermann, Färberei-chemische Untersuchungen.

Salzsäure, Chlorwasserstoffsäure HCl entsteht durch Einwirkung von Schwefelsäure auf Kochsalz:

$$2\,NaCl + H_2SO_4 = Na_2SO_4 + 2\,HCl,$$

und ist ein farbloses Gas von stechendem Geruch, welches sich in Wasser leicht löst; diese wässerige Lösung findet vielfach Anwendung und heisst Salzsäure.

Früher wurde sie fast ausschliesslich nach obiger Darstellungsweise als Nebenprodukt der Leblanc Soda gewonnen. Seit aber Soda nach dem Solvay Verfahren viel dargestellt wird oder aus dem durch Elektrolyse von Kochsalz gewonnenen Natronhydrat,

wird sie auch aus dem nach letzterem Verfahren gewonnenen Chlor
erhalten, indem man das Chlorgas über glühende Kohlen zugleich mit
Wasserdämpfen leitet, wobei sich folgendermassen Salzsäure bildet:

$$H_2O + Cl_2 + C = 2\,HCl + CO.$$

Die im Handel vorkommende Salzsäure enthält je nach der Sätti-
gung mit HCl-Gas verschiedene Mengen HCl und zeigt dementsprechend verschiedenes specifisches Gewicht oder Grade Baumé,
je mehr Salzsäure um so mehr, was aus der folgenden Tabelle
ersichtlich.

Salzsäure ist eine starke Säure, welche viele Oxyde und
Metalle löst; auch Blei wird angegriffen, weshalb dies Material bei
Gegenwart von Salzsäure nicht zu verwenden ist. Von höheren Oxyden
wird sie unter Chlorbildung oxydiert z. B. von Braunstein MnO_2.

Da die zur Darstellung im Grossen verwendeten Roh-
produkte keine reinen sind, so ist auch die Salzsäure des Handels
nicht rein. Verunreinigungen sind hauptsächlich Arsen, Schwefelsäure, Eisensalze und Chlor. Ersteres wird im Marsh'schen Apparat, Schwefelsäure durch einen weissen Niederschlag mit Chlorbaryum,
Eisen durch die Fällung von Berlinerblau aus sehr verdünnter
Lösung mittels gelbem Blutlaugensalz, Chlor durch Bläuen von
Jodkaliumstärkepapier erkannt. Das Handelsprodukt zeigt
meist $20^\circ - 22^\circ$ Bé, was einem Gehalte von $30,3 - 34,3\,\%$ HCl
entspricht. Genauer als durch Messen mit dem Aräometer wird
der Gehalt an HCl durch Titrieren mit normal Natronlauge festgestellt.

Die Anwendung der Salzsäure ist eine sehr mannigfache z. B.
beim Bleichen nach der Chlorkalkpassage oder zur Darstellung
von Wasserstoffsuperoxyd aus Natriumsuperoxyd. Die verwendete
Salzsäure muss hier möglichst eisenfrei sein, höchstenst $0,03\,\%$
Eisen enthalten. Zum Auflösen des Anilins bei Anilinschwarzfärberei, zur Darstellung vieler Farben u. s. w.

Prozentgehalt der wässerigen Salzsäure bei 15° C.

Spezifisches Gewicht	Baumé Grade	Prozente an Salz-säure
1,20	25	40,8
1,19	24	38,8
1,18	23	36,4
1,17	22	34,3
1,16	21	32 3
1,15	20	30 3

Spezifisches Gewicht	Baumé Grade	Prozente an Salzsäure
1,14	19	28,3
1,13	18	26 3
1,12	17	24,2
1,11	15,5	22,2
1,10	14,5	20,2
1,09	12	18,2
1,08	11	16,2
1,07	10	14,1
1,06	9	12,1
1,05	8	10.1
1.04	6	8,1
1,03	5	6.1
1.02	3	4,0
1,01	2	2,0

Schwefelsäure H_2SO_4. Dargestellt wird sie aus den beim Abrüsten schwefelhaltiger Kiese gewonnenen Gasen von schwefliger Säure, SO_2; dies geschah und geschieht zum grossen Teile nach dem Bleikammerverfahren, in denen Salpetersäure und Luft das Oxyditionsmittel bilden und die dabei entweichenden Oxyde des Stickstoffs in Türmen an H_2SO_4 gebunden, im andern Turme daraus wieder frei gemacht werden und von neuem zur Oxydation beitragen.

Nach einem andern Verfahren, das bisher ausschliesslich von der badischen Anilin- und Sodafabrik ausgeübt wurde, vereinigt man mit Hilfe von Kontaktsubstanzen wie Platin SO_2 mit dem Sauerstoff der Luft und stellt so SO_3 dar, das mit Wasser Schwefelsäure giebt.

Die Schwefelsäure des Handels bildet eine meistens schwachbraun gefärbte, ölige, wasseranziehende Flüssigkeit von 1,88—1,84 spec. Gewicht ($65^1/_2$—66^0 B). Soll sie mit Wasser verdünnt werden, so muss man stets die Säure in dünnem Strahle in das umzurührende Wasser giessen, nie umgekehrt. Es ist wichtig, auf Verunreinigungen oder absichtliche Verfälschungen zu prüfen. Man prüft auf Eisen, Blei, Selen, Arsen, schweflige Säure und Oxyde des Stickstoffs. Absichtliche Verfälschung wird durch einen Verdampfungsversuch von 100 g erkannt; der Rückstand darf nicht mehr als $^1/_{10}\,^0/_0$ betragen. Im Rückstand können dann die einzelnen Salze wie schwefelsaures Kali oder schwefelsaures Mangan erkannt werden

Meist ist das Handelsprodukt für Färbereizwecke rein genug.
Der Gehalt an H_2SO_4 wird durch Titrieren mit normal Natronlauge
festgestellt, ungenauer durch das spezifische Gewicht mit Hilfe des
Aräometers, was die folgende Tabelle angiebt. Die Schwefelsäure
ist eine sehr starke Säure, löst Metalle und deren Oxyde und
findet vielfach Anwendung. Sie dient z. B. zum Neutralisieren
alkalischer Lösungen, mit doppelchromsaurem Kali zum Beizen
sowie zum Ansäuren der Farbbäder in der Woll- und Seidenfärberei, zum Karbonisieren, zum Absäuern bei der Indigoblau-
färberei, beim Bleichen, und ist sehr wichtig zur Darstellung der
künstlichen Farbstoffe.

Rauchende Schwefelsäure, Vitriolöl, Nordhäuser Vitriol,
Oleum ist gewöhnliche Schwefelsäure, in welcher noch Schwefel-
säure-Anhydrid, SO_3, aufgelöst enthalten ist. Sie ist eine hellbraune,
ölartige Flüssigkeit von 1,86—1,89 spec. Gewicht, welche bei gewöhnlicher Temperatur das Anhydrid ausstösst und an feuchter
Luft Nebel bildet. Man benutzt sie zum Auflösen von Indigo
(4 Teile lösen 1 Teil Indigo).

Prozentgehalt der wässerigen Schwefelsäure bei 15° C.

Spezif. Gewicht	Grade Baumé	% Schwefel-säure	1 Liter enthält an kg reiner Säure
1,000	—	0,9	0,009
1,014	2	2.8	0,028
1,029	4	4,8	0,049
1,045	6	6 8	0,071
1,060	8	8,8	0,093
1,075	10	10,8	0,116
1,091	12	13,0	0,142
1,108	14	15,2	0,168
1,125	16	17,3	0,195
1,142	18	19,6	0,224
1,162	20	22.2	0.258
1.180	22	24,5	0,289
1,200	24	27,1	0.325
1,220	26	29,6	0,361
1,241	28	32,2	0,400
1,263	30	34,7	0,438
1,285	32	37,4	0,481
1,308	34	40,2	0 526
1.332	36	43,0	0.573
1,357	38	45,5	0 617
1,383	40	48.3	0 668
1,410	42	51,2	0,722

Spezif. Gewicht	Grade Baumé	% Schwefel-säure	1 Liter enthält an kg reiner Säure
1,438	44	54,0	0,777
1,468	46	56,9	0,835
1.498	48	59,6	0,893
1,530	50	62,5	0,956
1,563	52	65,5	1,024
1.597	54	68,6	1,095
1,634	56	71,6	1,170
1,671	58	74,7	1,248
1,711	60	78,1	1,336
1,753	62	81,7	1 432
1,796	64	86,5	1,554
1,842	66	100,0	1,842

Salpetersäure $H NO_3$ ist zwar für den Färber und Bleicher nicht von Bedeutung, ist aber als Säure ebenso wichtig wie Salzsäure oder Schwefelsäure. Sie wird im Grossen dargestellt durch Salpeter und Schwefelsäure:

$$Na NO_3 + H_2 S O_4 = H NO_3 + Na H S O_4.$$

Rein ist sie eine farblose an der Luft stark rauchende Flüssigkeit ven. sp. G 1,52 bei 15°. Entsprechend dem Gehalte an Wasser nimmt dann das spec. Gew. ab. Danach kann der Gehalt an $H NO_3$ durch das Aräometer festgestellt werden, genauer aber durch Titrieren mit normal Natronlauge. Salpetersäure ist eine starke Säure, welche leicht Sauerstoff abgiebt, sie löst Metalle und deren Oxyde, greift auch die Haut leicht an. Käufliche Salpetersäure enthält Oxyde des Stickstoffs, welche sie gelb färben, ferner Schwefelsäure, Chlor, Jod, Eisen, Nitrate und Sulfate. Die genaue Feststellung der vorhandenen $H NO_3$ als solche geschieht im Lungeschen Nitrometer. Die Säure des Handels zeigt zwischen 1,35 und 1,44 sp. G., was 56—75 % Gehalt an $H NO_3$ entspricht.

Die direkte Anwendung der Salpetersäure in der Färberei ist unbedeutend: zum Gelbfärben von Federn, zur Erkennung der Farbstoffe, zum Abziehen von Farbstoffen. Indirekt hat sie aber für den Färber grosse Bedeutung. Dient sie doch zur Darstellung der Schwefelsäure (s. o.), ferner wird durch sie die wichtige Klasse der organischen Nitrokörper dargestellt, aus denen durch Reduction die Aniline erhalten werden; wichtig aber sind auch die aus ihr erhaltenen Salze, die Nitrate, als Beizen.

Hilfsmittel zum Bleichen.

Natriumthiosulfat, früher **Natriumhyposulfit** oder **unter-schwefligsaures Natron** genannt, **Antichlor,** $Na_2S_2O_3 + 5H_2O$, bildet ein krystallinisches, in Wasser leicht lösliches Salz, welches als Nebenprodukt bei der Sodafabrikation gewonnen wird. Es dient meistens als Entchlorungsmittel, um die beim Bleichen ent-standene Salzsäure, sowie das zurückgebliebene Chlor zu neutrali-sieren, wird wenig verwendet. Über die Einwirkung hierbei herrschen verschiedene Ansichten. Nach Lunge ist der Vorgang folgender:

$$2\,Na_2S_2O_3 + 2\,Cl = Na_2S_4O_6 + 2\,NaCl.$$

Natriumthiosulfat.   Chlor.   tetrathionsaures Natron.   Kochsalz.

Wichtig ist das Salz ferner wegen seiner Verwendung in der Titrieranalyse bei der Jodometrie und in der Photographie als Lösungsmittel der Silbersalze. In der Färberei wird es gebraucht als Reserve für Anilinschwarz und zum Färben von Eosinfarben auf Wolle. Sein Gehalt wird durch Jodlösung von bekanntem Gehalt bestimmt. Wichtig ist es in der Farbenindustrie zur Me-thylenblaudarstellung.

Natriumbisulfit, saures schwefligsaures Natron, zweifach-schwefligsaures Natron, saures Natriumsulfit, Bisulfit-Antichlor oder **Leucogen** $HNaSO_3$ findet vielfach Anwendung als Antichlor bei mit Chlorkalk gebleichten Stoffen anstatt des vorgenannten Natriumthiosulfats. Es wird dargestellt durch Einleiten von schwef-liger Säure in eine warme konzentrierte Lösung von kohlensaurem Natron. In den Handel gelangt es als fein krystallisiertes Salz oder in wässeriger Lösung, gewöhnlich $30° - 42°$; auch in fester Form als fast 100 prozentiges Bisulfit von $61 - 63\%$ SO_2 gehalt. Man bedient sich des Salzes in der Druckerei als Lösungsmittel für viele Farben wie Coerulein, Alizarinblau u. s. w., ferner als Entchlorungsmittel zum Waschen und Bleichen der Wolle und Seide, sowie zur Herrichtung der Bisulfitküpe.

Über das Bleichen mittels Bisulfit siehe schweflige Säure und Hydrosulfit.

Der Gehalt einer Lösung an Bisulfit wird durch Titrieren mit Jodlösung oder mit übermangansaurem Kali bestimmt.

Schwefligsaures Natron, Natriumsulfit $Na_2 SO_3$ verhält sich wie Natriumbisulfit und wird in ähnlicher Weise hergestellt. Als Entchlorungsmittel absorbiert es nicht so stark als die vorhergehenden. Es wird mit kohlensaurem Natron gemengt angewandt, damit auch die entstandene Salzsäure neutralisiert werde.

Salpetrigsaures Natron, Natriumnitrit $NaNO_2$. Wird durch Schmelzen von Chilesalpeter mit reduzierenden Mitteln, wie Blei, Eisen oder Graphit erhalten. Wurde auch als Antichlor verwendet. Sehr grossen Verbrauch findet es in den Farbenfabriken zum Darstellen der Azofarbstoffe aus den Anilinen. Jetzt wird es auch in den Färbereien und Druckereien viel verbraucht, da man die Azofarben in grossem Umfang auf der Faser selbst erzeugt, indem man auf das mit z. B. Naphtol etc. imprägnierte Stück die durch Einwirkung von Nitrit und Säure auf ein Amin erhaltene Diazoverbindung aufbringt durch Flatschen oder Drucken; so erhält man direkt durch Kuppeln auf der Faser Azofarbstoffe z. B. mit Paranitranilin in diesem Falle das schöne Paranitranilinrot. Diese Verwendung des Nitrits in den Färbereien datiert seit Einführung der Ingrainfarben; (Primulinazofarben) siehe diese.

Der Nitritgehalt wird durch Titrieren mit eingestellter Permanganatlösung festgestellt.

Seifen. Unter dem Namen Seife versteht man die Kali- oder Natronsalze der fetten Säuren, wie Stearinsäure, Palmitinsäure und Oelsäure.

Sie entstehen durch Einwirkung von ätzenden Alkalien auf Fette von Tieren und Pflanzen. Als Rohmaterialien dienen natürliche Fette wie Palmöl, Kokosnussöl. Oliven- oder Baumöl, Hanföl, ferner Talg und Thran, dann Laugen, wässerige Lösungen von Aetzkali oder Aetznatron. Die Laugen wurden früher von den Seifenfabriken hergestellt. Zur Gewinnung gewisser Seifen benutzt man auch Harze. Kieselsaures Natron (Wasserglas) dient nur zur Füllung und Verfälschung billiger Seifen.

Zusätze zu Seifen sind auch Chlorkalium, Kaliumsulfat, Kochsalz und Alaun.

Glycerin und freie Fettsäure oder freies Alkali findet sich in vielen Seifen vor. Je freier eine Seife von Verunreinigungen ist, je mehr sie aus neutralem fettsaurem Salz besteht, um so höher ist ihr Wert.

Die Fette und Oele bestehen je nach ihrem Ursprung aus verschiedenen Fettsäuren, aus nichtflüchtigen wie Stearinsäure, Palmitinsäure (Margarinsäure) und Oelsäure und einer Anzahl flüchtiger Fettsäuren, wie Buttersäure, Caprin-, Valeriansäure u. s. w. Neben diesen Säuren ist eine süssschmeckende Substanz, das Glycerin vorhanden. Säuren und Glycerin sind im Fette und Oel in Form eines Esters verbunden, d. h. im Glycerin, welches einen Alkohol darstellt, sind 3 Atome Wasserstoff durch die Radikale der genannten Säuren ersetzt. Beim Einwirken von Laugen, dem sogenannten Verseifen, zerfällt das Fett (d. i. der Ester) und bilden sich die fettsauren Alkaliverbindungen oder die Seifen und als Nebenprodukt Glycerin. Nimmt man Kalilauge zum Verseifen, so erhält man die weichen oder Kaliseifen, bei Anwendung von Natronlauge die harten oder Natronseifen. Nach der angewandten Fettsubstanz unterscheidet man sodann Talgseifen, Oelseifen, Harzseifen u. s. w.

In technischer Beziehung kann man die harten oder Natronseifen in drei Hauptarten einteilen:

a) Kernseife. Sie bildet allein reine Seife, indem sie nach stattgehabtem Verseifungsprozess durch Aussalzen mittels Kochsalz u. a. m. von Glycerin und von überflüssiger Lauge und sonstigen Verunreinigungen sowie vom überschüssigen Wasser befreit wird. Man stellt sie selten dar. Der Name rührt davon her, dass die fertige Seife nach der Ausscheidung zum Kern siedet, d. h. zu einer gleichförmig geschmolzenen blasenfreien Masse, in welcher nach dem Erstarren feine Krystallfäden, Fluss oder Adern wahrgenommen werden können.

b) Geschliffene oder glatte Seife. Sie entsteht durch das sogenannte Schleifen der Kernseifen, indem man die Kernseife mit Wasser oder sehr schwacher Lauge siedet.

Die strotzige Kernseife wird dadurch etwas verdünnt, damit die Flussbildung oder Marmorierung besser vor sich gehen kann oder es geschieht dies, um reine weisse Seife zu erhalten, frei von jeder Unreinigkeit, gleichzeitig findet Wasseraufnahme statt.

c) Gefüllte Seifen. Leimseifen. Sie ist die geringste aller Sorten und wird am häufigsten dargestellt. Man salzt nicht soweit aus, dass sich die sogenannte Unterlauge vom Kern trennt, sondern der ganze Kesselinhalt bleibt zusammen und wird als Seife verkauft. Beim Erkalten erstarrt der ganze Inhalt zu einer festen Seife mit bedeutendem Wassergehalt, ohne das Aussehen wesentlich zu beeinträchtigen.

Sie lassen sich nur mit Kokos- oder Palmkernöl darstellen; nur diese bilden infolge Gehaltes an Laureostearin amorphe Seife, die noch bei beträchtlichem Wassergehalt fest ist; diesen Seifen lassen sich reichlich alle möglichen fremden Stoffe beimengen, was auch in der That geschieht.

Zu den gefüllten Seifen gehört noch folgende:

Halbkernseife (Eschweger Seife).

Kokos- oder Palmkernöl wird mit Talg, Palmöl, Knochenfett, Walkfett gemeinschaftlich versotten; oder es wird eine Kernseife aus den letzteren gesotten und diese zu der Leimseife aus ersterer zugegeben. Soda ist zu ihrer Bildung nötig, aber auch Chlornatrium, Chlorkalium, Natriumsilicat werden zugesetzt zur Verfälschung. Richtig gesottene Seifen dieser Art sind ganz gut, nur sind unverfälschte selten.

Marseillerseife, Venetianische oder Spanische Seife, Olivenöl- oder Baumölseife. Man bereitet sie aus Olivenöl, welchem man sowohl aus Billigkeitsrücksichten als auch um einen zarten Schnitt und mehr Weichheit zu geben, häufig andere Oele wie Leinöl, Mohnöl, Sesamöl, Baumwollsamenöl u. s. w. zusetzt. Die Seife ist je nach der Bezugsquelle des Oels grünlich, bläulich grau oder olivgelb gefärbt. Die Fabrikation stammt aus Marseille, wo sie seit Alters her betrieben worden. Heute erzeugt man dort viele geschliffene, sogar mit Schwerspat und Kalkzusatz gefüllte, und hat deshalb der Ruf der dortigen Seife nachgelassen. Man fertigt sie in Deutschland speziell in Elberfeld-Barmen und Crefeld in vorzüglicher Qualität an. 64 Liter Olivenöl liefern 90 bis 95 Liter Kernseife. Eine normale Marseiller Seife soll enthalten: Fettsäure 63 %, Alkali 13 %, Wasser 24 %.

Die weisse Baumölseife ist eine geschliffene Marseiller Seife. Die dazu verwandten Oele und Laugen sind reiner. Es unterbleibt auch ein Zusatz von Eisenvitriol, wie derselbe zur Marseiller Seife genommen wird, um eine blaugraue Farbe hervorzurufen. Die Marseiller Seife liefert zum Reinigen der Gewebe die besten Resultate und wird in grossen Quantitäten, namentlich in der Seidenfärberei, angewandt.

Oleïnseife oder Oelsäureseife. Zur Herstellung dient die rohe Oelsäure, ein Nebenprodukt der Stearinfabrikation. Die Seife zeigt eine gelbbraune Farbe, schäumt vorzüglich und ist bei geringem Wassergehalt sehr fest. Ist sie schmierig und weich, so enthält sie einen unzulässig hohen Wassergehalt. Zur Erzielung grösserer Härte setzt man häufig 5 - 8 % Talg zu. Aus 100 kg

Oelsäure und 25 kg Soda erhält man 150—160 kg Seife. Eine gute Oelseife enthält 66 % Fettsäure, 13 % Natron und 21 % Wasser. Sie wird vielfach in der Türkischrotfärberei und in der Wollwäsche benutzt.

Gelbe Harztalgseife (Yellow soap). Gewöhnliches Fichten-Harz und Kolophonium verbindet sich in der Hitze sehr leicht mit Alkalien, indem sich Alkalisalze der Abietin-Pinar- u. a. Säuren bilden. Reine Harzseifen werden jedoch nicht verwendet wegen zu leichter Fleckenbildung.

Man vermischt sie daher mit Talg oder Palmöl und erhält dann ein sehr gesuchtes Produkt, die sogenannte Harztalgseife, die namentlich in England vielfach erzeugt wird. Englische Harztalgseife enthält: 62,95 % Fettsäure, 8 % Natron, 22,23 % Wasser, 5,79 % fremde Salzrückstände (nach Stein).

Schmierseife, Kaliseife, Kaliölseife. Diese Seifen bilden gewöhnlich eine gallertartige, durchscheinende Masse einer unreinen Lösung von ölsaurem Kali in überschüssiger Kalilauge, gemengt mit dem bei der Fabrikation ausgeschiedenem Glycerin. Sie trocknen an der Luft nicht ein sondern ziehen Wasser aus derselben an. Z. B. ölsaures Kali nimmt bis 160 % Wasser auf, palmitinsaures Kali bis 35 %, stearinsaures Kali 7,5 %.

Die weichen Seifen können nur aus Kalilauge dargestellt werden, doch setzt man aus praktischen Gründen stets einen Teil Natronlauge hinzu. Man salzt nicht aus. Es erfolgt somit keine Trennung des Seifenleims von der Unterlauge. Infolge ihrer grösseren Löslichkeit, alkalischen Beschaffenheit und ihres guten Schäumens giebt man ihr den Vorzug vor Natronseife, u. a. zum Walken und Einfetten des Tuches und anderer Wollzeuge. Für Schmierseife wendete man früher Hanföl, Rüböl oder Leinöl, jetzt gewöhnlich Oelsäure oder Thran an. Zum Füllen der Schmierseife gebraucht man mit Vorliebe Wasserglas und Harz, auch schwefelsaures Kali, ferner Alaun mit Kochsalz gemischt oder Kartoffelstärke. Fühlt sich die Schmierseife körnig an, so ist Talg zur Bereitung genommen worden, um eine grössere Härte zu erzielen. Solche Seife, Kornschmierseife oder Naturkornseife genannt, soll besser wirken als die glatte Schmierseife, Schaal- oder Silberseife. Die Körner sind Krystalle von Stearinsäure und palmitinsaurem Kali. Man ahmt die Körner nun künstlich nach durch Körner von Stärke, Kalk, Thon oder Gips und nennt solche Seife künstliche Kornseife. Grüne Schmierseife ist

Seife aus frisch geschlagenem Hanföl dargestellt. Die grüne Farbe wird vielfach durch Indigocarmin nachgeahmt. Braune oder schwarze Seife erhält man durch Zusatz von Indulin oder Blauholzextrakt und schwefelsaurer Eisenoxydullösung. 100 kg Oel ergeben 250 kg Schmierseife, unter Anwendung von Füllmitteln 300 bis 400 kg. Es werden auch durch Aussalzen von Kaliseifen mit Kochsalz unter Ersatz des Kali durch Natron Seifen dargestellt, welche neben viel fettsaurem Natron wenig fettsaures Kali enthalten, was ihnen grössere Geschmeidigkeit verleiht.

Die gewöhnlichen Seifen d. i. die fettsauren Salze des Kali und Natron und ebenso die des Ammoniak sind in Wasser löslich, nicht die der anderen Metalle. Deshalb schaden beim Gebrauch der Seifen Salze der Nichtalkalimetalle, die lösliche Seife wird durch sie z. B. Kalksalze unlöslich gefällt, kommt nicht zur Wirkung und bildet auch Flecken. Es ist daher nur gutes reines Wasser zu benutzen.

Verwendung. Seife findet sehr vielfache Verwendung zum Walken der Wolltuche, wobei gute neutrale Seife frei von Alkali und Fettsäure zu benutzen ist. Zum Waschen der rohen Wolle hingegen nimmt man Seife, welche etwas freies Alkali enthält, um die anhaftenden Fettsubstanzen besser zu entfernen. Zur Wäsche von Wolltuch nach dem Färben gebraucht man schwach alkalische Seifen, welche bis 0,25 % kohlensaures Alkali enthalten, da den Stücken meist etwas freie Säure vom Färbeprozess her anhaftet und diese so neutralisiert wird, sonst würde sie die neutrale Seife zersetzen und durch Ausscheidung von Fettsäure Flecken geben.

In den Baumwollfärbereien und Druckereien benutzt man Seife nach der Färbeoperation z. B. bei Alizarinfarben, um den Farbton zu beleben, zum Avivieren. Nach dem Druck hat das Seifen auch noch den Zweck neben Avivieren der aufgedruckten Farben, die weissen Stellen zu säubern. Neutrale Seifen sind hierzu am besten.

Eine sehr wichtige Verwendung findet Seife zum Befreien der rohen Seide vom Seitenleim, Operationen, die mit Degummieren, Weisskochen, Weichmachen bezeichnet werden. Die Lösung des Seidenleims in Seife, die sogenannte Bastseife, wird als Zusatz beim Färben der Seide mit Theerfarbstoffen benutzt.

Die Wirkung der Seife beruht zunächst in der Fähigkeit, in wässeriger Lösung die Gewebe schnell zu benetzen. Seifenwasser dringt leichter und schneller in Gespinste und Gewebe ein als Wasser und verdrängt die an der Oberfläche der zu reinigenden Körper ruhende verdichtete Luftschicht. Die Hauptwirkung ist indessen die Reinigung der Gewebe und Garne. Durch eine grössere Menge Wasser wird die Seife in freies Alkali und in ein unlösliches, saures, fettsaures Salz zerlegt. Das Alkali nimmt beim Waschen den fettigen Schmutz weg und wird durch das ausgeschiedene fettsaure Salz, welches einen starken Schaum bildet, eingehüllt, wodurch ein erneutes Niederschlagen des Schmutzes auf der Faser verhindert wird. Die Seifenemulsion besitzt die Eigenschaft, unlösliche Stoffe zu lösen und von der Faser zu entfernen, z. B. das Cholesterin der Wolle.

Wertbestimmung der Seife.

Der Wert einer Seife hängt ab von der Qualität und Quantität der in ihr enthaltenen Fettsäure, dem Gehalt an Wasser und dem an Verunreinigungen. Wie schon oben gesagt, spielt auch der Alkaligehalt eine grosse Rolle. Die Ausführung einer Seifenanalyse erfordert genaues Arbeiten, nähere Angaben hierzu, siehe: Heermann, Färbereichemische Untersuchungen.

Auf folgende Bestandteile ist zu prüfen:

1. Wasser. Der Gehalt an Wasser kann durch Trocknen bei 50—70º und 100º festgestellt werden.

2. Fettsäure. Wird durch Erwärmen mit norm. ¹/₁ Schwefelsäure auf dem Wasserbade abgeschieden, mit abgewogener Menge Wachs verschmolzen und als sauber gereinigter und getrockneter Wachs-Fettsäurekuchen gewogen.

3. Alkaligehalt: Das Gesamtalkali kann gleichzeitig bei der Verseifung (2) bestimmt werden, indem man die überschüssige norm. Schwefelsäure mit norm. Natronlauge zurücktitriert und so feststellt, wie viel Alkali an die Säure gebunden wurde. In derselben Lösung kann der Gehalt an Kochsalz durch Titrieren mit Silbernitrat festgestellt werden.

Das freie Alkali kann kaustisches oder kohlensaures Alkali sein und wird wie folgt ermittelt: Seifenlösung wird unter Zugabe von reinem Kochsalz mit ¹/₁₀ norm. Salzsäure (Methylorange als Indicator) titriert; man erhält den Gesamtkaligehalt des freien Alkali: Soda und Aetznatron. Ein anderer Teil wird nach Ausfüllung der Soda mit Chlorbaryum ebenso titriert und bekommt man nur den Aetznatrongehalt.

Glycerin wird bestimmt nach Abscheidung der Fettsäure mittels Schwefelsäure, indem man das Filtrat neutralisiert zur Trockne dampft, das Glycerin mit Alkohol auszieht und den Alkohol verdunstet.

Unverseifbares Mineralfett wird durch Extraction der Seife mit Ligroin erkannt, worin es sich löst.

Harzgehalt wird festgestellt, indem man die ausgeschiedene neutralisierte Fettsäure trocknet und mit Alkohol extrahiert. Durch Zusatz von Aether scheidet man mitgelöstes fettsaures Alkali aus und bestimmt nun in einem Teil der Lösung durch Verdampfen den Harzgehalt.

Charakterisierung der Fettsäure geschieht durch Bestimmung von Schmelzpunkt und Erstarrungspunkt der Verseifungszahl, eventuell auch durch Jodzahl, sp. G. u. a. m.

Anorganische Zusätze werden durch Veraschung bestimmt und Untersuchung der Asche.

Wichtige Anwendung findet alkoholische Seifenlösung zur Härtebestimmung des Wassers (siehe dieses).

Ultramarin. Ein feines, lasurblaues Pulver, unlöslich im Wasser. Seit 1836 wird es in Deutschland auf künstlichem Wege durch Schmelzen von Porzellanthon, Glaubersalz, Schwefel und Kohle (Sulfat-Ultramarin) hergestellt. Statt Glaubersalz nimmt man auch Soda (Soda-Ultramarin) oder setzt Kieselerde zu (Kieselerde-Ultramarin). Es dient zum Druck, sowie in der Färberei zum Weissfärben oder Bläuen von Leinen und Baumwolle, da die blaue Farbe des Ultramarins den schmutzig gelben Ton zu weiss ergänzt. Man zieht es dem Anilinblau vor, weil die Baumwollgarne viel reiner und glänzender werden. Jedoch darf weder Säure noch Alkali im Garne oder Gewebe vorhanden sein, wenn die Weissfärbung haltbar werden soll. Oft wird auch das Beschweren mit dem Anbläuen verbunden vorgenommen, so dass man z. B. in eine $2^1/_2$ prozentige Seifenlösung 5—10 % gebleichtes Palmöl einrührt, dann soviel Bläue als erforderlich zusetzt, die Garne in dieser Flüssigkeit umzieht, auswindet und ohne Waschen trocknet. Verunreinigungen und Verfälschungen des Ultramarins mit Smalte und Berliner Blau kommen jetzt wohl seltener vor.

Mitunter findet sich Schwerspat und Permanent-Weiss beigemengt, am häufigsten Gips, ferner Syrup und Glycerin. Zum Weissfärben von Wolle und Seide wird Ultramarin nicht angewendet, hier gebraucht man Theerfarbstoffe, wie Baumwollblau, Methylviolett, Aethylviolett, Indigoblau u. a. m. Der Wert des Ultramarin wird durch vergleichende Färbung festgestellt. Eine Bestimmung der Bestandteile, Thonerde, Kieselsäure, Natron und des Schwefels als Schwefelsäure ist zu zeitraubend und zwecklos.

Vorbereitungsmittel zum Bleichen.

Kalk. Calciumoxyd, CaO wird durch Glühen von Kalkstein ($CaCO_3$) in Kalköfen dargestellt, welcher hierbei in grauweisse, grössere oder kleinere Stücke zerklüftet, indem er Kohlensäure verliert: $CaCO_3 = CaO + CO_2$. Feuchtet man den so gewonnenen „gebrannten Kalk" allmählich mit Wasser an, so wird unter Wärmeentwicklung der „gelöschte Kalk" erhalten, auch Mehlkalk, Kalkpulver oder Kalkhydrat genannt $CaO + H_2O = Ca(OH)_2$. Dieser nimmt einen dreimal grösseren Raum ein als vor dem Löschen. Man löscht gebrannten Kalk am besten, indem man erst wenig heisses Wasser zugiebt, ihn kurze Zeit ruhen lässt und nach dem Zerfall viel kaltes Wasser zufügt. Durch Zusatz von Wasser zum gelöschten Kalk erhält man Kalkmilch. Verdünnt man dieselbe mit 700 Teilen Wasser, so nennt man solche Lösung Kalkwasser. Man beurteilt den Kalk, den man frisch geglüht in Stücken beziehen muss und nicht zerfallen, weil er sonst stark Kohlensäure aus der Luft anzieht und in der Bleiche unwirksam wird, nach dem raschen Zerfallen beim Löschen und nach der grösseren oder geringeren Wärmeentwickelung. Das gebildete Pulver muss sich recht fein und weich anfühlen und mit wenig Wasser angerührt einen fetten, zähen, aber glatten und schlüpfrigen Brei geben. Im andrem Falle ist der Kalk schlecht, sogenannter magerer Kalk, der zuviel Magnesia, Thon u. s. w. enthielt. Der gebrannte Kalk muss gut zugedeckt aufgehoben werden. Beim Auflösen des Kalkes darf nur wenig Rückstand bleiben. Auch muss der Kalk möglichst eisenfrei sein. Die Anwendung beruht auf der stark basischen Eigenschaft seiner Lösung, welche billig erhalten werden kann. Er dient in der Bleicherei der Baumwollgewebe, in der Färberei zum Bereiten der Indigo-Küpen u. s. w.

Calciumcarbonat, Kreide, Schlemmkreide, kohlensaurer Kalk $Ca CO_3$ ist hauptsächlich kohlensaurer Kalk mit einigen Prozenten kohlensaurer Magnesia.

In Wasser ist kohlensaurer Kalk fast unlöslich, dagegen leichter in Kohlensäure haltendem Wasser wie den Fluss- und Quellwassern. Wird durch Erwärmen die Kohlensäure ausgetrieben, so scheidet sich leicht kohlensaurer Kalk ab. Diesen Kalkgehalt des Wassers, welcher durch Kochen aufgehoben wird, bezeichnet man als die vorübergehende Härte (siehe Wasser). Calciumcarbonat ist schwach alkalisch und wird durch Säuren zersetzt, wobei es die Säure als Kalksalz bindet; hierauf beruht die vielfache Verwendung zur Neutralisation saurer Flüssigkeiten; es muss zur Anwendung sehr fein gemahlen und frei von harten Teilchen sein. Verwendet wird es ferner zum Neutralisieren saurer Flüssigkeiten, zum Befestigen von Thonerde und anderer Beizen auf Baumwolle. Bei der Alizarinfärberei wird Kreide dem Bade zugesetzt, um wesentlich zur Entwickelung der Farbe beizutragen. Man ersetzt sie hier durch essigsauren Kalk.

Das Handelsprodukt ist ziemlich rein. Den Wert desselben kann man bestimmen, indem man gemessene ccm normal Schwefelsäure damit neutralisiert und den Ueberschuss an Säure mit normal Natronlauge zurücktitriert.

Soda, Kohlensaures Natron, Natriumcarbonat Na_2CO_3. Soda kommt in der Natur als Auswitterungsprodukt von Gesteinen und Bestandteil des Wassers mancher Seen vor; sie wird zu sehr geringem Teile auch aus letzteren gewonnen, ebenso auch aus der Asche von Meerespflanzen. Jedoch nur minimale Mengen des ungeheuren Sodaverbrauchs stammen aus diesen Quellen. Sie wird als Hauptprodukt der chemischen Grossindustrie aus Kochsalz $NaCl$ nach 3 Verfahren dargestellt:

1. Nach dem 1794 von Leblanc aufgefundenem Prozesse. Kochsalz wird durch Schwefelsäure unter Abgabe von Salzsäure (s. d.) in Natriumsulfat Na_2SO_4 verwandelt. Dies mit Kohle erhitzt, giebt Kohlensäure und Schwefelnatrium:

$$Na_2SO_4 + 2C = Na_2S + 2CO_2$$ und dies letztere wird gleichzeitig durch Zugabe von kohlensaurem Kalk in Soda verwandelt:

$$Na_2S + CaCO_3 = Na_2CO_3 + CaS.$$

Zum Teil zersetzt sich das $CaCO_3$ bei der hohen Temperatur und bildet Kalk (s. d.). Das Produkt der Schmelze, welches neben 45 % Na_2CO_3, Schwefelcalcium CaS, Kalk CaO u. a. fremde Stoffe enthält, wird als Rohsoda bezeichnet und findet besonders in England Anwendung in der Seifenfabrikation und Bleicherei; sie ist frei von Aetznatron. Die Hauptmenge der Rohsoda wird jedoch nicht verkauft, sondern weiter gereinigt durch Wasser; dies nimmt aus ihr nur Na_2CO_3 auf, wobei der Kalk zum Teil daraus Aetznatron bildet. Die Laugen werden eingedampft, wobei sich in der Hitze Soda als krystallinisches Pulver $Na_2CO_3 + H_2O$, Sodamehl abscheidet. In England kommt dasselbe viel so als Krystallcarbonat in den Handel mit ungefähr 18 % Wassergehalt. Zum Teil wird es aber erst noch getrocknet und calciniert und kommt dann als calcinierte Soda Na_2CO_3 aus der Fabrik. Oder sie wird noch weiter durch Umkrystallisieren aus Wasser gereinigt, wobei sich Krystalle der Form $Na_2CO_3 + 10 H_2O$, die Krystallsoda, ausscheidet.

Nach dem eben genannten Verfahren, nach welchem im Anfange des Jahrhunderts fast ausschliesslich gearbeitet wurde, wird jetzt nur wenig fabriziert, es ist durch das

2. Salvay Sodaverfahren stark in den Hintergrund gedrängt worden. Hiernach stellt man auch aus Kochsalz Soda dar, aber mit Hilfe von Ammoniak und Kohlensäure, wobei das gebildete Ammoniumbicarbonat NH_4HCO_3 sich mit dem Kochsalz wie folgt umsetzt:
$$NaCl + NH_4HCO_3 = NH_4Cl + NaHCO_3.$$
Man sättigt Kochsalzlösung mit Ammoniak NH_3 und leitet unter Druck Kohlensäure ein CO_2; es scheidet sich dann das in Wasser schwer lösliche Bicarbonat $NaHCO_3$ aus, das durch Glühen in Soda verwandelt wird.
$$2 NaHCO_3 = Na_2CO_3 + H_2O + CO_2.$$
Die Kohlensäure wird durch Brennen von Kalkstein ($CaCO_3 = CO_2 + CaO$) erzeugt. Der dabei entstehende CaO, Kalk, wird benutzt, um aus dem sich bildenden Chlorammonium, das gelöst bleibt, das Ammoniak frei zu machen, um es von neuem zu verwenden.
$$2 NH_4Cl + CaO = 2 NH_3 + H_2O + CaCl_2.$$
Das Chlorcalcium wird zur Chlordarstellung benutzt. Fünf Sechstel der in Deutschland fabrizierten Soda ist solche „Ammoniaksoda"; sie enthält 98 % Na_2CO_3 und mehr, ist auch für Färbereizwecke genügend rein.

3. Neuerdings wird auch durch elektrolytische Zersetzung von Kochsalz (s. Natriumhypochlorit), Chlor und Natron-

hydrat im Grossen dargestellt und dies letztere, um Soda zu erhalten, mit Kohlensäure gesättigt. Die Elektrolyse ist der zur Darstellung von Bleichlauge ganz analog, nur ist hier durch poröse Scheidewände oder durch Flüssigkeitsschichten verschiedener Konzentration dafür Sorge getragen, dass das Chlor nicht auf das gebildete Natronhydrat einwirken kann.

In Nordamerika endlich wird Soda auch aus Kryolit $A Fl_3$, $3 NaFl$, einem grönländischen Mineral, gewonnen.

Was die Verwendung der verschiedenen Sodaarten betrifft, so bietet die Krystallsoda $Na_2 Co_3 + 10 H_2 O$ die grösste Garantie für Reinheit. Da dieselbe aber 63 % Wasser enthält, so verteuert sich hier die Fracht sehr; sie findet deshalb nur im Kleinen, im Haushalt u. s. w. Verwendung; sie ist auf Eisen-, Chlor- und Schwefelsäurefreiheit zu prüfen. Im Grossbetriebe wird sie durch das ebenfalls sehr reine Krystallcarbonat, das nur 18 % Wasser enthält, ersetzt. Ammoniaksoda ist sehr rein, frei von Aetznatron und Eisen, und enthält meist wie schon gesagt über 98 % $Na_2 CO_3$. Calcinierte Soda nach Leblanc wird meist unter Gehaltangabe nach Graden verkauft. In Deutschland bezeichnet 1 Grad 1 % $Na_2 CO_3$, in England 1 % $Na_2 O$, z. B. eine 81 grädige deutsche ist englisch 48 grädig, hier sind Sorten von 81—98 % $Na_2 CO_3$ Gehalt im Handel; sie enthalten alle mehr oder weniger Aetznatron.

Soda findet sehr vielfache Verwendung. Ein geringer Eisengehalt schadet bei der Bleiche nichts. Für die Wollwäscherei ist wesentlich wichtig das Fehlen von Aetznatron indem solches unter Umständen die Faser auflösen würde. Bei Baumwollwaren dagegen bewirkt die Anwesenheit von Aetznatron eine gründlichere Reinigung. In grösseren Bleichereien setzt man absichtlich aus diesem Grunde Aetznatron zu. Soda ist überdies ein nützliches Befestigungsmittel für Eisen- und Chromoxyd auf Baumwolle. Beim Einkauf der Soda entscheidet meistens der Gehalt an kohlensaurem Natron.

Der Werth einer Soda wird durch Titrieren mit Normalschwefelsäure festgestellt und dadurch das Gesamtalkali bestimmt. Nach Ausfällung des Carbonates mit Chlorbaryum wird dann der Gehalt an Aetznatron auf gleiche Weise bestimmt. Auf Eisen, Chlor, Schwefelsäure wird wie bei Salzsäure (siehe diese) geprüft.

Potasche, Kohlensaures Kali, Kaliumcarbonat $K_2 CO_3$. Wird dargestellt aus Pflanzenasche, Wollschweiss, Schlemperückständen; in Deutschland namentlich aus Stassfurter Chlorkali und schwefelsaurem Kali analog der Soda.

Die Potasche kommt in den Handel als rohe und gereinigte Potasche oder Perlasche, mit 70—98 % Gehalt an kohlensaurem Kali. Potasche bildet eine feste, mehr oder weniger weisse Masse, welche äusserst begierig Wasser aus der Luft anzieht. Beim Einkauf ist daher der Wassergehalt festzusetzen.

Die Prüfung und Wertbestimmung ist auch der der Soda entsprechend. Die Bedeutung und Verwendung derselben ist aber gegenüber Soda minimal. Sie wird hauptsächlich zur Darstellung von Schmierseifen und böhmischem Glas benutzt.

Aetznatron, Natriumhydroxyd, Seifenstein, Sodastein, kaustische Soda NaOH. Wird neuerdings namentlich durch Elektrolyse von Kochsalz gewonnen (s. Soda), dann beim Leblanc-Sodaprozess durch Arbeiten unter anderen Bedingungen und endlich aus Soda beim Kochen mit Kalk. Es ist im Handel in Form höchst konzentrierter Laugen, häufiger als geschmolzene, harte, weisse Masse, welche begierig an der Luft Kohlensäure anzieht und deshalb gut verschlossen aufgehoben werden muss. Verunreinigungen sind Kochsalz, schwefelsaures Natron, Thonerde und Eisenoxyd.

Aetznatron ist eine starke Base und hat laugenartigen Geschmack. Die wässerige Lösung wird als Natronlauge bezeichnet. Der Wert wird durch Titrieren mit Normalschwefelsäure wie bei Soda ermittelt.

Wird in der Bleicherei, Druckerei und in der Seifenfabrikation angewandt und ist auch wichtig zur Farbstofffabrikation und zum Mercerisieren der Baumwolle d. h. um ihr Seiden-Glanz und Aussehen zu verleihen. Neben Aetznatron findet auch das in den Eigenschaften gleiche Ätzkali, kaustisches Kali oder Kaliumhydroxyd. KOH. Verwendung, ist aber viel teurer.

Prozentgehalt der Aetznatronlauge.

Spez. Gewicht	Baumé	Proz. Natrium-hydroxyd	1 cbm enthält kg festes Natriumhydroxyd
1,007	1	0,61	6
1,029	4	2,71	28
1,045	6	4,00	42
1,060	8	5,29	56
1,075	10	6,55	70
1,091	12	8,00	87
1,108	14	9,42	104

Spez. Gewicht	Baumé	Proz. Natrium-hydroxyd	1 cbm enthält kg festes Natriumhydroxyd
1,125	16	10,97	123
1,142	18	12,64	144
1,162	20	14.37	167
1,180	22	15.91	188
1 200	24	17.67	212
1.220	26	19.58	239
1,241	28	21,42	266
1,263	30	23,67	299
1,285	32	25,80	332
1.308	34	27,80	364
1,332	36	29,93	399
1,357	38	32.47	441
1,383	40	34.96	483
1.410	42	37,47	528
1,438	44	39,99	575
1,468	46	42,83	629
1,498	48	46,15	691
1,530	50	49,02	750

Kieselsaures Kali, $K_2Si_4O_9$, Kieselsaures Natron, $Na_2Si_4O_9$, Kali- oder Natronwasserglas. Kaliwasserglas wird dargestellt durch Zusammenschmelzen von Quarzsand mit Potasche und Holzkohlenpulver, bei Natronwasserglas nimmt man statt Potasche Glaubersalz und bei Doppelwasserglas (Kalium-Natriumwasserglas) Potasche und Soda. Alle Teile werden fein gepulvert und mit Wasser bis zur Lösung gekocht. In den Handel kommt Wasserglas meist als präpariertes Wasserglas, als dickflüssige, farblose, alkalisch reagierende Flüssigkeit, welche 33 oder 66 grädig ist, d. h. Prozente festes Wasserglas enthält, oder in fester Form als mehr oder weniger gefärbte glasige Masse, welche sich in Wasser sehr leicht löst. Die wässerige Lösung zersetzt sich in basische und saure Silikate. Durch die Kohlensäure der Luft wird die Lösung unter Ausscheidung von Kieselsäure zersetzt, weshalb man die Flüssigkeit gut verschlossen aufhebt. Kieselsaures Alkali wirkt als schwaches Alkali und wird zum Teil auch als solches verwendet z. B. beim Bleichen mit Wasserstoffsuperoxyd. (s. o.) Es findet ferner vielfach Anwendung: in der Seifenfabrikation, zum Schlichten von Baumwollketten, in der Druckerei als Albuminersatz, in der Färberei zur Befestigung von Thonerde, Eisen, Chrom und anderer Beizen und zum Ersatz des Kuhkots, in der Appretur und als feuerfestes Imprägniermittel für Gewebe u. s. w.

Harz oder **Kolophonium** ist der verhärtete Ausfluss der Fichten. Wird durch Schmelzen gereinigt und gelangt in goldgelben Stücken in den Handel, die sich in Soda vollkommen lösen müssen. Findet grösste Anwendung in Form von Harzseife in der Bleicherei, weniger in der Appretur (s. Seife).

Wasser H_2O. Wasser ist von sehr grosser Bedeutung sowohl vom physikalischen als auch vom chemischen und färbereitechnischen Standpunkte aus.

Physikalische Eigenschaften: Wasser finden wir häufig in den drei uns bekannten Aggregatzuständen: fest, flüssig und gasförmig. Der Wärmezustand, in welchem es sich beim Uebergang aus dem festen in den flüssigen Zustande längere Zeit befindet, und den, in welchem es sich beim Uebergang von flüssig in gasförmig zeitweilig befindet, giebt uns die Fundamentelpunkte zur Messung des Wärmezustandes mittels der Ausdehnung der Körper, den Nullpunkt und den 100-Punkt des Thermometers nach Celsius.

Sein vom allgemeinen Gesetz der Ausdehnung der Körper abweichendes Verhalten, bei $+ 4°$ das Maximum der Dichte zu zeigen, ist wichtig im Haushalte der Natur im Winter. Wasser von diesem Maximum der Dichte ist ein Vergleichsobjekt, auf dasselbe werden alle spezifischen Gewichte (sp. G.) fester und flüssiger Körper bezogen. Das sp. G. eines Körpers giebt an, wie viel mal ein bestimmtes Volumen dieses Körpers schwerer als ein gleiches Volumen Wasser ist. Die Raumeinheit 1 ccm, gefüllt mit Wasser von 4°, bezeichnet im metrischen System eine wichtige Einheit, die der Kraft resp. des Gewichtes = 1 g. Im physikalischen C. G. S.-systeme giebt dasselbe Maass Wasser die Einheit der Masse. Wichtig ist Wasser auch nicht nur zur Messung von Wärmezustand, sondern von Wärmemengen, wie sie z. B. bei chemischen Reaktionen, etwa dem Verbrennen der Kohle, frei werden. Die Einheit der Wärmemenge ist die Calorie = derjenigen Wärmemenge, welche imstande ist, 1 ccm Wasser von 0° auf 1° zu erwärmen (kleine Calorie). Zum Schmelzen von Eis und ebenso zum Verdampfen von Wasser werden nun beträchtliche Mengen Wärme verbraucht, für ersteren Vorgang 79, für letzteren 536,5 Calorien. Der Uebergang von Wasser aus dem flüssigen in den dampfförmigen Zustand kann, wie wir wissen, nicht nur beim Sieden vor sich gehen, sondern auch bei jeder anderen Temperatur. Die Menge des verdunstenden Wassers ist abhängig von dem vorhandenen Luftdrucke, bei geringerem wird mehr verdunsten, bei höherem weniger, umgekehrt der Temperatur. Ist also Wasser in der Luft als Dampf vorhanden und sinkt die Temperatur

oder steigt der Druck, so wird es wieder als Flüssigkeit ausge-
schieden. Die Temperatur nun, auf welche man bei bestimmtem
Luftdruck abkühlen muss, um Wasser abzuscheiden, heisst der
Thaupunkt.

Wenn Wasser in geschlossenem Gefässe siedet, so üben die
eingeschlossenen gebildeten Wasserdämpfe einen Druck aus, jetzt
wird entsprechend wie vorher, je höher der Druck ist, um so
später erst das Sieden eintreten; z. B. in Dampfkesseln. Auch
durch Auflösen von Salzen wird die Siedetemperatur erhöht, wo-
von man Gebrauch macht unter anderem bei Heizflüssigkeiten für
Probefärbungen: Chlorcalciumlösung siedet erst bei 180°.

Die Energie, die man dem Wasser als Wärme zur Verwandlung in Dampf zugeführt hat, äussert sich bei letzterem durch sein
Bestreben, sich auszudehnen, d. h. den Druck, den der Dampf ausübt auf die ihn absperrenden Wände. Dieser Druck oder die Ex-
pansionskraft des Dampfes ist imstande Arbeit zu leisten, den
Kolben der Dampfmaschine und damit diese in Bewegung zu
setzen, was ja millionenfach zur Anwendung kommt.

Wenn ein fester Körper in Wasser gelöst wird, so tritt
Wärmeabsorbtion ein, es ist als ob Wärme zum verwandeln des
festen in einen flüssigen Körper, der sich im Wasser lösen kann, nötig
ist. Die nötige Wärme wird der Umgebung entzogen und die Flüssigkeit wirkt dann als Kältemischung, z. B. salpetersaures Ammoniak
(6 Teile) in 10 Teilen Wasser von 13,6° gelöst giebt eine Abkühlung auf — 13,6°. Solche Kältemischungen werden auch in
den Färbereien beim Diazotieren (s. Natriumnitrit) gebraucht; hier
giebt z. B. ein Gemenge von 3 Teilen Schnee und 1 Teil Kochsalz eine Abkühlung von 0° auf — 21°.

Chemische Eigenschaften: Wasser ist eine geruch- und
geschmacklose Flüssigkeit von neutraler Reaktion und besteht aus
Wasserstoff und Sauerstoff im Gewichtsverhältnis 2 : 16, den Vo-
lumverhältnissen nach vereinigen sich 2 Raumteile Wasserstoffgas
mit einem Raumteil Sauerstoffgas. Aus dieser Erkenntnis wurde
für Wasser die chemische Formel H_2O abgeleitet. Wichtig war
für die Feststellung des Atomgewichtes des Sauerstoffs = 16, da
aus den Sauerstoffverbindungen die Atomgewichte vieler anderen
Elemente bestimmt wurden. Von ungeheurer Wichtigkeit ist das
reine Wasser in der Chemie als neutrales Lösungsmittel bei den
zahlreichen chemischen Reaktionen, besonders bei der Analyse.

Technische Eigenschaften: Das in der Natur vorkommende Wasser ist für Industrien und Gewerbe von sehr grosser

Bedeutung, sowohl zur Erzeugung von Dampf (Kesselspeisewasser) als auch als Lösungsmittel. Man unterscheidet: Regen-, Quell- und Flusswasser.

Regenwasser ist das reinste natürliche Wasser, enthält 3 Volumprozente Gase gelöst: Sauerstoff, Stickstoff, Argon und Kohlensäure, ferner Spuren gelöster fester Körper: Ammoniaksalze der salpetrigen und Salpetersäure; in Industriestädten auch öfters etwas Schwefelsäure, immer Spuren organischer Substanz. Für Wäscherei und Färbereigewerbe ist es sehr geeignet.

Quellwasser ist stets mehr oder weniger reich an ge- lösten Salzen, ganz verschieden je nach dem Boden und dessen geologischer Zusammensetzung, aus welchem es stammt. Gelöst sind meist Carbonate resp. Bicarbonate, Sulfate, Chloride, Nitrate, Silicate des Calcium, Magnesium, Natrium, Kalium, Aluminium und Eisen und organische Stoffe.

Fluss- und Bachwasser ist ebenfalls sehr verschieden, je nach dem Boden, über den es geflossen. Im allgemeinen enthält es meist kleinere Mengen gelöster Stoffe, da es bei seinem Lauf solche absetzt und mit reinerem Regenwasser verdünnt ist. Die Natur der gelösten Salze ist dieselbe wie bei Quellwasser; Wasser, das durch Städte geflossen, enthält oft viele organische Verunreinigun- gen, Verbindungen des Stickstoffs, Chloride und Salze der Schwer- metalle u. a. m., welche oft sehr schädlich sein können.

Prüfung des zu benutzenden Wassers muss regelmässig der Verwendung eines Wassers voraufgehen und von Zeit zu Zeit wiederholt werden. Je nach der Verwendung darf ein Wasser ein Mal Substanzen enthalten, die für einen anderen Zweck absolut schädlich sind, zu welchem also dasselbe Wasser nicht verwendet werden darf. Eine grosse Rolle sowohl für Kesselspeisewasser als auch für Wasser zum Gebrauch in Wäschereien, Bleichereien und Färbereien spielt die Härte des Wassers. Man unter- scheidet hierbei zwei Arten der Härte: vorübergehende oder temporäre Härte und bleibende oder permanente Härte, beide zusammen bilden die Gesamthärte des Wassers.

Die vorübergehende Härte wird hervorgerufen durch einen Gehalt an Bicarbonaten, doppeltkohlensauren Salzen des Cal- cium und Magnesium, z. B. $CaH_2(CO_3)_2$. Diese Härte heisst nur vorübergehend, weil dieselbe durch Kochen aufgehoben werden kann, wobei Kohlensäure entweicht und sich einfach kohlensaures

Calcium niederschlägt, die Lösung jetzt keine Kalk- oder Magnesiumsalze mehr gelöst enthält, also nicht mehr hart ist:

$$CaH_2(CO_3)_2 = CaCO_3 + CO_2 + H_2O.$$

Die bleibende Härte beruht auf einem Gehalt an Calcium und Magnesium als Sulfat, seltener als Chlorid oder an Kochsalz. Diese Härte ist durch Kochen nicht zu entfernen.

Wie wirkt nun Härte schädlich bei der Benutzung des Wassers? Dadurch, dass die Calcium- und Magnesiumsalze manche der verwendeten Chemikalien ausfällen, diese also nicht zur Wirkung kommen wie in reinem Wasser, wo sie gelöst bleiben. Z. B. die Seife d. h. fettsaures Natron oder Kali ist in Wasser löslich (s. Seife), das Kalksalz nicht, wird also durch hartes Wasser ausgefällt und es geht nicht nur Seife verloren, sondern das fettsaure Kalksalz beschmutzt die Stücke, was nach der Wäsche beim Färben besonders hervortritt.

Dieses Verhalten der Kalksalze gegen Seife wird sehr praktisch zur Härtebestimmung benutzt: (Clark). Giebt man von einer Seifenlösung einen Tropfen in reines Wasser in einer Stöpselflasche, verschliesst und schüttelt, so wird sofort Schaumbildung auftreten; sind dagegen Kalksalze im Wasser gelöst, so wird erst Seife an den Kalk gebunden. Es tritt also nicht sofort Schäumen beim Schütteln ein, sondern erst wenn aller Kalk gebunden ist und dann freie Seife im Wasser sich befindet, welche das Schäumen verursacht. Je mehr Kalk also im Wasser vorhanden, um so mehr Seifenlösung wird man brauchen ehe Schaumbildung eintritt. Man hat nun die Grösse der Härte eines Wassers, also die Grösse des Kalketc. -gehaltes, nach Graden eingeteilt. Es bedeuten diese Härtegrade wie folgt:

1° Grad deutsche Härte = 1 mg CaO in 100 ccm Wasser

1° „ französische „ = 1 „ CaCO$_3$ „ 100 „ „

1° „ englische „ = 1 grain CaCO$_3$ in 1 Gallon „

$1^•$ deutsche = 1,79^o französische = 1,25^o englische Härte.

Am praktischsten arbeitet man nach dem Verfahren, bei welchem die Burette, mit welcher man arbeitet, direkt in Härtegrade geteilt ist. Das Schüttelfläschchen fasst 40 ccm Wasser, welches zu untersuchen ist. Die benutzte käufliche alkoholische Seifenlösung ist nun in derartiger Konzentration hergestellt, dass die Flüssigkeitsmenge, welche den Raum vom 0 Punkt bis zum Punkt 1, 2 u. s. w. der Bürette erfüllt die 1, 2 u. s. w. Härtegraden entsprechende Menge Kalk bindet, also dementsprechend Seife enthält.

Man kann sich natürlich auch selbst durch Darstellen eines reinen Wassers von ganz bestimmtem abgewogenem Kalkgehalte (oder der entsprechenden Menge Chlorbaryum) die nötige Seifenlösung herstellen, worüber sich in allen analytischen Lehrbüchern genaue Angaben finden.

Bei der Analyse ist erst dann genügend Seife verbraucht, wenn ein 2—5 Minuten anhaltender Schaum entsteht. Wasser mit starker Härte (über 10°) muss man mit destilliertem Wasser auf die Hälfte etc. verdünnen und dann bestimmen

Man bestimmt zuerst durch direkte Benutzung des zur Analyse gegebenen Wassers die Gesamthärte. Kocht dann ³/₄ Stunden einen anderen Teil, hebt dadurch die temporäre Härte auf und bestimmt jetzt in 40 ccm dieses gekochten und filtrierten Wassers die bleibende Härte, nachdem man nach dem Kochen durch Zugabe von destilliertem Wasser das ursprüngliche Volumen wieder hergestellt hat.

Um näheren Aufschluss über die gelösten Bestandteile des zu untersuchenden Wassers zu bekommen, prüft man am besten noch wie folgt:

1. auf Kalk, indem man etwas Charammonium zum Wasser zugiebt und dann Ammoniumoxalat. Kalk wird durch einen weissen Niederschlag von oxalsaurem Kalk angezeigt.

2. auf Magnesium, man kocht die eben benutzte Lösung, filtriert und setzt Ammoniak und Natriumphosphat zu. Ein krystallinischer Niederschlag von Magnesium-Ammoniumphosphat lässt Magnesium erkennen.

3. Schwefelsäure resp. Sulfate werden in salzsaurer Lösung mit Chlorbaryum als Niederschlag von Baryumsulfat erkannt.

4. Salzsäure resp. Chloride werden mit Silbernitrat in salpetersaurer Lösung als weisses Chlorsilber gefällt und festgestellt.

5. Eisen wird an der roten Färbung erkannt, die durch Bildung von Rhodaneisen mit Rhodankalium entsteht, oder durch die Fällung von Berlinerblau in salpetersaurer, salzsaurer Lösung mit Ferrocyankalium.

Wo es auf genaue Beurteilung ankommt, sind diese Untersuchungen quantitativ auszuführen, eventuell auch Aluminium, Kieselsäure u. a. m. quantitativ zu bestimmen. Einem geübten Techniker geben schon diese qualitativen Prüfungen genug Anhaltspunkte zur Beurteilung des Wassers. Eine erste Prüfung ist immer die mit Lakmuspapier, ob freie Säure oder freies Alkali (meist Carbonate) vorhanden sind.

Organische Stoffe lassen sich leicht durch das Aussehen erkennen und indem man das Wasser verdampft und den Rückstand erhitzt oder bei Abwesenheit anderer reduzierender Körper durch Permanganat, welches entfärbt wird.

Beurteilung des Wassers hängt, wie schon oben gesagt, ab von dem Zwecke, zu welchem es dienen soll.

Kesselspeisewasser soll möglichst wenig hart sein, vorübergehende Härte schadet hier weniger als bleibende. Der aus Bicarbonaten abgeschiedene kohlensaure Kalk setzt sich als leicht abklopfbares Pulver im Kessel ab. Sulfate dagegen bilden den schwerer loszuschlagenden Kesselstein, der sehr anhaftet und leicht ein Durchbrennen der Kesselplatten verursacht. Ein Gehalt an Magnesium lässt Wasser schon immer zum Speisen der Kessel bedenklich erscheinen, besonders wenn Chloride gefunden sind. Magnesiumchlorid zersetzt sich in basisches Salz und freie Salzsäure beim Erhitzen im Kessel und die Säure frisst den Kessel durch; ebenso ist ein Ammoniakgehalt schädlich, da sich leicht Rost bildet; neben Mineralsäure wirken auch organische Fettsäuren sehr schädlich durch Lösen von Eisen, so z. B. Kondensationswasser, das verseifbares Schmierfett aufgenommen hat oder Torfwasser; solche Wässer müssen mit Kalk, Soda oder anderem neutralisiert werden. Ebenso werden zu harte Wasser erst Reinigungsprozessen unterworfen, bevor sie als Kesselspeisewasser verwendet werden, siehe unten.

Wasser für Wäschereien, Bleichereien, Färbereien. Besonders nachteilig ist auch hier, wie schon gesagt, Gehalt an Kalk und Magnesium, da durch dieselben Seife verzehrt und Flecke gebildet werden, 1 gr. Kalk zersetzt 15,5 gr. Seife. Die Kalkseife lässt sich sehr schwer entfernen und es kommen dann beim Ausfärben streifige Farben zum Vorschein. Das Durchfärben der Ware, das Eindringen der Beize in die Faser wird durch die Kalkseife verhindert; z. B. beim Ansieden der Wolle mit Chrom- und Thonerdebeizen, bilden sich unlösliche, klebrige Chrom- und Thonerdeseifen auf der Faser, die nur oberflächlich befestigte Farblacke entstehen lassen und die Ursache des Abschmutzens geben. Die Wolle selbst wird hart und die Farbtöne werden trübe. Durch die schwierige Entfernung der Kalkseifen kann beim Walken Glanz und Wert des Fabrikates gänzlich verloren gehen. Beim Färben mit Alizarinblau, Coerulëin u. s. w. tritt unter Umständen durch die Entstehung eines Kalklackes, der sich nicht auf der Faser befestigen lässt, ein empfindlicher Farbstoffverlust ein. Ein Teil der Farbstoffe wird beim Auflösen in hartem Wasser als theerige Masse gleich zu Boden geschlagen. Bei Herstellung von Beizen erleidet man ganz analog einen Verlust: Durch die kohlensauren Alkalien werden Eisen, Aluminium teilweise niedergeschlagen, dem Bichromat wird ein Teil der Chromsäure entzogen; Oxalsäure, Weinsäure und Milchsäure werden beim Wollbeizen durch den Kalk des Bades gefällt und kommen nicht zur Wirkung. Diese schädliche Wirkung kann man durch Zusatz von Essigsäure aufheben, indem man den Kalk an diese bindet. Ein Wasser von 2° Härte, das 20 gr. CaO im Kubikmeter enthält, gebraucht zur Neutralisation 85,9 gr. Essigsäure von 50 % (8° Bé). Nur bei einigen wenigen Farbstoffen ist ein Kalkgehalt beim Färben nicht schädlich, sondern fördernd, z. B. bei Alizarin, aber auch hier ist es besser, reines Wasser zu verwenden und die erforderliche Kalkmenge, gewöhnlich in Form von essigsaurem Kalk zuzusetzen.

Ein Eisengehalt beeinträchtigt die Herstellung heller Farben sehr. Beim Wollwaschen setzt sich das Eisen leicht auf der Faser fest und beeinträchtigt nachher das Färben heller Farben. Ebenso verdunkelt Eisen beim Färben mit Alizarin und mit Blauholz den Farbton und ist eisenhaltendes Wasser nicht verwendbar.

Alkalische Wässer sind für Wollwäsche und solche Arbeiten, bei welchen alkalische Salze benutzt werden, unschädlich, nachteilig jedoch beim Beizen und Färben. Es muss für sólche Zwecke sorgfältig neutralisiert werden. Saure Wasser sind möglichst zu meiden. Kondensationswasser ist durch Filtration über porösen Koks oder Knochenkohle und eine Baumwollschicht leicht zu reinigen von etwa vorhandenem Oel und muss, wenn es sauer reagiert, neutralisiert werden. — Zur Beurteilung eines Wassers für Färbereizwecke geben auch vergleichende Ausfärbungen mit reinem Wasser und dem in Frage stehenden Wasser Anhaltspunkte; siehe Färberztg. 94/95 S. 378.

Wasser-Reinigung. Die Methoden zur Wasser-Reinigung sind stets ihrer Wichtigkeit wegen Gegenstand besonderer Aufmerksamkeit der Techniker gewesen, denn wenige Fabriken haben reines Wasser zur Verwendung. Obwohl die Herstellung einer Einrichtung für kleinere Mengen Wasser leicht auszuführen, so wachsen ganz bedeutend die Schwierigkeiten einer passenden Einrichtung zur Reinigung grosser Mengen wie solche von Färbereien und Bleichereien gebraucht werden. Es richten sich die Methoden ferner nach der Beschaffenheit des Wassers, nach den Härtegraden. Oft muss der wechselnden Zusammensetzung des Wassers, z. B. bei Hochwasser oder starken Regenfällen u. s. w., Rechnung getragen werden und, wo es erforderlich, ist sodann die Reinigung durch monatliche Wasser-Analysen zu beaufsichtigen. Schliesslich darf ein Wasser-Reinigungssystem nur beschränkten Raum einnehmen und nicht zu hohe Betriebskosten erfordern. Systeme, die zur Reinigung von Fabrikabwässern oder für Zuckerfabriken, Bierbrauereien u. s. w. dienen, eignen sich meist nicht ohne weiteres für Färbereizwecke. Die verschiedenen Reinigungsverfahren beruhen entweder auf einem mechanischen oder chemischen Vorgang, am häufigsten auf einer Verbindung beider.

Mechanische Reinigung. Dieselbe findet Anwendung, wo das Wasser von mitgerissenen, suspendierten Teilchen organischen oder anorganischen Ursprungs oder von gelösten Eisensalzen zu befreien ist. Das Eisen, das meist als Oxydulsalz gelöst ist, wird durch Berührung mit der Luft als schwer lösliches basisches Oxydsalz niedergeschlagen. Man lässt das Wasser in niedrigen Sammelbecken längere Zeit stehen, wobei der Niederschlag des Eisens und der suspendierten Bestandteile sich absetzt und lässt es dann langsam über Stufen auf Sandfilter herabrieseln. Nach Piefke kann man es auch durch Regenbrausen auf Koksfilter fliessen lassen; hierbei geht die Oxydation schneller vor sich.

Chemische Reinigung. Mittels dieser Reinigung des Wassers durch Zusatz von Chemikalien bezweckt man, dasselbe von den gelösten Stoffen zu befreien, welche bei der Verwendung schädlich wirken können. Es sind dies hauptsächlich die die Härte des Wassers hervorrufenden schwefelsauren und kohlensauren Salze des Magnesium und Calcium. — Zur Verringerung der temporären Härte und der alkalischen Eigenschaft wird in manchen Färbereien Alaun zugesetzt; diese Methode ist aber unsicher und schädlich, da ein Ueberschuss leicht die Härte vermehrt. Es genügt in vielen Fällen, die alkalische Eigenschaft des Wassers durch Zusatz von Essigsäure oder Schwefelsäure aufzuheben. Ebenso wenig zu empfehlen ist die alte Methode, die man noch häufig in Woll- und Seidenfärberein findet, die Kalksalze durch Zusatz von Seife zu entfernen, indem man die Kalkseife abschäumt; diese Arbeitsweise ist ungenügend und zu kostspielig.

Bei jeder rationellen Beseitigung der Härte benutzt man, um die temporäre durch Bicarbonate verursachte Härte aufzuheben,

Aetzkalk oder kaustische Soda. Es wird dann der die Härte ver-
ursachende Kalk ausgefällt nach folgenden Gleichungen:

1. $Ca(HCO_3)_2 + Ca(OH)_2 = CaCO_3 + 2H_2O.$

2. $Ca(HCO_3)_2 + 2NaOH = CaCO_3 + Na_2CO_3 + H_2O.$

Für 1° Härte braucht man auf 1 cbm Wasser hierzu 10 gr
gebrannten fetten Kalk (CaO) oder 14,28 gr. kaustische Soda
(NaOH).

Die bleibende Härte, verursacht durch schwefelsaure Salze
des Calcium und Magnesium, lässt sich nur mit Soda (Na_2CO_3)
aufheben für Kalksalze; für Magnesium ist Fällung mit kaustischer
Soda möglich und auch besser als mit Soda.

3. $CaSO_4 + Na_2CO_3 = CaCO_3 + Na_2SO_4$

hierbei fällt kohlensaurer Kalk aus; es ist zu beachten, dass, falls
man die temporäre Härte mit kaustischer Soda (NaOH) aufhebt,
sich hierbei nach Gleichung 2 Soda bildet, welche dann, falls auch
noch bleibende Härte vorhanden ist, nach Gleichung 3 diese
aufhebt.

Man braucht für 1° bleibende Härte allein 18,92 gr Soda
auf 1 cbm Wasser, für 1° bleibende und 1° temporäre Härte zusammen 14,28 gr kaustische Soda auf 1 cbm Wasser. Solange
also die temporäre Härte grösser oder gleich gross wie die bleibende Härte ist, wird man praktisch mit der kaustischen Soda
arbeiten, da allein durch Aufheben eines temporären Härtegrades
man gleichzeitig 1° bleibender Härte neutralisiert. Ist die temporäre Härte bedeutend grösser als die bleibende, so hebt man billiger
erstere mit Aetzkalk CaO auf und setzt für jeden Grad bleibender
Härte die nötige Menge Soda (Na_2CO_3) zu. Eventuell vorhandene
organische Stoffe werden teilweise beim Fällen des Niederschlages
mitgerissen, was noch durch Zusatz von Eisen- oder Aluminiumsalzen befördert wird, da diese hierbei als schlammige, basische
Salze gefällt werden und alles andere mitreissen.

Der chemische Umsatz findet schon bei gewöhnlicher Temperatur statt, nur für die Fällung der Magnesiumsalze muss auf 70°
erwärmt werden.

Die temporäre Härte lässt sich auch durch Kochen vertreiben.
Dies ist praktisch aber nur da anwendbar, wo das Wasser
mit der erhaltenen Temperatur gleich weiter verwendet wird, wie
z. B. als Kesselspeisewasser, da sonst der Wärmeverlust zu kost-
spieliges Arbeiten verursachte. Die Fällungsmittel müssen nach
genauer Berechnung zugesetzt werden, da ein Zuviel oder Zuwenig
stets schädlich.

Einrichtungen zur Wasserreinigung. So einfach in ihrer Wirkung die chemischen Mittel zur Wasserreinigung sind, so mannigfaltig und häufig kompliziert eingerichtet sind die Apparate, in welchen dieselben benutzt werden zur Lösung ihrer Aufgabe. Viele dieser Einrichtungen sind patentiert worden und finden sich auch die verschiedensten Formen von Wasserreinigern in der Praxis.

Als Beispiele solcher Anlagen seien hier folgende kurz genannt:

A. L. G. Dehne in Halle empfiehlt für einfache mechanische Klärung die Anwendung von Filterpressen. Für schwer filtrierbares Wasser mit geringer Trübung eignet sich die Anwendung von Schwemmfiltern.

Zu dieser Filtration ist nur ein Druck von ca. 1 Meter

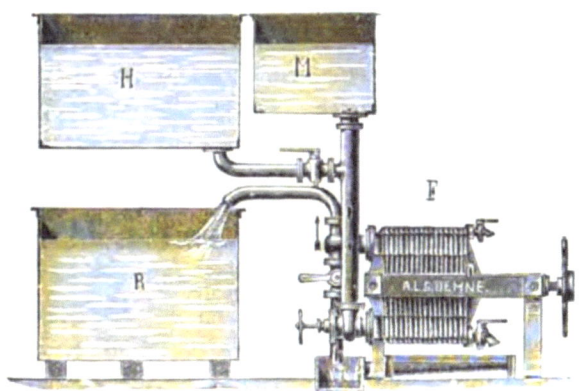

Klärung mit Schwemmfilter nach A. L. G. Dehne.

Wassersäule nötig. — Dicht über dem Reinwasserbehälter R, (siehe obenstehende Abbildung) liegt der Hochbehälter H, in welchen das zu reinigende, von einer Pumpe oder Druckleitung herkommende Wasser einläuft. In fast gleicher Höhe liegt der Mischkasten M, der zum Anrühren von Cellulose- und Asbestfasern mit Wasser dient.

Der Schwemmfilter F bildet eine Reihe von Kammern, deren Wände durch gespannte Metallgewebe dargestellt werden. — Bei Beginn der Filtration lässt man das Fasergemisch aus dem Mischkasten M nach dem Schwemmfilter F laufen, hierselbst verteilt es sich in die einzelnen Kammern und lässt das Wasser ins Freie treten, wobei der Faserstoff in gleichmässig starker Schicht an die Metallgewebewände angeschwemmt wird. — Durch diese

Schicht dringt dann das vom Hochreservoir H nachfolgende Wasser und lässt hierbei seine Unreinigkeiten auf der Faserschicht zurück. Das Filtrat ist krystallklar und läuft vom Schwemmfilter in geschlossener Leitung nach dem Reinwasserbehälter ab. Die Leistungsfähigkeit dieser Filter ist weitaus bedeutender, als die der Filterpressen. Die Entleerung der Filter von der verunreinigten Filtermasse wird mittels Spritzschlauch in kurzer Zeit bewirkt. Die Filtermasse lässt sich mit wenig Procent Verlust auswaschen und immer wieder verwenden.

Für die chemische Reinigung kleiner Quantitäten bis höchstens 1000 l pro Minute wird das folgende Verfahren von chemischer Ausfällung und Reinigung durch Filtration angewendet:

Bei nebenstehend abgebildeter Anlage wird das zu reinigende Wasser aus einem Sammelbehälter S mittels der Pumpe P, die von der Transmission T angetrieben wird, angesaugt und in das Fällgefäss G gedrückt. — In dieses drückt gleichzeitig die von der Transmission mit angetriebene Zuzatzpumpe Z die zur Ausfällung nötigen Chemikalien ein, welche aus dem nebenstehenden Rührbottich R entnommen werden. — Im Fällgefäss G wird das Wasser mit den Chemikalien durch Rühren kräftig gemischt, so dass die sich bildenden Schmutzflocken sämtliche Unreinigkeiten aus dem Wasser vollständig aufnehmen. Dieses so mit Flocken versetzte Wasser gelangt vom Fällgefäss G in geschlossener Rohrleitung weiter nach der Filterpresse F, wo sich das Wasser in die mit Filtertuch ausgekleideten Kammern verteilt und die Tücher durchdringt, während die Schmutzflocken in den Kammern zurückbleiben, wo sie sich nach und nach zu knetbar festen, fast trockenen Kuchen verdichten. — Das Filtrat läuft vollständig klar und farblos von der Filterpresse ab und kann so ohne Weiteres dem Flusse oder der Verbrauchsstelle zugeführt werden.

Die Pumpe P wird mit Plungerkolben und Kugelventilen versehen. — Der zum Durchdrücken durch Fällgefäss und Filterpresse nötige Druck entspricht ca. 1 bis 2 Atm. — Ist Transmission vorhanden, so können Pumpe und Apparate durch dieselbe angetrieben werden, andernfalls wird die Pumpe für Dampfbetrieb eingerichtet und treibt dieselbe dann die Rührwerke und die Zusatzpumpe mit an.

Das Fällgefäss G ist geschlossen, sein Inhalt entspricht der gesamten Wassermenge, die innerhalb der nötigen Ausfällungszeit zu reinigen ist. — Auf dem obern Boden des Fällgefässes sind die Stutzen für Wasser- und Chemikalieneintritt angebracht.

Der Austritt des Wassers nach der Filterpresse hin erfolgt am unteren Teil des Fällgefässes. — Das im Innern befindliche Rührwerk lässt seine Welle durch eine Stopfbüchse nach Aussen gelangen, wo dieselbe mit Zahnradvorgelege und Riemen angetrieben wird.

Die Zusatzpumpe Z hängt in ihrer Gangart ganz von der Geschwindigkeit der Wasserpumpe ab; liefert demnach auf je 1000 l Wasser immer dieselbe Chemikalienmenge; ändert sich das Wasser in seiner Zusammensetzung, so lässt sich durch die an der Zusatzpumpe angebrachte Reguliervorrichtung die nötige Zusatzmenge verändert einstellen.

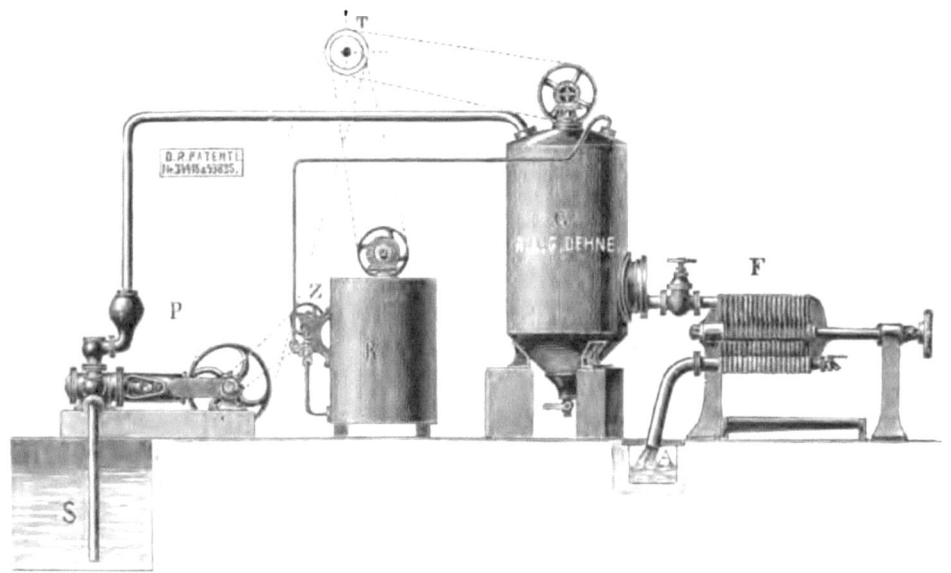

Apparat zur chemischen Wasserreinigung nach A. L. G. Dehne.

Der Rührbottich nimmt die Lösung der Chemikalien auf und werden dieselbe durch die Zusatzpumpe daraus entnommen.

Die Filterpresse besteht aus einer Reihe von gerippten Eisenplatten, welche drei Filterhammer bilden, die mit Drelltuch behängt sind und durch Schraubenanziehung zusammengehalten werden. Das Wasser wird mittels des vom Fällgefäss kommenden Pumpendruckes hindurchgepresst, fliesst klar aus den Kammern ab, der abgesetzte Schlamm wird durch Lösen der Anzugsschraube und Auseinanderschieben der Platten aus den Kammern entfernt.

Die Maschinenbauanstalt Humbold, Kalk bei Köln, bringt zur chemischen Reinigung des Wassers folgende Apparate in den Handel.

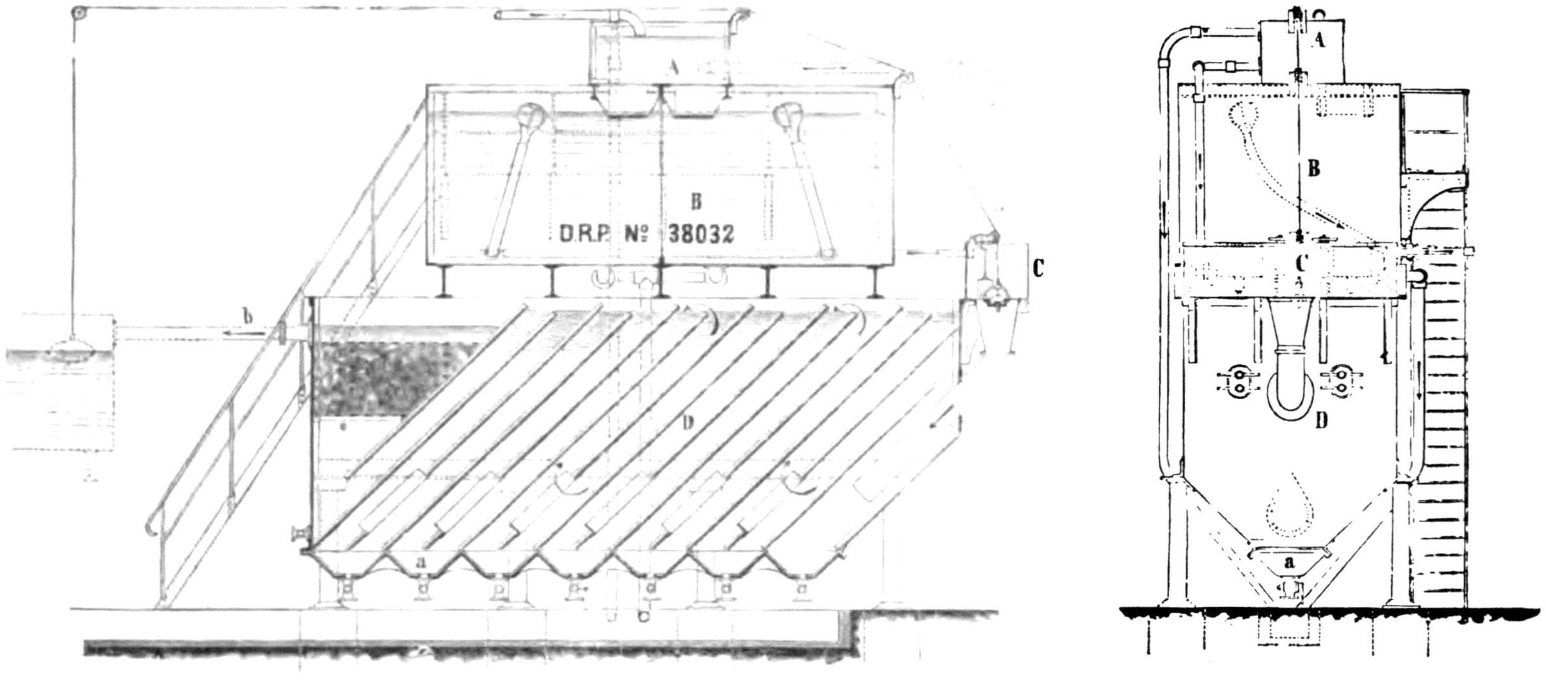

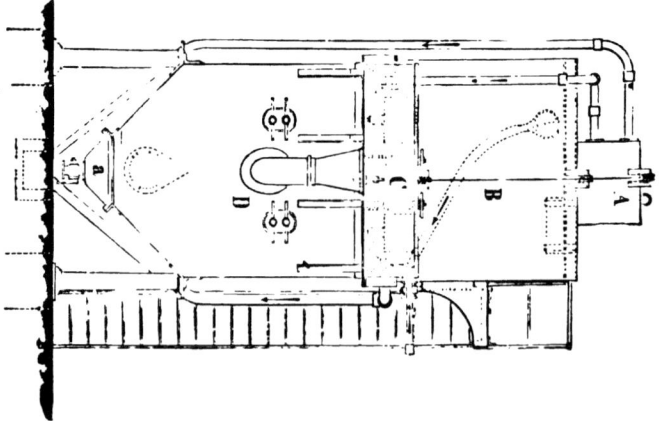

Apparat zur chemischen Wasserreinigung von Humbold.

Das harte Wasser wird aus irgend einem Reservoir oder von einer Pumpe in den Zufluss-Behälter A geleitet.

Aus diesem fliesst so viel Wasser in den darunter stehenden Behälter B, als die in diesem aufzulösenden Zusatzmittel erfordern. Der Reagentien-Behälter B ist durch eine Scheidewand in 2 Hälften geteilt; bevor die eine Hälfte des Behälters von der Reagens-Lösung entleert ist, wird die andere vorgerichtet, so dass ein kontinuierlicher Abfluss stattfindet. Der selbstthätige Regulator C regelt, dem Bedarf entsprechend, vermittels Schwimmer den Zufluss, sowohl von hartem Wasser aus A, als von Reagens-Lösung aus B, in den Setzkasten D; dieser enthält in seinem Innern eine Reihe flacher, geneigter Wände, um welche die Flüssigkeit in vielfachen Windungen hindurchfliesst. Auf diesem Wege findet die praktisch vollkommenste Ausscheidung der kalkhaltigen Salze des Wassers, des Gypses sowohl als des kohlensauren Kalkes, statt; der ausgeschiedene Schlamm rutscht an den geneigten Wänden abwärts in die Spitzkästen a, aus denen derselbe von Zeit zu Zeit durch Hähne abgelassen wird. Das weichgemachte Wasser hingegen tritt bei b stetig aus, nachdem es zuvor noch durch eine Filterschicht c (Hobelspäne oder dergl.) gegangen ist, welche etwa mechanisch mitgerissene feste Teile zurückhalten soll und zur Regelung des Wasserstandes im Apparat dient.

Ein anderer demselben Zweck dienender ebenfalls von Humbold erbauter Apparat ist auf der umstehenden Zeichnung dargestellt und besteht aus folgenden Hauptteilen:

1. Dem oberen Zuflussbehälter mit der Abteilung A für das zu reinigende Wasser und der Abteilung B für Sodalauge.
2. Dem Regulator C mit den Abteilungen d und f.
3. Dem Kalkwasserbereitungsapparat E.
4. Dem Absetzkasten D mit den Absetzblechen p.

Die Weichmachung das Wassers erfolgt durch Kalkwasser und Sodalösung und zwar automatisch auf folgende Weise:

Das harte Wasser fliesst aus der Leitung g in den Behälter A. Von hier aus fliesst der grössere Teil in die Abteilung f des Regulators und eine kleinere genau regulierbare Menge in den Kalkwasser-Apparat E.

In diesen wird ein bestimmtes, für eine gewisse Zeit ausreichendes Quantum Aetzkalk gebracht, welches durch das aus dem Behälter A zufliessende Wasser gelöst wird. Damit diese Lösung eine vollkommene und gesättigte werde, ist die Einrichtung getroffen, dass durch das Lösungswasser mittels des

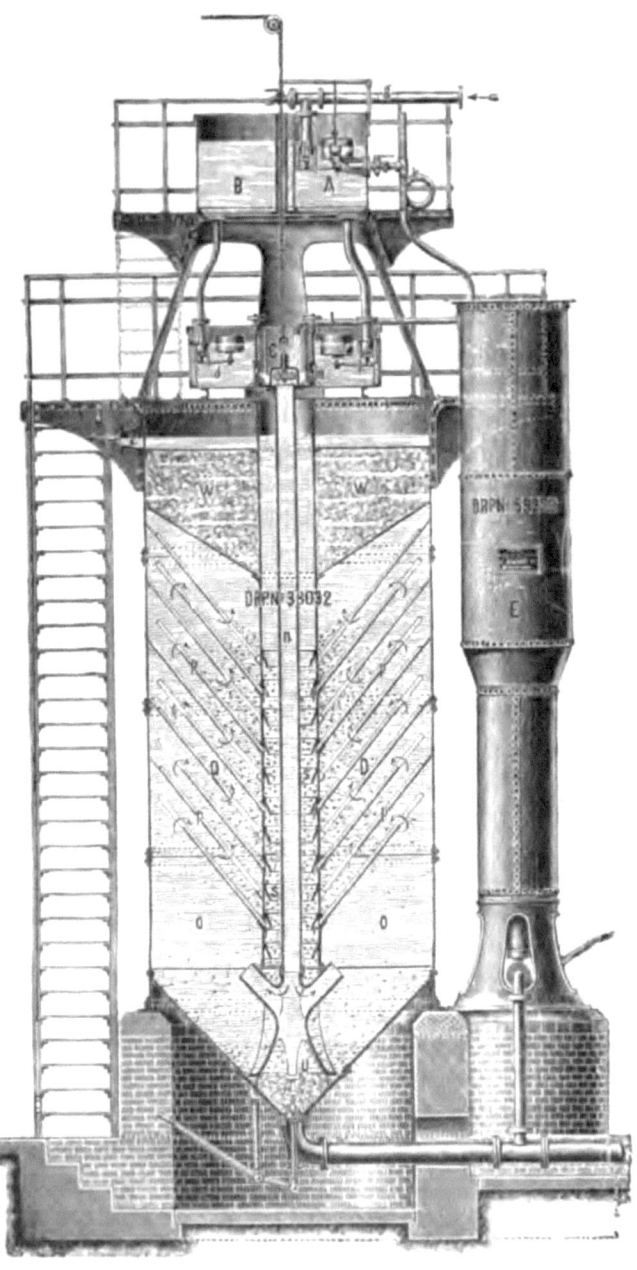

Luftrohres k eine grosse Menge Luft eingesaugt wird, welche beim
Entweichen ein fortwährendes krättiges Aufrühren der Lösung bewirkt.

Der Inhalt des Lösungs-Apparates ist so bemessen, dass derselbe ein klares Kalkwasser von fortwährend gleichbleibendem Gehalt an Aetzkalk liefert, welches durch Rohr l in die mittlere Abteilung des Regulators überfliesst.

In der Abteilung B des oberen Behälters wird ein bestimmtes, für eine gewisse Zeit ausreichendes Quantum Soda aufgelöst und diese Sodalösung in die Abteilung d des Regulators geleitet.

Der Regulator hat den Zweck, dem Rohwasser genau die aus der Analyse ermittelte und zur Weichmachung nötige Menge von Kalk und Soda zuzuführen.

Das durch ein Schwimmerventil auf gleicher Höhe gehaltene Rohwasser in der Abteilung f des Regulators fliesst durch eine genau eingestellte Schieberöffnung m in genau abgemessener Menge in die mittlere Abteilung des Regulators, wo es mit einer, in derselben Weise abgemessenen Menge Sodalösung aus der Abteilung d versetzt wird. Gleichzeitig fliesst hier durch Rohr l ein durch den Hahn i genau bestimmtes Quantum Kalkwasser zu.

Diese Mischung von Rohwasser und Chemikalien gelangt durch Rohr n in die untere Abteilung o des Setzkastens D, wo sich infolge der eingetretenen chemischen Reaktion die unlöslichen Salze ausscheiden.

Um dieselben nun zur Ablagerung zu bringen, wird das Wasser gezwungen, seinen Weg einer grossen Reihe flacher, geneigter Absetzbleche p entlang zu nehmen.

Bei der geringen Durchflussgeschwindigkeit zwischen diesen und der verhältnismässig kleinen Entfernung der Bleche von einander, gelangen die Ausscheidungen sehr schnell auf den Blechen zu Boden. In Folge der geneigten Lage rutschen die Ablagerungen in Form von feinem Schlamm an den Setzblechen entlang durch die Oeffnungen rr in das Schlammrohr s und gelangen durch dieses in den untersten Teil des Setzkastens, ohne mit dem aufsteigenden Wasserstrom in Berührung zu kommen.

Die Schlämme werden von hier in regelmässigen Zwischenräumen durch das Ventil v entfernt.

Das auf diese Weise von den Kalksalzen befreite Wasser steigt dann noch durch das Filter w, wo es von eventuellen organischen Beimengungen befreit wird und fliesst von dort vollkommen klar durch den Stutzen z zum Reinwasserbehälter. In diesem befindet sich ein Schwimmer, welcher mittels einer Kette mit dem Ventil y des Regulators verbunden ist. Steigt der Wasserstand und mit diesem der Schwimmer im Reinwasserbehälter über ein gewisses Niveau, so senkt sich das Ventil y und schliesst den Ablauf der mittleren Regulatorzelle ab.

Das Wasser steigt nun auch in dieser und in den beiden Abteilungen d und f und bewirkt ein Abschliessen der beiden Schwimmerventile in diesen. Das Ventil a, welches mit der Schwimmerkette verbunden ist, wird ebenfalls gleichzeitig geschlossen, so dass kein Wasser zum Kalkbereitungs-Apparat, mithin auch kein Kalkwasser zum Regulator fliessen kann und der ganze Apparat ist demnach ausser Thätigkeit. Fällt nun das Niveau im Reinwasserbehälter und mit ihm der Schwimmer, so werden die Ventile y und a geöffnet und der Apparat ist wieder im Gange.

Auf diese Weise findet also eine automatische In- und Ausserbetriebsetzung statt.

Die Reinigung der Nutz- und Abwässer von Färbereien ist abhängig von den lokalen Verhältnissen. In einzelnen günstigen Fällen bei kleineren Betrieben und günstiger Lage kann solche wohl auch ganz wegfallen. In anderen Fällen ist eine umfangreiche Klär- und Filtrieranlage nötig. Die Natur des chemischen Zusatzes zum Ausfällen wird sich nach den im Wasser enthaltenen Stoffen richten. Die Farbstoffe entfernt man meist nach Neutralisieren mit Kalkmilch durch Zusatz von Chlorcalcium oder Magnesiumsalzen. Man lässt im Klärbassin bis 24 Stunden stehen, den Schlamm absetzen und dann in einen Filterkasten laufen, dessen Boden ein Filter aus Lohe und Koks bildet und mit dem Ablaufkanal in Verbindung steht. Der Schlamm wird alle 4 — 6 Wochen entfernt, das Filter alle 2 — 3 Wochen erneuert. Am besten stellt man für jeden einzelnen Fall Versuche im Kleinen an mit Hilfe von sachverständiger Seite bevor man zu Anlage im Grossen schreitet. Häufig werden auch Einrichtungen ähnlich den oben genannten Wasserreinigern benutzt. Folgende Einrichtung einer Kläranlage von A. L. G. Dehne sei hier noch angeführt:

Hierbei wird nur der Schlamm filtriert, um ihn leichter transportabel zu machen. — Das Wasser läuft aus der Fabrik nach der Sammelgrube S und gelangt von hier aus nach der Rührgrube G (siehe nebenstehende Zeichnung). — Hier wird es mittels Rührwerk mit den Chemikalien vermischt und somit die Schmutzflocken gebildet. — Aus dem Fällgefäss läuft durch den Verteilungstrichter O das Wasser dann mit eigenem Gefälle nach dem Klärbecken K, wo die Schmutzflocken zu Boden sinken, während das

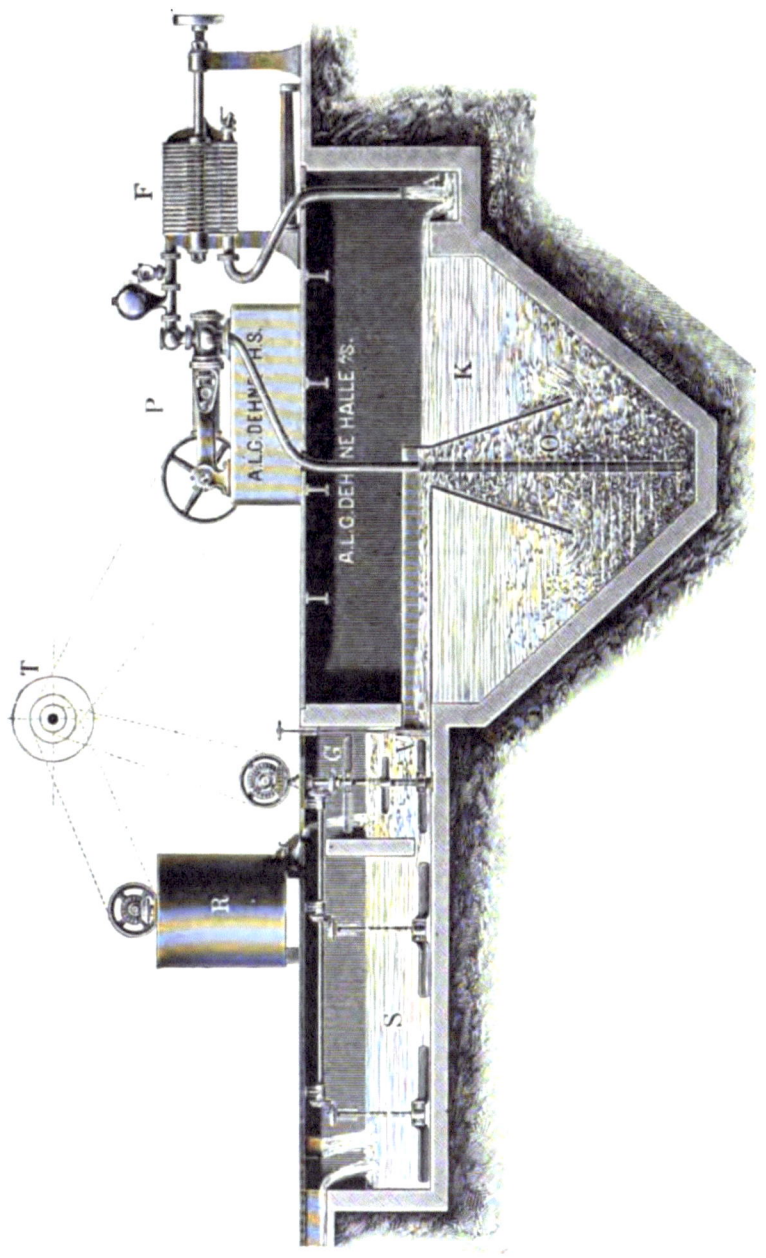

Chemische Ausfüllung, Klärbecken und Schlammfiltration.

geklärte Wasser nach dem Abflusskanal A überfliesst. — Die
Schlammpumpe P saugt den zu Boden sinkenden Schlamm aus dem
Klärbecken und drückt ihn in die Filterpresse F, wo sich der Schlamm
zu trockenen Kuchen verdichtet, während das klare Filtrat mit
nach dem Abflusskanal geleitet wird oder zum Ansetzen der Chemikalien im Rührbottich R Verwendung findet. Der Rückstand formt
sich in der Filterpresse zu stichhaltigen Tafeln, die sich wie jede
Düngererde leicht transportieren lassen.

Ausser von den oben genannten Fabriken werden Apparate zur
Reinigung des Wassers noch geliefert von Arnold und Schirmer,
Berlin; Hans Reisert, Köln; H. Stier in Zwickau; Klein, Schanz-
lin und Becker, Frankenthal u. a. m.

Die Beizen.

Unter Beize versteht man Hilfsmittel zur Befestigung von Farbstoffen auf den Fasern. Der Name Beize leitet sich von „Beissen" her, indem man früher annahm, die Beize bewirke ein Öffnen der Zellen der Faser und mache sie dadurch der Aufnahme des Farbstoffs zugänglicher. Die richtige Erklärung der Rolle der Beize beruht auf folgenden Thatsachen: Je nach der von der chemischen Zusammensetzung abhängigen Natur der Faser ist die Aufnahmefähigkeit der Faser für die gleiche Art Farbstoff verschieden; ebenso ist die Aufnahme für die gleiche Faser sehr verschieden, je nach der Natur des ihr gebotenen Farbstoffes, d. h. nach seiner chemischen Zusammensetzung. Ein Beispiel möge das erläutern: Baumwolle nimmt beim Färben, d. h. wenn man ihr den Farbstoff in wässeriger Lösung darbietet, von der ungeheuer grossen Anzahl bekannter Theerfarbstoffe nur eine relativ geringe Anzahl derselben, welche wieder ganz bestimmten Farbstoffklassen angehören, direkt auf z. B. die Benzidinfarbstoffe und das Primulin und seine Analogen. Will man auch Farbstoffe anderer Klassen auf Baumwolle befestigen, so muss man eine Beize zu Hilfe nehmen. Die Beize, welche man anwendet, ist verschieden je nach der Natur des Farbstoffes. Wie sich überhaupt in der Chemie gern Säuren mit Basen zu Salzen vereinen, so ist es auch hier. Nun kann ein Farbstoff basische oder saure Eigenschaft besitzen und je nachdem muss man ihn auf der Faser, wenn er basisch ist, mit Hilfe einer sauren Beize, wenn er sauer ist, mittels einer basischen Beize befestigen. Die chemische Verbindung zwischen Beize und Farbstoff wird als Farblack bezeichnet. Ein weiteres Beispiel möge das Gesagte erklären. Das Alizarin und seine Derivate hat sauren Charakter. Alle Alizarinfarbstoffe lassen sich auf keiner Faser anders befestigen als mit Hilfe einer basischen Beize eines Metallsalzes. Man führt dies in der Weise aus, dass man z. B.

den Baumwollstoff mit des Lösung eines Metallsalzes, z. B. essigsaurem Aluminium tränkt. Um nun dies Salz in ein basisches
zu verwandeln, nimmt man den getränkten Stoff durch ein alka-
lisches Bad z. B. von Kreide hindurch und fixiert so basisches
Calciumhydroxyd und Aluminiumhydroxyd auf der Faser. Giebt
man jetzt den Stoff in ein Farbbad, das Alizarin enthält, so wird
sich derselbe rot anfärben; der Alizarinfarbstoff ist mit Hilfe der
Aluminiumbeize auf die Faser gegangen. Um die Aluminiumbeize
möglichst festzuhalten, wendet man in der Praxis noch vor dem
Färben ein Bad von Türkischrotöl an, was später näher besprochen wird.

Aus demselben Grunde wird Wolle vor dem Färben mit Alizarinfarbstoffen gebeizt und zwar je nach dem Metall, dessen Salz
verwendet wurde, erhält man andere Farben. Wurde z. B. mit
Kaliumbichromat und Schwefelsäure gebeizt, so erzielt man einen
bordeauxfarbenen Alizarinchromlack auf der Faser; verwendet man
Aluminiumsulfat und Weinstein zum Beizen, so erhält man einen
sehr schönen roten Alizarinaluminiumlack. Solche Farbstoffe, welche
wie Alizarin mit verschiedenen Metallen verschieden gefärbte Lacke
geben, nennt man nach Hummel polygenetische.

Suchen wir in einem andern Falle keinen sauren Farbstoff,
sondern einen basischen auf einer Faser zu betestigen, indem wir
dieselbe in eine Fuchsinlösung eingeben und erwärmen, so werden
wir Wolle auf diese Weise anfärben können, da dieselbe sich infolge ihres sauren Charakters als chemischer Körper mit dem
Fuchsin verbindet. Baumwolle lässt sich so nicht färben mit
basischen Farbstoffen. Legen wir aber die Baumwolle in Gerb-
säurelösung, so nimmt sie daraus Gerbsäure auf, welche wir durch
Durchziehen durch ein Brechweinsteinbad, — welches eine wässerige Lösung von Antimonkaliumtartrat vorstellt, — auf der Faser
fixieren können. Jetzt ist die so präparierte Baumwolle mit Hilfe
der Gerbsäure als Beize wohl befähigt, sich in einem Bade von
Fuchsin oder eines anderen basischen Farbstoffes anzufärben; es
bildet sich hier ein Gerbsäure-Fuchsinlack auf der Faser.

Wie hier durch Vereinigung von Säure und Base der Farblack gebildet wird, so erklärt sich auch, dass sich die mit Benzidin-
farbstoffen erhaltenen Färbungen noch mit basischen Farbstoffen
überfärben lassen, ebenfalls eine Vereinigung von Säure mit Base.

Die Aufnahmebedingungen der Beize sind je nach der Natur
derselben und nach der Natur der Faser sehr verschieden. Während

z. B. Wolle mit chromsaurem Kali oder Aluminiumsulfat unter Zusatz einer organischen Verbindung wie Weinstein, Oxalsäure, Milchsäure stets siedend gebeizt wird und nachher keiner Fixierung bedarf, wird Baumwolle mit z. B. basischem Aluminiumsulfat bei mittlerer Temperatur und viel längere Zeit gebeizt und bedarf nachher immer der Fixierung. Mit Gerbsäure wird anfangs warm dann kalt gebeizt und nachher mit Brechweinstein- oder Antimondoppeltsalzlösung fixiert. Bei manchen Metallsalzen bewirkt man das Fixieren, indem man durch Verhängen oder Dämpfen die Säure entfernt und die Base auf der Faser zurückbehält; wenn man z. B. Baumwolle mit Aluminiumacetat tränkt, trocknet und bei 30° an der Luft verhängt, so erhält man Aluminiumhydroxyd auf der Faser. Als Fixierungsmittel finden ferner: Ammoniak, Soda, Kreide, Phosphate, Arseniate, Silicate, Gerbsäuren, Sulfoleate Verwendung. Durch die Aufnahme der Beize wird die Faser immer etwas beschwert. Man benutzt auch bei Seide wiederholtes Beizen mit Gerbstoffen zur Beschwerung der Seide.

Beizen, Färben und Fixieren kann man in der verschiedensten Reihenfolge vornehmen:

1. Beizen, Fixieren, Färben.
2. Färben, Beizen, Fixieren.
3. Beizen, Färben, Fixieren, was die solidesten Färbungen giebt.
4. Nach dem Einbad-Verfahren wendet man Farbstoff und Beize unter Zusatz einer Säure (meist organische Säure) gleichzeitig an.

Zur Besprechung teilen wir die Beizen am besten nach ihrem Ursprung in anorganische und organische Beizen ein.

I. Anorganische Beizen.

Thonerdebeizen.

Die Thonerdebeizen haben sehr grosse Wichtigkeit in der Färberei und sind eine Reihe von Thonerdesalzen in Gebrauch. Aluminiumsulfat und Alaun für Wolle und für Baumwolle, Aluminiumacetat, -sulfat, -sulfacetat, -rhodanat, sowie Thonerdenatron für Baumwolle.

Aus Aluminiumsalzen wird durch Alkalien Aluminiumhydroxyd, Thonerdehydrat, gefällt. z. B.:

$$Al_2(SO_4)_3 + 6\,NH_4\,OH = 2\,Al(OH)_3 + 3\,(NH_4)_2\,SO_4.$$

Mit weniger Alkali, wie nach dieser Gleichung nötig ist, wird nicht alles Aluminium als Hydrat gefällt und das unveränderte Salz giebt dann mit dem basischen Hydrat die basischen Salze, z. B.

$$Al_2(SO_4)_3 + Al(OH)_3 = 3\,Al \begin{matrix} SO_4 \\ OH \end{matrix}$$

oder direkt gebildet wie folgt:

$$Al_2(SO_4)_3 + 2\,NH_4\,OH = 2\,Al \begin{matrix} OH \\ SO_4 \end{matrix} + (NH_4)_2\,SO_4$$

Wolle hat nun nachgewiesener Weise neben saurer auch basische Eigenschaft; letztere befähigt sie in ein Bad von z. B. Aluminiumsulfat gebracht, beim Kochen das Salz zu zersetzen und auf der Faser basisches Salz resp. Thonerdehydrat niederzuschlagen. Dies geschieht sehr schnell und dringt dann der Niederschlag in die Faser nicht ordentlich ein; sind dagegen organische Säuren zugegen, so geschieht dies langsamer und gleichmässiger, weshalb man beim Wollbeizen immer Oxalsäure, Milchsäure, Weinstein u. a. m. zusetzt. Durch dieselben wird auch der Einfluss der bei dem Vorgang frei werdenden Mineralsäure aufgehoben.

Baumwolle hat die zersetzende Fähigkeit für Salzlösungen nicht. Für dieselbe muss man die leichter zersetzlichen basischen Salze anwenden und dann dem Imprägnieren im Bade noch eine zweite Operation folgen lassen: Das Verhängen an der Luft oder Durchziehen durch die Lösung eines Salzes, welches mit Aluminium eine schwer lösliche Verbindung giebt, wie arsensaures oder phosphorsaures Natron, Kuhkot oder Wasserglas, das Thonerde fällt, ebenso wie Soda, Kreide, Ammoniak. Die basischen Salze sind, je basischer sie sind, um so eher zersetzlich, zum Teil schon durch Zugabe von Wasser. Liechti und Suida haben darüber interessante Versuche angestellt.

Die angreifende Wirkung der bei der Zersetzung von Thonerdesalzen frei werdenden Mineralsäure auf die Faser wird auch benutzt: Es findet so Aluminiumchlorid vielfach Verwendung zum Carbonisieren der Wolle, d. h. um derselben beigemengte Baumwolle oder andere organische Substanz zu zerstören. Man tränkt mit einer Lösung von Aluminiumchlorid von 5^0 Bé das Gewebe, trocknet bei $70-80^0$ und wäscht aus. (siehe Band II.)

Aus den in der Natur vorkommenden Aluminiumverbindungen: Alaunstein, Bauxit und Kryolith werden die Aluminiumsalze des

Handels gewonnen: Aus ersterem Alaun, aus letzterem Natriumaluminat und daraus weiter das Sulfat. Es kommt bei allen Produkten hauptsächlich auf Freiheit von Eisen an. Das Eisen wird
erkannt wie schon früher bei Salzsäure angegeben. Der Thonerdegehalt wird durch Ausfällen von $Al(OH)_3$ mittels Ammoniak und
durch Glühen des Niederschlages und Wiegen des $Al_2 O_3$ bestimmt.
Folgende sind die wichtigsten Aluminiumverbindungen:

Thonerdehydrat (Paste), $Al(OH)_3$; es kommt als weisse
teigige Masse in den Handel und wird vielfach verwendet, wo man
in Färbereien selbst die nötigen Salze darstellt. Es wird durch
Fällen von Aluminiumsulfat mit Soda erhalten als: $Al_2 O_3, SO_3$, aq.

Schwefelsaure Thonerde, Aluminiumsulfat, Thonerdesulfat.
$Al_2(SO_4)_3 + 18 H_2 O$ ist ein weisses Salz mit 15% Thonerdegehalt,
das aus Kryolith oder Bauxit dargestellt wird. Ist Bauxit wieder
in Säure gelöst worden, so enthält es Eisen und ist gelblich gefärbt; dies kommt meist beim konzentrierten Alaun oder Alaun-
kuchen des Handels vor; zur Papierfabrikation ist solcher wohl
zu brauchen, zur Färberei aber nie. Für Wolle findet Aluminiumsulfat sehr viel Verwendung mit Weinstein, Oxalsäure
oder anderen organischen Beizen, für Baumwolle dagegen werden
ausschliesslich basische Salze verwendet, da nur diese sich beim
Kochen zersetzen und zwar um so eher, je basischer sie sind.
Viel verwendet wird z. B. ein basisches Salz, das $1/3$ der Schwefelsäure des neutralen Sulfates neutralisiert enthält: $Al_2 O_3, 2 SO_3$.
Die Faser absorbiert daraus 51% der gebotenen Thonerde; nachher
wird die Thonerde noch immer durch Fixierbäder (s. u.) auf der
Faser dauernd befestigt.

Alaun $Al_2(SO_4)_3 + K_2 SO_4 + 24 H_2 O$ enthält $10,83\%$ Thonerde; er wurde früher sehr viel verwendet, da eisenfreies Aluminiumsulfat nicht dargestellt wurde. Es war dies aber unpraktisch und
teuer, da 959 g Alaun nur 667 g Aluminiumsulfat enthalten oder
100 nur 70.

Der Alaun ist ein Doppelsalz, bestehend aus schwefelsaurer
Thonerde und schwefelsaurem Kali. Ist statt Kalium das Metall
Natrium oder Ammonium vorhanden oder steht an Stelle von Alu-
minium das Metall Chrom oder Eisen, so nennt man den Alaun
entsprechend Natron-Alaun oder Ammoniak-Alaun, beziehungsweise
Chromalaun oder Eisenalaun. Alaun wird durch Einwirkung von
Schwefelsäure auf gerösteten Thonschiefer oder Thon und Sättigen
der überschüssigen Schwefelsäure mit Ammoniak- oder Kalilauge

erhalten, je nachdem man Ammoniak- oder Kalialaun erzielen will. Der grösste Teil wird jedoch mittels des Stassfurter Abraumsalzes, dem schwefelsauren Kali, gewonnen, weil dieses die grösste Gewähr für Reinheit giebt. Früher kam der Alaun fast ausschliesslich als Römischer Würfel- oder Kubischer Alaun vor, der von mechanisch beigemengten, im Wasser unlöslichen, also durchaus unschädlichem Eisenoxyd rötlich gefärbt war.

Der Alaun wird krystallisiert oder als Krystallmehl bezogen. Die letztere Form findet weniger Verwendung, weil sie keine Vorteile aufweist. Die Alaunkrystalle sind gross, farblos, glasglänzend und durchsichtig. Der Alaun löst sich in 8 Teilen Wasser. Haupterfordernis ist gänzliche Abwesenheit von Eisen, auf welches man mit Blutlaugensalz oder Gerbstofflösung prüft. Bleibt nach Zusatz von gelbem als auch rotem Blutlaugensalz die Lösung nach 2—3 Stunden farblos, so ist der Alaun für alle Zwecke verwendbar. Wiederholtes Umkrystallisieren kann den Alaun wesentlich von Eisen reinigen.

Neutraler oder basischer Alaun:

$$(Al_4 (SO_4)_3 (OH)_6 + K_2 SO_4)$$

wird aus Alaunlösung durch Abstumpfen mit Sodalösung erhalten. Er wird am meisten angewandt, weil er sich am leichtesten befestigen lässt. Wenig Anwendung findet noch der Ammoniakalaun: $Al_2 (SO_4)_3 + (NH_4)_2 SO_4 + 24 H_2O$ sowie der Natronalaun $Al_2 (SO_4)_3 + Na_2 SO_4 + 24 H_2O$.

Man benutzt den Alaun zur Herstellung der übrigen Thonerdebeizen, zum Beizen, ferner zum Schönen aller mit Farbhölzern hergestellten Farben, besonders der blauen. Bei einem schwachen Alaunbad wird die Farbe in alkalischer Weise beeinflusst. Bei grösseren Mengen wirkt Alaun dagegen wie eine schwache Säure auf Farben. Alaun wird bei hellen Farben allein angewandt, häufiger jedoch in Verbindung mit anderen Beizen.

Löslichkeit des Kalialauns. 100 Teile Wasser lösen:

Temperatur	Teile	Temperatur	Teile	Temperatur	Teile
0° C.	3,9	40	30,9	80	134,5
10	9,5	50	44,1	90	209,3
20	15,1	60	66,6	100	357,5
30	22,0	70	90,7		

Prozentgehalt von Kalialaunlösung bei 15° C.

Spez. Gew.	Prozente	Spez. Gew.	Prozente	Spez. Gew.	Prozente
1,0065	1	1,0218	4	1 0371	7
1,0110	2	1,0269	5	1,0421	8
1.0166	3	1,0320	6		

Essigsaure und essigschwefelsaure Thonerde, Aluminiumacetat und Aluminiumsulfacetat finden vielfach Anwendung in der Baumwollfärberei, besonders der Türkischrotfärberei und im Zeugdruck.

Man stellt diese Salze dar ausgehend von der Thonerde durch Lösen in Säuren oder vom Sulfat ausgehend durch Fällen mit Bleiacetat. Das neutrale Aluminiumacetat darzustellen, hat keinen Zweck. Versuche von Daniel Köchlin und Schulz haben ergeben, dass man am besten ein Salz darstellt der Form $Al_2 SO_4 (C_2 H_3 O_2)_4$, welches das fast ausschliesslich verwendete technische Aluminiumsulfacetat ist. Man fällt dann 100 $Al_2 (SO_4)_3$ Aluminiumsulfat mit 75 $Pb (C_2 H_3 O_2)_2$ Bleiacetat.

$$Al_2 (SO_4)_3 + 2 Pb (C_2 H_3 O_2)_2 = Al_2 SO_4 (C_2 H_3 O_2)_4 + 2 Pb SO_4$$

Statt mit essigsaurem Blei kann man auch mit essigsaurem Kalk fällen. Ebenso kann man es erhalten mit Thonerdehydrat, Schwefelsäure und Essigsäure nach folgender Gleichung:

$$Al_2 (OH)_6 + H_2 SO_4 + 4 C_2 H_3 O_2 =$$
$$Al_2 (SO_4)(C_2 H_3 O_2)_4 + 6 H_2 O.$$

Die rationellste Darstellung ist die: Aluminiumsulfat zu $^2/_3$ mit Soda zu neutralisieren und dann in Essigsäure zu lösen.

$$Al_2 (SO_4)_3 + 2 Na_2 CO_3 + 2 H_2 O = Al_2 SO_4 (OH)_4 +$$
$$2 Na_2 SO_4 + 2 CO_2$$
$$Al_2 SO_4 (OH)_4 + 4 C_2 H_4 O_2 = Al_2 SO_4 (C_2 H_3 O_2)_4 + 4 H_2 O.$$

Basische Aluminiumacetate werden auch viel als Beizen verwendet. Man stellt sie wie folgt dar: 100 Teile eisenfreier Alaun werden in 400 Teilen Wasser heiss gelöst und langsam in eine Mischung von 150 Teilen Salmiakgeist und 200 Teilen Wasser unter gutem Umrühren eingetragen. Der Niederschlag wird durch Schütteln mit Wasser und Absetzenlassen mehrfach gewaschen und zuletzt auf ein Filter gebracht. 100 Teile des Niederschlags werden sodann mit 60 Teilen Essigsäure von 50% Gehalt und 250 Teilen Wasser angerieben und einige Tage an einem warmen Orte stehen gelassen, dann filtriert. Es muss immer Thonerdehydrat im Ueberschuss vorhanden sein. Eine andere Darstellungsart ist die aus

Bleizucker, Soda und schwefelsaurer Thonerde: 80 Teile schwefelsaure Thonerde werden in 140 Teilen heissem Wasser gelöst,
7 Teile gelöste Krystallsoda eingetragen und hierauf eine heisse
Lösung von 100 Teilen Bleizucker, in 70 Teile Wasser gelöst, zugesetzt. Man lässt das entstandene schwefelsaure Blei absitzen
und filtriert. Sodann wird die Beize aus Bleizucker und Alaun
erhalten: 100 Teile Alaun werden in 120 Teilen heissem Wasser
gelöst und ebenso 84 Bleizucker in 120 Teilen Wasser. Beide
Lösungen werden zusammengemischt, der Niederschlag absitzen gelassen und filtriert. Die Lösung wird ungefähr 13 ° Bé haben. Eine
wirksame Rotbeize wird noch erhalten, wenn man vor dem Zusatz
von Bleizucker 10 Teile Soda zusetzt. Letztere Beize heisst auch
„abgestumpfte essigsaure Thonerde." Sie enthält ausser basisch
essigsaurer Thonerde noch schwefelsaures Kali und Natron und
etwas basisch schwefelsaure Thonerde.

Die verschiedenen Acetate der Thonerde führen im Handel
auch den Namen Rotöle, da sie besonders zur Alizarinrotherstel-
lung verwendet werden. Auf der Faser werden dieselben in erster Linie befestigt mit Hülfe des Dämpfens in Oxydationskammern;
es geht hierbei folgender Vorgang vor sich:

$$Al_2 SO_4 (C_2 H_3 O_2)_4 + 2 H_2 O = Al_2 SO_4 (OH)_4 + 4 C_2 H_4 O_2$$

Zum Teil bilden sich auch weniger basische Salze hierbei und
befestigt man dieselben noch wie schon oben angegeben mit Knh-
kot, Arseniat oder Phosphat.

Für das Färben mit Alizarin ist noch zu bemerken, dass sich
immer in der Beize neben $Al_2 O_3$ noch das Oxyd eines zwei-
wertigen Metalles befinden muss wie $Ca O$, $Mg O$ oder $Zn O$.

Die Eigenschaft der Aluminiumverbindungen bei Gegenwart
von organischen nicht flüchtigen Säuren nicht gefällt zu werden,
wird benutzt um Alizarinfärbungen zu reservieren d. h. in einigen
Stellen im Zeugdruck die Färbung zu verhindern. Druckt man
vor dem Dämpfen Muster mit einer organischen Säure haltenden
Verdickung auf mit Thonerde gebeizter Baumwolle auf, so wird
an diesen Stellen die Fällung verhindert und es entstehen weisse
Muster, oder hat man der Verdickung z. B. einen direkten Farbstoff zugesetzt, so erhält man bunte Muster auf Thonerde-Alizarin-
grund.

Aluminiumsulfocyanat $Al (CNS)_3$ hat hauptsächlich für
Alizarindampffarben Interesse; es wird viel in der Druckerei verwendet, da es die Rakel nicht so angreift wie Acetat. Dargestellt

wird es aus Aluminumsulfat mit Rhodanbaryum; es zersetzt sich ganz analog wie Acetat, worauf seine Anwendung als Beize beruht.

Aluminiumchlorid $Al\,Cl_3$ wird nicht als Beize verwendet, sondern nur als Carbonisiermittel, wobei die Salzsäure zerstörend auf die in der Wolle vorhandene Baumwolle wirkt. (siehe oben)

Aluminiumnitrat $Al\,(NO_3)_3$ und **Aluminiumsulfonitrat** $Al_2\,S\,O_4\,(N\,O_3)_4$ finden wenig Verwendung, durch Zusatz von wenig dieser salpetersauren Salze zur Alizarinbeize ist das Rot immer etwas intensiver.

Aluminiumsulfit $Al\,(S\,O_3)_3$ findet nur geringe Anwendung.

Natriumaluminat $Na\,Al\,O_2$ wird als Beize für Uni in der Baumwollfärberei viel verwendet; es entsteht durch Auflösen von Thonerdehydrat in Natronlauge.

$$2\,Al\,(O\,H)_3 + 2\,Na\,OH = 2\,Al\,O_2\,Na + 4\,H_2O.$$

Tränkt man Zeug mit solcher Aluminiumlösung und passiert dann durch Chloramoniumlösung, so erhält man Thonerdeoxyd auf der Faser. Schlemmt man im Bade gleichzeitig Kreide auf, so erhält man einen Kalk-Aluminiumlack auf der Faser:

$$Al\,O_2\,Na + NH_4\,Cl + H_2\,O = Al\,(OH)_3 + Na\,Cl + NH_3.$$

Man kann Thonerdehydrat auch durch Passage durch Chlorzink oder Magnesiumchlorid fixieren.

$$2\,Na\,Al\,O_2 + Zn\,SO_4 = Al_2\,O_3,\,Zn\,O + Na_2\,SO_4.$$

Natriumaluminat bietet den Vorteil frei von Eisen zu sein und bei zu hohem Trocknen keine schlechten Farben zu liefern. Bei den andern Beizen kann dies geschehen, indem $Al\,(OH)_3$ Wasser verliert und teilweise in $Al_2\,O_3$ übergeht, das keine Affinität zu Farbstoffen hat.

Eisenbeizen.

Dieselben finden wie die Aluminiumverbindungen die mannigfaltigste Anwendung und zwar die Oxydul- oder Fero-Salze (FeO), wie die Oxyd- oder Ferrisalze ($Fe_2\,O_3$). Wie die Thonerdesalze, so gehen auch die Eisensalze in Lösung oder auf der Faser sehr leicht in basische Salze über, wobei die Oxydulsalze zum Teil zu Oxydsalzen oxydiert werden, wie beispielsweise das schwefelsaure Eisenoxydul zu basisch schwefelsaurem Eisenoxyd von der Zusammensetzung $Fe_2\,(SO_4)_3\,(OH)_2$ übergeht. Diese Eigenschaft macht die Oxydulsalze besonders als Beizen geeignet. Es genügt, das gebeizte Gewebe kurze Zeit der Luft auszusetzen, um das Eisensalz auf der Faser als unlösliches Salz zu befestigen. Alle Eisenbeizen geben mit Farbhölzern sowie mit gerbstoffhaltigen Produkten einen grauen Niederschlag, jedoch verschieden im Ton. Auf Tannin und Sumach erhält man einen rötlich grauen, auf Blauholz einen blaugrauen, auf Gelbholz einen gelbgrauen, auf Rotholz einen braungrauen Niederschlag, und ist dies eine Hauptanwendung der Eisensalze als Beize für Schwarz oder Modefarben mittels Gerbstoffen und Hölzern sowohl für Baumwolle als Wolle und Seide.

Man verwendet die Eisenbeizen in der Baumwollfärberei bald vor, bald nach den Farbholzbädern oft auch in einem Bad. Die Menge richtet sich nach der zu erzielenden Farbe. Bei dunklen Farbentönen wendet man am besten die Eisenbäder für sich an, weil dann die Farbe an Intensität gewinnt; bei hellen Farben wird, nachdem zur Genüge ausgefärbt worden, das Eisensalz demselben Bade zugesetzt.

Für Baumwolle wird dabei ganz besonders das holzessigsaure Eisen, daneben auch schwefelsaures Eisen benutzt; für Seide ist das salpetersaure Eisenoxyd die Hauptbeize. Für Färbungen mit Blauholz wendet man hauptsächlich Eisensulfat, $Fe\,SO_4$, an um eine Oxydation und Zerstörung zu vermeiden. Entsprechend dem Aluminium als Beize für saure Farbstoffe wie Alizarine finden Eisensalze nur sehr wenig Anwendung, nur für einige Alizarine um blaue und violette Färbungen hervorzurufen oder mit Anthracenbraun. Ebenso haben Eisenverbindung auch keine Bedeutungen zur Fixierung basischer Farbstoffe. Hier werden sie nur zum Nachdunkeln verwendet, da sie mit dem zur Befestigung der basischen Farbstoffe verwendeten Tannin eine dunkle Farbe geben. Hierzu eignet sich nur salpetersaures und schwefelsaures Eisenoxydul; holzessigsaures Eisen giebt missfarbige Töne.

Haltbare Niederschläge geben auch die Eisenbeizen in Verbindung mit Alkalien. Es eignet sich hierzu namentlich salpetersaures und schwefelsaures Eisen. Salpetersaures Eisen giebt in Verbindung mit Soda schöne echte Farbtöne. Schwefelsaures Eisen in Verbindung mit Kalklauge giebt unter Einwirkung der atmosphärischen Luft die echten Rostgelbs. Ferner dienen Eisenoxydsalze dazu, um Berlinerblau auf der Faser zu erzeugen, indem man zuerst dieselbe mit Eisensalz tränkt und dann durch gelbes Blutlaugensalz passiert. — Neben der Befestigung des Farbstoffes bezweckt man beim Beizen der Seide mit Eisensalzen auch eine Beschwerung der Faser und wird dazu besonders das

salpetersaure Eisen verwendet. — In seiner Eigenschaft als Oxydulsalz wird Eisenoxydulsulfat auch vielfach zur Reduktion verwendet z. B. bei der Indigoküpe. Umgekehrt wird das salpetersaure Eisen als Oxydationsmittel benutzt z. B. bei Anilinschwarz
und zum Ueberoxydieren mancher Farbstoffe. Eisen lässt sich bestimmen durch Ausfällen als $Fe(OH)_3$ aus den Oxydsalzen mittels
Ammoniak, Glühen und Wägen als Fe_2O_3. Oxydulsalze müssen
zur Analyse erst oxydiert werden oder werden mit Kaliumpermanganat titriert.

Schwefelsaures Eisenoxydul, Ferrosulfat, Eisenvitriol, grüner
Vitriol, früher fälschlich Kupferwasser genannt. $FeSO_4 + 7 H_2O$
25,9 % Eisenoxydul.

Das Salz wird in verschiedenen Fabriken als Nebenprodukt
gewonnen, z. B. aus Schwefelkies oder bei der Kupfergewinnung
auf Hüttenwerken. Es bildet grasgrüne oder bläulichgrüne Krystalle,
löslich in kaltem, sehr stark in heissem Wasser. Die Auflösung ist von grünlicher Farbe. An der Luft wird das Salz gelb.
Es bildet sich schwefelsaures Eisenoxyd, welches zum Teil gelöst
bleibt und die Lösung gelb färbt andernteils als basisch schwefelsaures Eisenoxyd am Boden sich abscheidet. Das Salz muss daher
trocken und gut verschlossen aufgehoben werden. Die Farbe muss
bläulichgrün sein. Eine gelbgrüne Farbe weist auf Eisenoxydgehalt hin. Solches Salz ist nachteilig zum Schwarzfärben, indem
die Waschechtheit leidet, gänzlich untauglich jedoch zum Ansetzen
einer Küpe. Man entfernt das Eisenoxyd durch Auflösen und
Kochen mit Eisenfeilspänen, welche das Oxyd in Oxydul überführen. Weisser oder blassgrüner Eisenvitriol kann ebenfalls nicht
angewandt werden, weil derselbe freie Schwefelsäure enthält, welche
Baumwolle angreift, hart und brüchig macht. Verunreinigungen
sind mitunter schwefelsaures Kupfer, schwefelsaures Zink oder
auch Alaun. Solcher Gehalt kann oft schädlich wirken und beeinflusst namentlich Alizarinfärbungen. Schwarzer Vitriol, der
noch zuweilen verwendet wird, ist schwefelsaures Eisenoxydul, mit
einer Abkochung von Erlenrinde oder Galläpfeln schwarz gefärbt.
Dann kommt noch bisweilen im Handel ein Doppelsalz vor, das
schwefelsaure Eisenoxydul-Ammoniak $FeSO_4 + (NH_4)_2 SO_4$
$+ 6 H_2O$, welches luftbeständiger als Eisenvitriol ist, mit 18 %
Eisenoxydulgehalt.

Eisenvitriol findet vielfach Anwendung beim Färben der Baumwolle mit Blauholz und andern Farbhölzern um schwarze, graue,
olive und violette Farben zu erzielen, auch zum Abdunkeln von

Farben die mit Gerbstoffbeize dargestellt werden; ferner zum Ansetzen der kalten Küpe, zu welchem Zwecke er jedoch von schwefelsaurem Eisenoxyd und schwefelsaurem Kupfer frei sein muss. Bei der Woll- und Seidenfärberei wird er weniger verwendet. Man beizt die Wolle mit Eisenvitriol und Weinstein, doch hat das doppeltchromsaure Kali ihn fast gänzlich hier verdrängt. Weinstein setzt man zu, um die Lösung klar zu erhalten und die schnelle Zersetzung zu vermeiden. Man braucht ihn noch oft zum Abdunkeln.

Eisenvitriol ist das Ausgangsmaterial für die Darstellung verschiedener Eisenbeizen.

Prozentgehalt von Eisenvitriollösung bei 15° C.

Spez. Gew.	% Eisenvitriol	Spez. Gew.	% Eisenvitriol	Spez. Gew.	% Eisenvitriol
1,011	2	1,054	10	1,143	25
1,021	4	1,065	12	1,174	30
1,032	6	1,082	15	1.206	35
1,044	8	1,112	20	1,239	40

Essigsaures Eisenoxydul, Ferroacetat, holzessigsaures Eisen, Eisenbeize, Schwarzbrühe, essigsaure Eisenbrühe $Fe(C_2H_3O_2)_2$. Im Handel als dunkelgefärbte Lösung von 12—25° Bé. Man bereitet dieselbe durch Übergiessen von Eisenfeilspänen oder von altem, durch Waschen rostfrei gewordenem Eisen mit roher Essigsäure (Holzessig) von 3—5° Bé. Nach einiger Zeit bildet sich eine dunkelolivgrüne Flüssigkeit von 13° Bé. Diese ist meist essigsaures Eisenoxydul und enthält eine Menge theeriger Bestandteile, welche die Oxydation verhindern. Die Prüfung darf keine Mineralsäuren geben. Um das Oxydul in der Beize zu erhalten, wird auch metallisches Eisen hineingegeben und darin gelassen oder arsenige Säure zugegeben. Reines essigsaures Eisenoxydul, auch Chamoisbeize genannt, wird durch Zersetzen des schwefelsauren Eisenoxyduls mit essigsaurem Blei oder essigsaurem Kalk erhalten. Die klare Flüssigkeit muss in gut verschlossenen Gefässen aufgehoben werden, da rasch Oxydation eintritt und sich die Bildung von essigsaurem Eisenoxyd vollzieht. Die essigsauren Eisenbeizen dürfen nur mässig warm angewandt werden. Verunreinigungen sind freie Essigsäure, schwefelsaures Eisenoxydul, schwefelsaures Eisenoxyd und essigsaures Bleioxyd. Absichtlich verfälscht wird die Beize mit schwefelsaurem Eisenoxydul.

Holzessigsaures Eisen ist für Baumwollfärberei und speciell für Druckerei die wichtigste Eisenbeize; im Kattundruck kann man die Beize wie bei Aluminium reservieren durch Aufdrucken von organischer Säure z. B. Citronensäure an bestimmten Stellen, wodurch sich an diesen die Beize nicht fixiert und nachher hier keine Ausfärbung eintritt. Für Wollfärberei wird es kaum verwendet. Für Seide wird es vielfach zu Schwarz angewandt gleichzeitig aber zum Beschweren. Man beizt hierbei abwechselnd mit Gerbstoff und Eisenbeize bis die genügende Beschwerung erreicht ist, sogar bis über 500% des Gewichtes der Seide.

Salpetersaures Eisenoxydul, Ferronitrat $Fe(NO_3)_2$ dargestellt aus schwefelsaurem Eisenoxydul und salpetersaurem Blei. Findet wenig Anwendung. Die Beize dient für Rostgelb auf Baumwolle und zuweilen für Kaliblau auf Wolle. Die Beize ist unbeständig und geht leicht in Oxydsalz über.

Schwefelsaures Eisenoxyd, Ferrisulfat, Rouille, Schwarzbeize, fälschlich „Salpetersaures Eisen", $Fe_2(SO_4)_3$. Im Handel als tiefrot gefärbte Flüssigkeit von 38—40° Bé.

Man stellt sie dar durch Eintragen von 40 Teilen schwefelsaurem Eisenoxydul in ein Säuregemisch von 15 Teilen Salpetersäure von 36° Bé und 7 Teilen Schwefelsäure von 66° Bé. Das Gemenge wird längere Zeit zuerst kalt umgerührt und stehen gelassen, dann mässig erwärmt. Das Eisenoxydul geht in basisches Eisenoxyd $Fe_4(SO_4)_5(OH)_2$ über, welches sich auflöst. Die Darstellung muss vorsichtig geschehen. Durch zu grosse Basizität leidet bei Anwendung der Beize für Seide der Glanz derselben und ist die Beize sauer, so wird zu wenig Eisenoxyd an die Faser abgegeben. Um die Säure abzustumpfen, darf man nicht metallisches Eisen verwenden, weil sich dann Oxydulsalz bilden würde, sondern man nimmt Eisenoxydoxydul. Die Beize wird ausschliesslich zum Schwarzfärben der Seide gebraucht und zwar bei Herstellung von Schwerschwarz. Zu bemerken ist, dass man die gebeizte Seide nicht trocknen lassen darf, indem sonst die Faser zerstört wird. Das Beizen wird auch hier sehr oft wiederholt, wodurch die Seide an Gewicht bedeutend zunimmt.

Prozentgehalt von schwefelsaurer Eisenoxydlösung.

Spec.Gew.	% schwefels. Eisenoxyd	Spec.Gew.	% schwefels. Eisenoxyd	Spec.Gew.	% schwefels. Eisenoxyd
1,0462	5	1 2426	25	1,5298	45
1,0854	10	1,3090	30	1,6148	50
1,1324	15	1.3782	35	1,7050	55
1,1825	20	1,4506	40	1,8006	60

5*

Essigsaures Eisenoxyd, Ferriacetat, $Fe_2(C_2H_3O_2)_6$. Wird erhalten durch Zerlegen des schwefelsauren Eisenoxydul durch Soda, Überführung des gebildeten kohlensauren Eisen in Eisenoxydhydrat durch Trocknen an der Luft und Lösen in Essigsäure. Die Herstellung erfolgt kurz vor Gebrauch, da sonst Zersetzung eintritt. Die erhaltene Beize ist basisch essigsaures Eisenoxyd. Das normale essigsaure Eisenoxyd wird aus schwefelsaurem Eisenoxyd und essigsaurem Blei gewonnen. Beide Beizen werden gegenwärtig wenig mehr gebraucht. Wie das essigsaure Eisenoxydul werden sie in der Seidenfärberei ausschliesslich angewandt. Je nach dem Farbentone, den man erreichen will, nimmt man das Oxydul oder das Oxyd.

Salpetersaures Eisenoxyd, Ferrinitrat, $Fe_2(NO_3)_6$. Im Handel als klare rotbraune Flüssigkeit von 50—55° Bé. Wird hergestellt durch Eintragen von Eisenfeilspänen oder Eisendrahtstücken in Salpetersäure von 34° Bé. Die Wärmeentwickelung darf nicht zu hoch steigen, da sonst das entstandene Eisenoxyd sich zu Boden schlägt. Enthaltene Verunreinigungen beeinträchtigen nicht die Wirkung der Beize. Die Beize findet wenig Anwendung in der Baumwollfärberei, meist nur zum Schwarzfärben der Seide und ist für diese sehr wichtig.

Unter dem Namen „salpetersaures Eisen" werden in der Praxis noch einige Beizen hergestellt, die bezeichnender als salpeterschwefelsaure Eisenoxydbeizen aufzufassen sind. Sie entstehen aus schwefelsaurem Eisenoxydul, welches man nach und nach in Salpetersäure von 50° Bé einträgt. Die Zusammensetzung ist verschieden und ihr Wert hängt von den Erfolgen ab, die beim Färben erhalten werden. Es sind braunrote Flüssigkeiten, die hauptsächlich für Baumwollschwarzfärberei verwandt werden. Mit Blauholz erhält man ein schönes Kohlschwarz. Auf Wolle nicht angewandt. In der Seidenfärberei ist die Beize durch das basisch schwefelsaure Eisenoxyd ersetzt.

Auch salpeteressigsaure Eisenoxydsalze finden für Blauholzschwarz Verwendung; sie werden aus basischen salpetersauren Salzen durch Lösen in Essigsäure dargestellt.

Gelbes Blutlaugensalz, Ferrocyankalium, gelbes blausaures Kali $K_4Fe(CN)_6 + 3H_2O$. 13,3 % Eisen. Wird fabrikmässig durch Glühen von tierischen Abfällen mit Potasche und Eisen dargestellt. Im Handel als citronengelbe grosse Krystalle, welche zuweilen durch kohlensaures Kali oft auch mit schwefelsaurem Kali verunreinigt sind. Das Salz ist in 3—4 Teilen Wasser löslich.

Mit Eisenoxydsalzen giebt es Berliner Blau (Kaliblau). Es wird sehr viel in der Schwarzfärberei der Seide benutzt, weniger in der Woll- und Baumwollfärberei.

Rotes Blutlaugensalz, Ferricyankalium, K_3 Fe $(CN)_6$. 17 % Eisen. Im Handel in dunkelroten grossen Krystallen. Es wird aus dem gelben Blutlaugensalz durch Einleiten von Chlor erhalten. Mit Eisenoxydulsalz erhält man Turnbullsblau, ein schöneres Blau auf Wolle als das Berliner Blau. Wird wie das vorhergehende Salz meistens zur Herstellung von blauen und grünen Druckfarben auf Baumwolle benutzt.

Eisenchlorid und Eisenalaune finden nur sehr wenig Verwendung in der Färberei.

Chrombeizen.

Die Chromverbindungen finden grössere Anwendung namentlich in der Wollfärberei. Es werden zweierlei Beizen gebraucht, die Chromsäurebeizen (CrO_3) und die Chromoxydbeizen (Cr_2O_3). Zu den ersteren gehören das doppeltchromsaure Kali und doppeltchromsaure Natron, zu den letzteren Chromalaun, essigsaures Chromoxyd u. s. w. Die Chromoxydsalze reagiren sauer. Sie gleichen den entsprechenden Thonerdeverbindungen, nur scheinen sie nicht so stark zerstörend auf die Baumwollfaser zu wirken.

Doppeltchromsaures Kali, Kaliumbichromat, $K_2Cr_2O_7$. 67,9 % Chromsäure. Dargestellt durch Glühen von Chromeisenstein mit Potasche und Salpeter. Im Handel als schön rot gefärbte Krystalle in fast chemisch reinem Zustand, ist in Wasser leicht löslich. Seltener verunreinigt durch schwefelsaures Kali, Chlorkali und salpetersaures Kali. Der Wert ist bedingt durch den Gehalt an Chromsäure. Das Salz ist ein kräftiges Oxydationsmittel. Aus diesem Grunde benutzt man es beispielsweise zur Bildung von Anilinschwarz auf **Baumwolle**. Zieht man oxydiertes Anilinschwarz durch eine heisse Lösung des Salzes, so wird das Nachgrünen, das sonst nach längerem Liegen eintritt, verhindert. Farben mit Catechu, Rotholz u. s. w. gewinnen auf diese Weise ebenfalls an Echtheit; ferner werden ebenso substantive Teerfarbstoffe auf der Faser nachchromiert, z. B. Chromechtschwarz, andere mit Kaliumbichromat und mit Kupfersulfat nachbehandelt,

z. B. Sambesischwarz. — Auf der Oxydationsfähigkeit des doppelt-chromsauren Kali's beruht auch seine Verwendung als Aetze für Indigo.

Besonders wertvoll ist das Salz aber als Beize für Wolle. Der Griff der Wolle wird beim Beizen mit Chrom nicht beein-trächtigt, doch darf man nicht mehr wie 2—4% Kaliumbichromat anwenden, da sonst schädliches Ueberchromen eintritt; man ver-wendet das Salz stets in Gegenwart einer Säure oder eines sauren Salzes. Früher benutzte man vielfach Schwefelsäure (1%). Durch die Säure wird dann das chromsaure Kali schneller zerlegt als ohne dieselbe und es geht Chromsäure CrO_3 auf die Faser, gleich-zeitig wirkt die Wolle reducierend und es schlägt sich ein grosser Teil des Chromes als Chromoxyd Cr_2O_3 nieder. Die Wirkung einer derartig gebeizten Wolle, welche gelb aussieht, auf den Farb-stoff ist eine doppelte; erstens wird derselbe durch das Cr_2O_3 auf der Faser befestigt und zweitens durch das CrO_3 oxydiert. Häufig ist aber eine solche Oxydation nicht erwünscht und setzt man dann beim Beizen organische Säuren zu, welche sich leicht oxydieren und daher reducierend wirken, also nur Cr_2O_3 auf der Faser bilden, so dass die Wolle dann grün gebeizt ist: z. B. Oxalsäure, Milchsäure, Lactolin, Lignorosin, welche in ihren Eigen-schaften und Anwendung unter den Hilfsmitteln besprochen wer-den. Meist wird 1 — 1½ Stunden gebeizt bei Siedehitze. Die so gebeizte Wolle kann dann mit sauren Beizfarbstoffen wie den Alizarinen, Blauholz, Catechu u. s. w. angefärbt werden. Auch hat man durch Zusammenbringen der Beize und des Farbstoffes in einem Bad in manchen Fällen gute Erfolge erzielt. — Bemer-kenswert ist die Empfindlichkeit von mit Chrom gebeizter Wolle gegen Licht. Wird angesottene Wolle nicht vor dem Einfluss des Lichtes bewahrt, so wird das gefärbte Gewebe streifig erscheinen. — In der Seidenfärberei wird Kaliumbichromat für Catechubraun und Blauholzschwarz ähnlich wie bei Baumwolle gebraucht. — Ferner dient das Salz zum Fällen von Bleisalzen als basisches oder neutrales Bleichromat, Chromorange resp. Chromgelb ($Pb_2\,CrO_5$ resp. $Pb\,CrO_4$). Beide Chromfarben werden sowohl als fertige Farbstoffe für Lackfarben, als auch auf der Faser selbst erzeugte Farben viel benutzt z. B. in der Indigofärberei in Blaudruck-fabriken.

Doppeltchromsaures Natron, Natriumbichromat $Na_2\,Cr_2\,O_7$ $+ 2\,H_2O$ 67,1 % CrO_3, findet sich im Handel als rotgelbe Krystalle. Das Salz ist billiger als das vorhergehende, hat aber den grossen Nachteil leicht Wasser anzuziehen und an der Luft zu zerfliessen, was seiner Einführung viel Abbruch thut.

Chromalaun, Schwefelsaures Chromoxydkali $Cr_2(SO_4)_3$ $+ K_2SO_4 + 24 H_2O$ enthält 13,5% $Cr O_3$, ist im Handel in Form dunkelvioletter Krystalle, die sich mit violetter Farbe lösen, oder als feines Pulver. Chromalaun wird als Nebenproduct der Alizarinfabrikation bei Oxydation von Anthracen zu Anthrachinon gewonnen. Bemerkenswert ist, dass Chromalaun in 2 verschiedenen Modificationen vorkommt in Lösungen: in grüner und in violetter Form. Beide unterscheiden sich durch das Verhalten gegen Fällungsmittel z. B. Chlorbaryum, indem durch solche die eine stets gefällt wird, die andere nicht. Man nimmt an, dass in der violetten Lösung $Cr_2 (SO_4)_4 K_2$; in der grünen $Cr_2 (SO_4)_4 H_2$ enthalten sei. Auch die andern Chromsalze zeigen ein solches Verhalten. — Chromalaun hat als Wollbeize keine Verwendung, als Beize für Baumwolle und Seide nur wenig; wichtig ist derselbe zur Darstellung anderer Chromsalze wie essigsaures, chlorsaures, salpetersaures, rhodansaures Chrom. Man fällt Chromhydroxyd mit Ammoniak aus und löst es dann in der betreffenden Säure auf.

Essigsaures Chrom $Cr(C_2H_3O_2)_3$ kommt in den Handel als dunkelgrüne Lösung von 24° Bé; wichtig ist dasselbe als Beize für Druckerei für Dampffarben. Auch basisch essigsaures Chrom kommt als Lösung von 20° Bé oder in fester Form in den Handel, es hat die Zusammensetzung: $Cr OH (C_2 H_3 O_2)_2$.

Man kann die Salze auch erhalten durch Umsetzung von $Cr_2 (S O_4)_3$ mit Bleiacetat $Pb (C_2 H_3 O_2)_2$. Setzt man von letzterem weniger zu als nötig, um alle Schwefelsäure im Chromsulfat zu ersetzen, so erhält man **Sulfacetate des Chroms**; dieselben finden ebenfalls in Färberei und Druckerei Anwendung.

Chrombisulfit $Cr (S O_3)_3$ (?) wird erhalten, indem man ausgefälltes $Cr(OH)_3$ in Wasser aufschlämmt und schweflige Säure $S O_2$ einleitet. Man kann es sehr gut als Chrom-unibeize benutzen und hat sich dasselbe in Baumwollfärbereien sehr eingebürgert.

Chromnitrat, salpetersaures Chrom $Cr(NO_3)_3$ und salpeteressigsaures Chrom finden nur wenig Anwendung für Dampffarben.

Sulfocyanchrom oder **Rhodanchrom** $Cr(C N S)_3$ kommt als Lösung von 20° Bé in den Handel und findet im Druck für Blauholzdampfschwarz und im Seidendruck Verwendung.

Chlorsaures Chrom $Cr (Cl O_3)_3$ wird für Anilinschwarz und Druckfarben benutzt.

Chromchlorid $Cr Cl_3$ wird aus Kaliumbichromat mit Salzsäure und reducierenden Mitteln wie Mehl, Zucker etc. erhalten. Kommt als dunkelgrüne Flüssigkeit von 20° — 25° Bé in den Handel und wird zum Beizen von Baumwolle in Strang und für Seide gebraucht als basisches Salz.

Chromfluorid $Cr Fl_3 + 8 H_2O$ bildet ein grünes krystallinisches Pulver, das in heissem und kaltem Wasser leicht löslich ist. Es wird in Holzbottichen verwendet, da es Glas angreift. Es wird in der Wollfärberei viel benutzt zum Beizen und zum Nachchromieren.

Alkalische Chrombeize von Köchlin wird durch Auflösen von gefälltem $Cr (OH)_3$, Chromhydroxyd, in Natronlauge erhalten. Dieselbe fand früher in der Baumwollfärberei viel Verwendung. Man tränkt die Baumwolle, lässt sie liegen, wobei Chromhydroxyd sich niederschlägt und wäscht dann. Durch Passage durch Zink- oder Magnesiumsulfat kann man gleichzeitig Zink und Magnesium auf der Faser niederschlagen.

Chromsaures Chromoxyd, Höchster Chrombeize findet Anwendung sowohl auf Baumwolle wie auf Wolle. Man verdünnt die Beize mit Wasser, zieht 20 Minuten im Bade um und spült mit Wasser. Bei einer andern Marke trocknet man und fixiert durch Dämpfen während 20 Minuten. Eine 3. Marke wird für Wolldruck empfohlen.

Chromsäure $Cr O_3$ findet Anwendung bei der Amend'schen Chrombeize für Wolle; man beizt die Wolle 10 Minuten kalt mit 1 % $Cr O_3$, dann kalt man 3 % Schwefelsäure von 66° Bé ½ Stunde; reduciert mit 10 % Bisulfit kalt ³/₄ Stunden und behandelt auf basischem Bade mit 3 % Soda ³/₄ Stunden lang bei 50°. (Amerikanisches Patent.)

Zinnbeizen.

Zinnbeizen sind nicht von so grosser Wichtigkeit wie die Thonerde-, Eisen- und Chrombeizen und ist der Preis auch bedeutend höher wie der jener Salze. Immerhin finden sie Verwendung, da Zinnlacke mancher Farbstoffe sich durch besonderes Feuer und Glanz auszeichnen, besonders die einiger natürlicher Farbstoffe. Z. B. finden Cochenille auf Zinnbeize Anwendung zur Herstellung des Militärrot, auch mit Kreuzbeeren wird auf Zinn Gelb hergestellt. Da ein Zutritt von Zinn zu einer aus andern

Metallen bestehenden Beize den Einfluss ausübt, dass nach dem Ausfärben der gebildete Farblack lebhafter wird, so setzt man häufig Zinnsalz andern Beizen zu z. B. zur Thonerdekalkbeize für Alizarindampffarben; auch passiert man öfters die fertige Farbe durch eine Zinnlösung zu demselben Zwecke, was mit dem Ausdruck „avivieren"
bezeichnet wird. Auf der Faser wird Zinn in doppelter Form
niedergeschlagen: als Zinnoxydul (Sn O) oder als Zinnoxyd (Sn O$_2$
Zinnsäure). Das Oxyd wird im allgemeinen für Baumwolle gebraucht. Um eine kräftigere Wirkung zu erreichen, erzeugt man
zuweilen durch vorheriges Beizen mit Gerbsäure eine unlösliche
Zinnverbindung, gerbsaures Zinn, auf der Faser. Bei Farbhölzern
wendet man die Zinnbeizen für sich allein an. Die Oxydulsalze
haben reduzierende Eigenschaften und nehmen leicht Sauerstoff auf,
um sich in Oxyd zu verwandeln. Sie dürfen deshalb nie mit Beizen von oxydierendem Charakter zusammengebracht werden oder
mit solchen Farbstoffen, welche durch reduzierende Mittel entfärbt werden.

Andrerseits wird diese Reduktionswirkung auch vielfach benutzt, um weisse oder bunte Muster auf gefärbtem Stoffe zu erhalten im Zeugdruck z. B. zum Aetzen von Azofarben, Manganbister, Rostfarben u. s. w. So findet essigsaures und salzsaures
Zinnoxydul als Aetze der substantiven Farbstoffe Verwendung,
letzteres auch für Manganbister und Rostfarben; Rhodanzinn für
Paranitranilinrot; Zinnoxydulhydrat wird als Reserve für Paranitranilinrot, ferner um beim Alizarinrotfärben die Farbe vor der
schädlichen Wirkung des Eisens zu schützen gebraucht. Die Zinnbeizen finden eine grosse Anwendung in der Seidenfärberei, wo
sie namentlich ein gutes Beschwerungsmittel abgeben. Die Lösungen
der Zinnsalze sind farblos. In der Färberei, mit Salpetersäure
und Salzsäure hergestellt, sind sie meistens gelblich gefärbt. Sie
scheinen weniger beständig zu sein als die farblosen Beizen. Die
hauptsächlich verwendeten Zinnbeizen sind Zinnsalz (Sn Cl$_2$), Doppeltchlorzinn (Sn Cl$_4$), Zinnlösungen (Solutionen), Pinksalz und zinnsaures Natron. In der Druckerei findet ausserdem noch Anwendung:
essigsaures Zinnoxydul, Ferrocyanzinn, oxalsaures Zinn, Rhodanzinn.

Zinnsalz, Zinnchlorür, Einfach-Chlorzinn, Sn Cl$_2$ + 2 H$_2$O.
25,5 % Zinn. Im Handel in Form kleiner farbloser Krystalle, fast
chemisch rein. Wird fabrikmässig durch Auflösen von Zinn in
Salzsäure und Eindampfen der Lösung hergestellt. In Wasser gelöst, giebt es eine milchige Trübung unter Bildung von basischem
Zinnchlorür, durch Zusatz von wenig Salzsäure oder Salmiak löst

es sich vollständig. Wegen der Aehnlichkeit der Krystallform kann es mit schwefelsaurer Magnesia (Bittersalz) verwechselt und verfälscht werden. Auch wird, wenn auch seltener, Kochsalz, schwefelsaures Natron und schwefelsaures Zink zugesetzt. Oft kommen technische Verunreinigungen vor, wie Kupfer-, Blei- und Zinksalze, welche schädlich wirken können. Ein Eisengehalt, welcher dem Zinnsalz eine gelbliche Farbe erteilt, trübt Anthracen- und Holzfarben. Beim Stehen an der Luft geht es leicht in unlösliches Zinnmetaoxychlorid über und ist dementsprechend verschlossen aufzubewahren.

Die Hauptverwendung findet das Zinnsalz in der Druckerei der Baumwolle, wenig in der Baumwollfärberei. Einige Holzfarben werden mit Zinnsalz hergestellt und in der Türkischrotfärberei wird es in kleinen Mengen der Seifenlösung zugesetzt, in welcher die gefärbten Stücke gereinigt werden, um die Farbe zu heben. In der Wollfärberei wird es hauptsächlich in Verbindung mit Cochenille für Scharlach und mit Flavin für Gelb- und Orange-färbungen gebraucht. Zuweilen setzt man Zinnsalz dem Färbebade gegen Ende des Ausfärbens zu, wodurch die Farbe in gewisser Weise verändert wird. Mit Zinnsalz und Weinstein oder Oxalsäure wird auch Wolle angesotten oder vorgebeizt, bei einigen Farbstoffen darf man die Beize gleich ins Farbbad bringen. In der Seidenfärberei wird Zinnsalz in Verbindung mit Catechu zum Abtönen des Blauholzschwarz gebraucht.

Im Kattundruck findet Chlorzinn meist als Zusatz zu Alizarin-dampffarben Verwendung; etwas auch für Kreuzbeeren mit Zinnchlorid und Aluminium- und Chromsalzen zusammen. Besonders aber wird es im Druck als Aetze für Azofarben u. s. w. benutzt. Der Wert des Zinnsalzes wird durch Titrieren mit Jodlösung bei Gegenwart von Seignettesalz und Natriumbicarbonat festgestellt.

Zinnoxydulhydrat $Sn(OH)_2$ fällt aus Zinnsalz mit Ammoniak oder Soda aus. Dasselbe wird hauptsächlich benutzt, um daraus durch Auflösen in Essigsäure, Weinsäure, Citronensäure die entsprechenden Zinnoxydulsalze dieser Säuren darzustellen, welche als Aetze für Azofarben angewandt werden. In der Seidenfärberei wird dasselbe viel zum Beschweren gebraucht, z. B. ist der Eisen-Berlinerblau- Tannin- Zinnlack im stande, durch abwechselndes Beizen mit Zinnsalz und Gerbstoff bedeutende Mengen beider auf der Faser aufzunehmen.

Zinnchlorid, Doppeltchlorzinn $SnCl_4 + 5H_2O$. 33,7 %
Zinn. Im Handel meist als weiche krystallinische wasserhaltige
Masse von 50—60° Bé, leicht löslich im Wasser, eine Form, in
welcher das Salz für den Färber am bequemsten zu gebrauchen
ist. Das feste, krystallisierte Produkt wird weniger beliebt. Die
Herstellung geschieht auf verschiedene Weise. Man trägt in eine
Mischung von 22 Teilen Salpetersäure von 36° Bé und 40 Teilen
Salzsäure von 21° Bé und 11 Teilen Wasser nach und nach 10
Teile Zinn und lässt die Temperatur nicht über 35° C steigen.
Schliesslich verdünnt man mit Wasser um einen bestimmten Grad
zu erhalten. Das erhaltene Produkt ist meist schwach gelb gefärbt. Eine andere Darstellung ist die aus Zinnsalz. In 100
Teile Zinnsalz, welche mit 95 Teilen Salzsäure versetzt sind, trägt
man langsam 17 Teile chlorsaures Kali ein. Die Temperatur
muss auch hier niedrig gehalten werden. Nach letzterer Methode
hergestelltes Zinnchlorid ist farblos und wird von der Seidenfärberei vorgezogen. Die Verunreinigungen des Zinnchlorids sind
Zinnchlorür und Kochsalz. Das erstere wird an der weissen
Trübung durch Quecksilberchlorid erkannt. In dem mit Salpetersäure hergestellten Produkt kann salpetrige Säure und Untersal-
petersäure vorkommen, welche bei Anwendung auf Seide einen
gelblichen Schein hervorruft. Beim längeren Stehen verdünnter
Zinnchloridlösung tritt Zersetzung ein. Zum Sieden erhitzt, schlägt
sich Zinnoxydhydrat nieder. Die Wertbestimmung geschieht durch
Ausfällen des SnO_2 mit Soda.

Zinnchlorid besass früher für Baumwolle grössere Bedeutung
als jetzt und wurde vielfach zum Färben mittels Blauholz, Rotholz
und Gelbholz benutzt, hat aber durch die Theerfarbstoffe hierfür seine
Bedeutung verloren. In seiner Verwendung als Befestigungsmittel
für Tannin ist es ganz durch Antimonsalze ersetzt worden. Die
Anwendung des Zinnchlorids in der Wollfärberei beschränkt sich
auf Cochenillefärbungen. Reines Zinnchlorid auf Wolle ist der
Wolle schädlich. Die Wirkung wird abgeschwächt durch Anwendung von Zinnlösungen, sogenannten Zinnsolutionen, in
welchen neben Zinnchlorid der grösste Teil als Zinnchlorür vorhanden ist. Zinnchlorid-Lösungen werden auch für die Seidenfärberei angewandt zum Beschweren der hellen Farben auf Seide.
Die Rohseide wird zunächst in kalte Zinnchloridlösung 25—30° Bé
stark getaucht, dann gewaschen und gelangt dann in eine kalte
Sodalösung. Diese Operation wird öfters wiederholt. Die Beschwerung benachteiligt die Stärke des Seidenfadens.

Prozentgehalt der Zinnchloridlösungen bei 15° C.

Spez. Gew.	Prozent	Spec. Gew.	Prozent	Spec. Gew.	Prozent
1,012	1,5	1,195	22,5	1,447	43,5
1,024	3	1,210	24	1,468	45
1,036	4,5	1,227	25,5	1,491	46,5
1,048	6	1,242	27	1,514	48
1,059	7,5	1,259	28,5	1,538	49,5
1,072	9	1,275	30	1,563	51
1,084	10,5	1,293	31,5	1,587	52,5
1,097	12	1,310	33	1,614	54
1,110	13,5	1,329	34,5	1.641	55,5
1.123	15	1,347	36	1,669	57
1,137	16,5	1,366	37,5	1,698	58,5
1,151	18	1,386	39	1.727	60
1,165	19,5	1,406	40,5		
1,180	21	1,426	42		

Pinksalz, auch unter dem Namen Rosasalz, Nelkenrotsalz im Handel vorkommend, ist eine Verbindung von Zinnchlorid und Salmiak. ' 32,1 % Zinn. Ein weisses krystallinisches Pulver, welches sich in drei Teilen Wasser löst. Zur Herstellung bringt man 1 Teil gepulverten Salmiak in Lösung in 2 Teile Zinnchlorid von 50° Bé. Aus der Lösung krystallisiert das Salz. Eine kon-zentrierte Lösung ändert sich beim Kochen nicht, die verdünnte Lösung lässt alles im Doppelsalz enthaltene Zinnoxyd beim Kochen fallen, woraus sich die Anwendung ergiebt. Es eignet sich besser als Zinnchlorid zur Bildung eines Zinnlacks auf der Faser, zumal bei zarten hellen Farben. Dient besonders als Beschwerungsmittel bei Seide.

Das krystallisierte Zinnchlorid kommt oft unter den Namen Pinksalz vor.

Zinnlösungen, Zinnsolutionen. Es sind dies solche Lösungen, die früher von den Färbern vielfach hergestellt wurden, bei welchen man zum Lösen des Zinns neben Salzsäure noch Salpetersäure und Schwefelsäure anwandte. Die Lösungen sind sehr verschieden zusammengesetzt. Die Wirkungen sind durch die Erfahrungen der einzelnen Färber bedingt. Nach der Anwendung trägt jede Lösung fast einen besonderen Namen. Hauptsächlich wurden sie für Wollfärberei gebraucht.

Sie dienten für Cochenille und zum Färben mit Farbhölzern sehr viel, haben aber dadurch, dass diese Farben durch Theerfarbstoffe verdrängt wurden, an Bedeutung verloren; es findet nur noch sogenannte Scharlachsäure für Cochenille Verwendung.

Zinnsaures Natron, Grundier- oder Präpariersalz, Zinnsoda, $Na_2SnO_2 + 3 H_2O$. 44,4 % Zinn. Wird technisch durch Schmelzen von Zinn mit Ätznatron und Natron-Salpeter gewonnen und als weisse krystallinische Masse in den Handel gebracht. Im frisch bereitetem Zustand ist es nahezu ganz löslich, jedoch einige Zeit der Luftfeuchtigkeit ausgesetzt, wird es schwerer löslich. Es scheidet sich dann Zinnoxyd oder Zinnsäure aus. Diese Ausscheidung kann sofort durch den Zusatz einer Säure bewirkt werden. Es beruht hierauf die Wirkungsweise beim Gebrauch in der Färberei. Als Verunreinigung enthält das Salz wechselnde Mengen von Soda und Kochsalz. Einige Produkte enthalten auch absichtliche Zusätze von arsensaurem und wolframsaurem Natron, oft bis zu 20 %, welche angeblich die Beizfähigkeit erhöhen sollen. Einzig massgebend ist der Zinngehalt. Auf Zusatz von Salpetersäure muss ohne Aufbrausen ein Niederschlag erfolgen. Je mehr Säure hierzu erforderlich, desto weniger Zinnoxyd ist enthalten.

Zinnsaures Natron findet hauptsächlich Verwendung als Beize für Wolle und Jute im Druck und zum Beschweren der Seide mit Zinnsäure. Man tränkt gewöhnlich zuerst das Gewebe mit einer Lösung vom sp. G. 1,85 und zieht dann durch verdünnte Schwefelsäure hindurch.

Oxalsaures Zinnoxyd wird vielfach beim Aufdruck der Alizarinfarben auf Baumwolle, Wolle und Seide benutzt. Nach der Badischen Anilin- und Sodafabrik stellt man es folgendermassen dar: Zu 1 kg Zinnchlorid, in 25 l Wasser gelösst, wird 1 kg 700 g Krystallsoda, in 25 l Wasser gelöst, zugegeben. Das gefällte Zinndioxyd wird bis zu neutraler Reaktion ausgewaschen, der Niederschlag, welcher 4,5 kg wiegen soll, mit 180 gr krystallisierter Oxalsäure versetzt, auf dem Wasserbade erwärmt und die Lösung auf 16° Bé eingestellt.

Kupferbeizen.

Kupfersalze finden als Beizen nur für Wolle Verwendung. Da dieselben auch oxydierend wirken, so werden sie ebenfalls als Oxydationsmittel gebraucht. Kupfersulfat wird besonders beim Färben mit Holzfarben z. B. Blauholz benutzt. Als Sauerstoffüberträger resp. Oxydationsmittel finden schwefelsaures, salzsaures, salpetersaures, essigsaures und chlorsaures Kupfer und endlich auch Schwefelkupfer teils in Färberei, teils in Druckerei Anwendung, schwefelsaures und salzsaures Kupfer sind wichtig zum Kupfern fertiger Farben z. B. Azofarben.

Schwefelsaures Kupferoxyd, Kupfervitriol, Blaustein, blauer Vitriol, oder auch Cyper oder Cyprischer Vitriol genannt, $Cu\,SO_4 +$ $5\,H_2\,O$ 25% Kupfer. Im Handel als grosse blaue Krystalle, die in 5 Teilen kaltem Wasser löslich sind. Dargestellt durch Auflösen von Kupfer in Schwefelsäure, meistens jedoch als Nebenprodukt der Industrie erhalten. Verunreinigungen sind Eisen und Zinkvitriol. Kupfervitriol wird nicht häufig angewandt, niemals jedoch allein als Beize. In Baumwollfärbereien dient das Salz zur Herstellung von Blauholzschwarz, welches hierdurch an Tiefe und Schönheit gewinnt, ferner bei Catechufarben, bei der Herstellung von Anilinschwarz u. s. w. In der Wollfärberei wird es ebenfalls zum Abdunklen der Farben gebraucht, ferner in Verbindung mit Alaun zur Erzeugung von Blauholzblau und mit Eisenvitriol für Blauschwarz und auch vereinzelt als Beize. In der Seidenfärberei nur gelegentlich zum Abdunkeln benutzt, sowie zum Abtönen gewisser schwarzer Farben.

Ferner dient Kupfersulfat zur Darstellung der meisten andern Kupferbeizen. Als Oxydationsmittel z. B. in den Indigoreserven, in Dampffarben u. a. m.; zum Ueberkupfern sehr vieler Farbstoffe z. B. Paranitranilinrot, Brillantorange, Sambesischwarz u a. m.

In früherer Zeit kam noch ein Gemisch von Eisen- und Kupfervitriol, Krystalle von blaugrüner Farbe, unter dem Namen Salzburger Vitriol in den Handel, auch Adlervitriol genannt, oder Admonter Vitriol, meist für Blaufärbungen verwendet.

Essigsaures Kupferoxyd, Kupferacetat, Grünspan, $Cu\,(C_2\,H_3\,O_2)_2 + H_2\,O$. Man unterscheidet krystallisierten oder destillierten Grünspan (neutrales Salz) und gewöhnlichen oder französischen Grünspan (basisches Salz: $Cu_2\,(C_2\,H_3\,O_2)_2\,(OH)_2$). Das normale Salz stellt man aus schwefelsaurem Kupferoxyd und essigsaurem Bleioxyd oder Bleizucker dar, das andere wird im Grossbetriebe durch Einwirkung von Essigsäure auf Kupfer hergestellt. Das erstere Salz ist oft mit essigsaurem Kalk, das letztere mit schwerlöslichen Bleisalzen verfälscht. Grünspan dient zuweilen noch als Beize für Holzfarben sowie beim Kattundruck.

Kupferchlorid, salzsaures Kupfer $Cu\,Cl_2 + 2\,H_2\,O$ wurde früher viel für Anilinschwarz verwendet, jetzt meist zum Kupfern der Eisfarben z. B. für Dianisidinblau. Dargestellt wird es am besten aus Kupferoxyd und Salzsäure.

Kupfernitrat, salpetersaures Kupfer $Cu(NO_3)_2 + 3H_2O$ wird durch Einwirkung von Salpetersäure auf Kupferoxyd gewonnen und viel für Catechufarben benutzt.

Schwefelkupfer CuS wird aus Kupfervitriol mit Schwefelnatrium als Fällung erhalten; es findet ausschliesslich in der Druckerei zur Anilinschwarzbildung nach Lauth Verwendung als Sauerstoffüberträger bei der Oxydation von Anilin durch Kaliumchlorat bei Gegenwart von Chlorammonium (siehe Anilinschwarz).

Bleibeizen.

Bleisalze dienen kaum als Beizen, meist werden sie zur Herstellung von chromsaurem Blei benutzt, das, wie schon bei Chromkali erwähnt wurde, viel als gelbe Farbe verwendet wird. Ferner sind die Lacke mancher Farbstoffe wie z. B. die Eosin- Bleilacke als rosa Lackfarbe für Schwarz- und Blaudruck im Handel. Wichtig sind nur:

Essigsaures Bleioxyd, Bleiacetat, $Pb(C_2H_3O_2)_2 + 3H_2O$. 58,8 % Bleioxyd. Das neutrale Salz führt den Namen Bleizucker, farblose oder schwachbläuliche Krystalle, die sich an der Luft mit einer Schicht von kohlensaurem Bleioxyd überziehen. Das Salz schmeckt süss und ist giftig. Es wird durch Auflösen von Bleiglätte in Essigsäure und Eindampfen, bis sich Krystalle bilden, hergestellt. Als Verunreinigung kann ein geringer Bestand von Kupfersalzen sehr schädlich wirken. Der französische oder gelbe Bleizucker, auch holzessigsaures Blei genannt, wird erhalten, wenn man statt reiner Essigsäure rohe Essigsäure oder Holzessig nimmt. Es sind gelbbraune Stücke mit muscheligem Bruche, stark verunreinigt durch organische Substanzen, jedoch billiger als reines Salz. Es liefert andere Farbtöne als dieses. Während das reine Produkt $99^1/_2$% essigsaures Blei enthält, hat holzessigsaures Blei nur durchschnittlich 88—89 %. In der Verwendung ist es ein durchaus unzuverlässiges Erzeugniss. Bleizucker dient als Beize für Chromgelb und Chromorange auf Baumwolle, wobei man das Stück mit Bleisalz imprägniert und dann durch Kaliumbichromatlösung passiert. Es entsteht gelbes $PbCrO_4$; durch nachträgliche Kalkpassage entsteht oranges basisches Bleichromat $PbO, PbCrO_4$.

Chromgelb und Chromorange haben den Nachteil, durch Schwefelwasserstoff dunkel zu werden und setzt man deshalb Cadmiumsulfat zu, da Schwefelcadmium gelb gefärbt ist und so die Nüance erhält. Weiter dient es zur Bereitung verschiedener Beizen wie essigsaure Thonerde, essigsaures Chrom, Zinn oder Eisen u. s. w. Verunreinigungen sind essigsaures Kupferoxyd, kohlensaures Bleioxyd und essigsaurer Kalk.

Die Lösung des basisch-essigsauren Bleioxyd $Pb(C_2H_3O_2)_2 + PbO$ führt den Namen Bleiessig und bildet eine etwas schwachgelblich gefärbte alkalisch reagierende Flüssigkeit, erhalten durch Auflösen von $1\frac{1}{2}$ Teilen fein zerriebener Bleiglätte in 1 Teil aufgelöstem Bleizucker. Je grösser die Menge Bleiglätte ist, je grösser ist die Basizität. An der Luft zieht die Beize leicht Kohlensäure an und trübt sich. Bleiessig wird allein oder mit neutralem essigsaurem Bleioxyd gemischt zur Herstellung von Chromgelb und Chromorange verwendet. Die Befestigung ist eine vollkommenere als beim neutralen essigsauren Blei. Die Beize dient auch zum Beschweren von weisser Seide.

Prozentgehalt von essigsaurer Bleioxydlösung (Bleizucker) bei 20° C.

Spec.Gew.	g in 100 ccm	Spec.Gew.	g in 100 ccm	Spec.Gew.	g in 100 ccm
1,0124	2	1,1118	18	1,2082	34
1,0248	4	1,1242	20	1,2201	36
1,0373	6	1,1362	22	1,2320	38
1,0497	8	1,1482	24	1,2440	40
1,0622	10	1,1603	26	1,2558	42
1,0746	12	1,1723	28	1,2676	44
1,0870	14	1,1844	30	1,2794	46
1,0994	16	1,1963	32	1,2912	48

Salpetersaures Bleioxyd, Bleinitrat $Pb(NO_3)_2$, dargestellt durch Auflösen von Bleiglätte in heisser verdünnter Salpetersäure. Im Handel als farblose, reine Krystalle. Wird wie die vorhergehenden Bleisalze verwendet, also als Beize für Chromorange und Chromgelb sowie zur Herstellung anderer Beizen.

Manganbeizen.

Mangansalze finden als Beizen keine Verwendung, dagegen werden sie viel benutzt zur Erzeugung des Manganbrauns, Manganbister, auf der Faser. Beizt man ein Gewebe mit einem Man-

ganoxydulsalz und passiert es durch Alkali, so schlägt man auf
der Faser Mn (OH)$_2$, Manganoxydul, nieder; durch eine weitere
Passage durch Clorkalk wird dies in braunes Mangandioxyd Mn O$_2$
verwandelt. Statt mit Chlorkalk kann man auch noch mit Kaliumpermanganat oxydieren, wobei dann Mn O$_2$ auf der Faser sowohl
durch Reduktion des Permanganates als auch durch Oxydation des
Manganoxydulhydrates erzeugt wird; daneben sich bildendes Mn$_3$O$_4$,
Manganoxydoxydul, wird durch Durchziehen durch verdünnte Schwefelsäure in Mn O$_2$ verwandelt. Die Faser leidet bei der Bister-
bildung aber immer etwas durch Oxydation. Früher wurde dies
Braun auch vielfach zur Anilinschwarzerzeugung benutzt, indem man
den fertigen Bister durch Anilinsalzlösung passierte.

Als Mangansalz wird hierfür benutzt:

Manganchlorür Mn Cl$_2$ $+ 4$ H$_2$ O auch salzsaures Mangan
genannt. Im Handel als rötliche an der Luft zerfliessliche Krystalle
oder in geschmolzenen Tafeln; wird durch Erhitzen von Mangandioxyd mit Salzsäure erhalten.

Beizen anderer Metalle.

Von Salzen anderer Metalle, die als Beizen oder sonst für
Färberei Bedeutung haben, seien folgende erwähnt.

Cobaltsalze geben auch mit vielen Farbstoffen schöne Lacke,
für die Praxis sind sie aber zu teuer.

Von **Nickelsalzen** findet Verwendung Nickelacetat für Alizarin-
blaudampffarben und liefert ein schönes Lila.

Bariumsalze finden nicht als Beizen wohl aber in der Lackfabrikation Anwendung.

Antimonsalze dienen ebenso nicht als Beizen, werden aber
als Hülfsmittel zur Gerbstofffixierung reichlich gebraucht (s. u.)

Von den **Vanadiumverbindungen** ist Ammoniumvanadat
NH$_4$ Vd O$_3$ als wichtiger Sauerstoffüberträger bei der Bildung von
Anilinschwarz zu nennen. s. d.

Schwefelbeize.

Ein Niederschlag von amorphem Schwefel auf der Wollfaser
verleiht derselben eine besondere Anziehungskraft für manche Theerfarbstoffe wie Methylgrün und Malachitgrün. Man kocht zu diesem

Zwecke die Wolle während $1\frac{1}{2}$ Stunden in etwa 30% Natriumthiosulfat (siehe Malachitgrün), unter Zusatz von 15% Salzsäure.
Nachdem die Wolle einige Stunden gelegen und gut gespült worden
ist, muss sie, bevor man ins Färbebad eingeht, $\frac{1}{2}$ Stunde lang
heiss geseift werden.

II. Organische Beizen.

Die Zahl der hierher gehörigen Beizen ist nicht gross, dieselben haben aber eine hervorragende Bedeutung für die Färberei.
Organische Beizen sind 1) die Gerbstoffe und 2) die Oelbeizen;
beide finden als solche Anwendung meist auf Baumwolle und Leinen;
Gerbstoffe auch auf Seide zum Beschweren. Wie schon in der ein-
leitenden Besprechung der Beizen gesagt ist, dienen die Gerbstoffe
besonders zur Befestigung basischer Farbstoffe wie Malachitgrün,
Fuchsin, Safranin u. a. m. auf den Fasern, welchen saurer Charakter
fehlt, die Oelbeizen dagegen zur Befestigung saurer Farbstoffe wie
Alizarin, indem sie die Base auf der Faser fester binden und dem
Lack Glanz und Schönheit verleihen.

Gerbsäurebeizen.

Unter Gerbsäure versteht man gewisse stickstofffreie Substanzen, die sich in ihrem Verhalten gleichen und in verschiedenen
Pflanzenteilen in- und ausländischer Gewächse enthalten sind.
Besonders reich sind die durch das Anbohren verschiedener Insekten auf Blättern und Knospen entstandenen krankhaften Auswüchse, Galläpfel, genannt. Der Name Gerbsäure stammt von der
Eigenschaft der Lösung, die Tierhaut in Leder umzuwandeln. Die
Gerbsäure oder das Tannin, der wirksame und allein wertvolle Bestandteil aller Gerbstoffe, hat einen zusammenziehenden Geschmack
und die Eigenschaft einer Säure. Sie ist eine organische
Oxysäure und bildet sich aus 2 mol Gallussäure (Trioxybenzolcar-
bonsäure) $C_6H_2(OH)_3 \, COOH$ unter Austritt von Wasser. Das
Tannin heisst daher auch Digallussäure. Die Gerbstoffe enthalten
zum Teil auch andere organische Säuren von derselben Wirkung
wie Tannin und sind diese Bestandteile auch chemisch nahe Verwandte des Tannins d. h. auch Oxycarbonsäuren. Je nach der Oxysäure, auf welche sich die Gerbstoffe zurück führen lassen, geben

sie mit Eisenoxydulsalz blaue oder grüne Fällung und unterscheidet man diese beiden Arten. Aus dem Charakter einer Säure erklärt sich auch das Verhalten der Gerbstoffe in der Färberei: Bei den Teerfarbstoffen basischen Charakters wie Fuchsin Methylenblau u. s. w. bildet die Gerbsäure mit der Farbbase einen unlöslichen Farblack auf der Faser, dient also direkt zur Befestigung der basischen Farbstoffe. Ebensowohl giebt die Gerbsäure Fällungen mit anorganischen Basen und Salzen der Thonerde, des Zinn, Eisen und Antimon. Die Verbindung wirkt dann als Beize für Farbstoffe mit saurem Charakter wie Alizarin. Man wendet sie deshalb als Befestigungs- oder Fixierungsmittel für Thonerde, Zinn- und Eisenbeizen an. Schliesslich kann man der Gerbsäure auch im gewissen Sinne die Bedeutung eines Farbstoffs beilegen, weil, wie beispielsweise in Verbindung mit Eisenbeizen, ein bläulich schwarzer Ton erzielt wird oder weil in manchen Fällen die Gerbsäure dazu dient den Farbton lebhafter oder dunkler zu machen.

Tannin, Digallussäure, Gallusgerbsäure $C_{14}H_{10}O_9$. Neuerdings gebraucht man immer mehr reines Tannin statt gerbstoffhaltiger Stoffe. Alle den Beiz- und Färbeprozess beeinträchtigenden Nebenbestandteile jener Produkte, wie Extraktivstoffe, Farbstoffe, Gallussäure, Zucker, Gummi u. s. w. fallen hier ganz weg. Ein Teil Tannin, technisch rein, ersetzt die Abkochung von 10 Teilen Galläpfel oder 15 Teilen Mirobalanen oder 17 Teilen Dividivi oder 40 Teilen Sumach. Tannin wird fast ausschliesslich aus Japan- und China-Galläpfeln durch Ausziehen derselben mit Alkohol, Äther und Wasser dargestellt. In der wässerigen Schicht ist die Gerbstoffsäure oder das Tannin enthalten, in der ätherischen Schicht die übrigen Bestandteile.

In den Handel gelangt Tannin als feines Pulver von gelblichweisser Farbe, leicht und locker, in Wasser und Essigsäure leicht löslich, in Äther unlöslich. Tanninlösung erzeugt in Eisenoxydulsalzlösungen einen blauschwarzen Niederschlag, Mineralsäuren und Salze fällen das Tannin aus nicht zu verdünnten Lösungen. Beim Kochen unter dem Einfluss verdünnter Mineralsäuren zerfällt das Tannin in Gallussäure. Dieser Zerfall in die zum Befestigen der Farbstoffe nicht brauchbare Gallussäure wird auch beim längeren Stehen der Lösung an der Luft hervorgerufen. An der Oberfläche zeigt sich dann eine Schimmelbildung. Der Eintritt derselben muss verhütet werden. Die Fabrik Schering in Berlin empfiehlt eine sehr geringe Menge von Phenol (Karbolsäure), aufgelöst in Alkoho zuzusetzen. Bei Sumachabkochung geht solche Umsetzung noch schneller vor sich.

Tannin hat auch reducierende Eigenschaften und wird Kaliumpermanganat durch dasselbe entfärbt, hierauf beruht eine quantitative Tanninbestimmung und die Anwendung von Tannin, um auf mit Permanganat getränktem Stoff Manganbister zu erzeugen.

Tannin ist stets dem Sumach vorzuziehen, wenn reine, empfindliche, helle Farben erzielt werden sollen.

Bestimmend für die Güte des Tannins ist die mehr oder minder grosse Löslichkeit in Wasser wie auch in einer Mischung von gleichen Teilen Äther und absoluten Alkohol. Eine trübe Lösung in Alkohol lässt auf beigemischte Stoffe wie Milchzucker, Stärke u. s. w. schliessen; durch Zusatz von Äther zur alkoholischen Lösung werden Dextrin, Zucker, Extraktivstoffe u. s. w. abgeschieden. Tannin wird ausserdem noch absichtlich verfälscht mit Gummiersatz, Bittersalz, Glaubersalz u. s. w. Gutes Tannin enthält ungefähr 90% Gerbsäure und 7—8% Feuchtigkeit.

Zur Beurteilung der Güte eines Tannins, sind verschiedene Methoden in Anwendung. (siehe Heermann, Färbereichemische Untersuchungen Seite 111). Nach Löwenthal-Neubauer titriert man eine Tanninlösung mit Kaliumpermanganatlösung, fällt dann das Tannin aus und titriert nochmals. Die ccm Permanganat der zweiten Titrierung zieht man von den zuerst verbrauchten ccm ab, und berechnet aus dem Permanganatgehalt der angewandten ccm den Gehalt an Gerbsäure. Da verschiedene Gerbsäuren, wenn sie in gleicher Menge vorhanden sind, dennoch ungleiche Menge Permanganat verbrauchen, hat die Methode Fehlerquellen. Die Bestimmung nach Simand und Weiss durch Ausfällung des Gerbstoffes mit Haut giebt das Tannin quantitativ. Da aber nicht immer nur der Tanningehalt, sondern auch die begleitenden Substanzen bei der Anwendung eine Rolle spielen, so geben quantitative Vergleichsausfärbungen im Kleinen stets Resultate, die am ersten gestatten sich ein richtiges Urteil über den Wert des vorliegenden Gerbstoffes zu bilden.

Umfangreiche Arbeiten über die Aufnahmefähigkeit von Baumwolle gegen Tannin unter den verschiedensten Bedingungen sind auch gemacht worden: (J. Köchlin, Bulletin de Mulhouse 51. S. 438. Knecht und Kershaw, Färberzeitung 92 S. 402). Der Rahmen des Buches erlaubt es nicht dieselben hier anzuführen. Immerhin sei erwähnt, dass dieselben die Art und Weise des praktischen Arbeitens als die beste bestätigen: Heiss in ein 2—5 procentiges Tanninbad eingehen und noch nach dem Erkalten mehrere Stunden darin lassen.

Zum Beizen der Baumwolle nimmt man 2—5% vom Gewicht der Baumwolle an Tannin je nach der Tiefe des Farbtones. Die abgekochte, gebleichte und gut gespülte Ware wird in die heisse Tanninlösung eingegeben und umgezogen bis das Bad auf ungefähr 50° abgekühlt ist, dann 6 Stunden und mehr darin ruhen gelassen. Für jede folgende Partie setzt man ½—1% Tannin zu. Bei Alkaliblau wird noch 5% Marseillerseife dem Beizbade zugefügt. Die Tanninflotte wird besser ausgenutzt, wenn man derselben ein wenig Schwefelsäure zusetzt (auf 10 l etwa 200 g). Nach dem Beizen muss das Tannin auf der Faser befestigt werden, denn würde man nunmehr zum Ausfärben übergehen, so würde sich der zu bildende Farblack als wenig seifenecht zeigen. Man macht deshalb von dem Verhalten der Gerbsäure, mit Antimonoxyd eine unlösliche Verbindung (gerbsaures Antimon) einzugehen, welche die Theerfarben auf Baumwolle dauerhaft befestigt, Gebrauch. Der gerbsaure Farbstofflack ist schwer auf der Faser zu erzielen, da derselbe sich in einem Überschusse von Gerbsäure wieder löst. Zur Befestigung sind am besten geeignet und fast allein angewandt die Salze des Antimons: wie Brechweinstein, Antimondoppelsalz, Antimonfluorid u. a. m. (siehe diese)

Beim Grau- oder Schwarzfärben wird die tannierte Baumwolle ½ bis 1 Stunde lang in einer Lösung von essigsaurem oder salpetersaurem Eisen von ⅓—2½° Bé behandelt. In manchen Fällen wird nach dem Ausfärben die Baumwolle nochmals durch Tanninlösung gezogen, teils um das Abschmutzen der Farbe zu verhindern, teils um dieselbe walkfähig zu machen. Auch in der Türkischrotfärberei hat sich Tannin wegen der Reinheit der zu erzielenden Farbe an stelle der anderen gerbstoffhaltigen Materialien eingebürgert.

Halbwolle und Halbseide wird ähnlich mit Tannin gebeizt wie Baumwolle, doch muss die Temperatur der Tanninlösung mässig gehalten werden, da sonst auch die Wolle Tannin anzieht, was vermieden werden muss. Jute und Manillahanf bedürfen einer schwächeren Tanninlösung als Baumwolle. Nessel (Chinagras) färbt sich wie Baumwolle, jedoch muss sehr reines Tannin verwendet werden.

Die Seidenfärberei bedient sich in ausgedehntem Masse des Tannins. Der Seidenfaden wird durch Tannin haltbarer, weshalb man gut thut, die Seide vor dem Färben mit Tannin zu be-

handeln. Es wird zugleich das Gewicht der Seide erhöht und
dient Tannin viel zum Beschweren.

Galläpfel, Gallus, Gallae, Gallen. Durch den Stich der
Gallwespe entstehen auf den Eichenblättern Auswüchse, die sich
in kugeliger Form um die Eier des Insekts lagern. Neben einem
blassgelben Farbstoff enthalten sie 20—65% Gerbsäure, ferner
Chlorophyll, Albumin, Zucker, Harz, Gummi u. s.w. Galläpfelab-
kochung giebt mit Zinnsalz einen gelben, mit Alaunlösung einen
gelbbraunen, mit Bleizucker einen gelblich weissen, mit schwefelsaurem Eisenoxyd einen blauen, mit essigsaurem Kupfer einen
braunen Niederschlag.

Die besten Galläpfel sind China- 'und Japan-Galläpfel mit
40—75% Gerbsäure von länglich. unregelmässiger Gestalt, grau-
brauner Farbe, auf der Bruchfläche hornartig scheinend, innen hohl.
Sie dienen meistens zur Herstellung der reinen Gerbsäure oder
des Tannins. Geschätzt sind ferner die türkischen, auch asiatischen
oder Aleppo-Galläpfel, mit stacheligen Höckern versehene Kugeln
von schwarzgrüner oder bläulicher Farbe mit 55—65% Gerbsäure. Von den europäischen Sorten, die im allgemeinen leichter
sind, haben die italienischen Galläpfel 30—40% und die ungarischen
23—33% Gerbsäure. Die deutschen Galläpfel sind nicht zu gebrauchen. Die Anwendung der Galläpfel für alle Zwecke der
Färberei ist durch den hohen Preis beschränkt.

Knoppern. Ebenfalls höckerige Auswüchse wie die Galläpfel, entstanden durch das Einlegen der Eier der Gallwespe in
die jungen Früchte der Stieleiche. Die Eichel erhält Auswüchse,
welche oft die ganze Eichel umschliessen. Sie sind von gelb-
brauner Farbe und werden in den Herbstmonaten in den Eichen-
wäldern Ungarns gesammelt. Mit Thonerde- und Eisenbeizen
kann die Lösung zum Graufärben verwendet werden, sodann auch
als Zusatz zum Blauholz, Rotholz oder Quercitronbade. Zu Färberei-
zwecken sind sie jedoch im allgemeinen weniger geeignet als die
Galläpfel. Der Gerbsäure-Gehalt schwankt zwischen 25—35%

Mirobalanen oder Myrobalanen sind die Früchte verschiedener Bäume in China und Ostindien. Man unterscheidet im
Handel aschgraue, braune, gelbe und runde. Die getrockneten
Früchte, die ungefähr einer Dattel gleichen, sind etwa 2,5 cm
lang, sehr hart und von bitterem Geschmack. In den Schalen
ist die Gerbsäure enthalten. In Europa seltener angewandt. Der
Gerbstoffgehalt beträgt 45%.

Dividivi, auch **Libidivi,** sind die Früchte einer indischen

Leguminosenart, länglich eingerollt, von rot- bis schwarzbrauner Farbe, trocken, spröde und an beiden Enden zugespitzt; aussen schwach glänzend dunkelbraun, innen mattgelb. Der Gerbsäure-Gehalt beträgt 20 — 35%.

Ackerdoppen, Valonea, Valonien sind die Fruchtbecher der Ziegenbarteiche. Sie stammen aus Kleinasien und Südfrank. reich und enthalten bis 35 % Gerbsäure. Sie kommen auch unter dem Namen Smyrna- und Moreadoppen in den Handel.

Bablahschote sind die unreifen Früchte einiger Akazienarten. die im Orient einheimisch sind. Die Abkochung ist von süsslichem, weniger zusammenziehendem Geschmack. Der Gerbsäure-Gehalt beträgt 16%. In Verbindung mit Thonerde- und Eisenbeizen dienten sie vielfach zur Erzeugung einer rehbraunen Farbe.

Alle vorgenannten Gerbstoffe, werden fast ausschliesslich im Verein mit holzessigsaurem Eisen zu Beschwerungszwecken in der Seidenfärberei gebraucht.

Demselben Zwecke dient auch viel der **Kastanienextract,** welcher mit Wasser aus dem Holze der Rosskastanie extrahiert wird und 10—12% Gerbstoff enthält, doch findet er auch zum Beizen der Baumwolle häufig Anwendung.

Catechu, Cachou, fälschlich Terra Catechu oder Japanische Erde genannt. Man versteht darunter den eingedickten Auszug aus dem Kernholz der ostindischen Catechu-Akazie.

Derselbe gehört zu den Gerbstoffen, da der wirksame Bestandteil das „Catechin" in eine Gerbsäureart, Catechingerbsäure, überführbar ist und weil die Zersetzungsprodukte bei hoher Temperatur gleich oder analog denen der Gerbstoffe 'sind. Immerhin findet Catechu weniger als Beize wie als Farbstoff für sich Verwendung, da er durch Oxydation ein sehr lichtechtes Braun zu geben vermag, das sehr viel benutzt wird. Der Gehalt an Catechu-Gerbsäure schwankt in guten Sorten zwischen 48—54 %, in schlechten bleibt er unter 40 %. Daneben befindet sich ein gelber Farbstoff, Catechin oder Catechusäure mit 12—20 %. Eine Catechu-Abkochung giebt mit salpetersaurem Eisenoxydul einen olivgrünen, mit schwefelsaurem und salpetersaurem Kupferoxyd sowie mit Chloraluminium einen dunkelbraunen, mit Zinnsalz einen braunen, mit essigsaurer Thonerde einen rotbraunen Niederschlag. Verfälscht wird Catechu mit Sand, gemahlener Holzrinde, mit Blättern u. s. w. Bei Verbrennung guter Sorten darf nur 6 % Asche zurückbleiben und der Rückstand bei Extraktion mit Alkohol nur 18 % betragen.

Die Sorten des Catechu lassen sich in zwei Hauptgruppen teilen:

a) **Brauner Catechu, Cutch, Terra Catechu.** Der bis zur teigförmigen Beschaffenheit eingeengte wässerige Auszug aus dem Kernholz der Catechu-Akazie wird auf grossen Blättern, die der Ware häufig noch teilweise anhängen, ausgebreitet und erstarren gelassen. Die beste Sorte ist Pegu-Catechu, von dunkelbrauner Farbe, im Wasser grösstenteils zu einer braunen, trüben Flüssigkeit löslich. Die Lösung reagiert schwach sauer. An Güte folgt Bombay-Catechu von rotbrauner und Bengal-Catechu von dunkelbrauner Farbe. Die Ware wird in Blöcken versandt. Der Geschmack ist bitter und zusammenziehend.

b) **Gelber Catechu, Gambir-Catechu, Würfel-Catechu, Gutta Gambir.** Die Sorte wird durch Auskochen der Blätter und Stengel eines strauchartigen Gewächses, Uncaria Gambir, gewonnen. Der Auszug wird in Holztrögen erstarren gelassen, dann in würfelförmige Stücke geschnitten und völlig ausgetrocknet. Die Würfel sind aussen von rotbrauner innen von mehr gelblichroter Farbe, glanzlos und leicht zerreiblich. In kaltem Wasser ist der Farbstoff weniger löslich als brauner Catechu.

Mit **Neucatechu** bezeichnet man einen eingedickten Auszug aus Kiefernholz mit 32% Gerbsäure. Mit Eisensalzen giebt die Lösung einen grünen Niederschlag.

Präparierter Catechu wird durch Zusammenschmelzen von Catechu mit Alaun und schwefelsaurer Thonerde erhalten. Die Verbindung besitzt erfahrungsgemäss eine grössere Färbekraft. Andere setzen beim Schmelzen des Catechu eine sehr kleine Menge doppeltchromsaures Kali zu, andere Alaunlösung und Salmiakgeist.

Catechin von Reyscher in Barmen ist ein Catechuersatzprodukt, das sich durch grössere Löslichkeit und Ergiebigkeit auszeichnet und ganz analog wie Catechu gefärbt wird.

In der Baumwollfärberei findet Catechu bedeutende Verwendung zur Herstellung von dunkelgrünen, braunen, grauen und schwarzen Farben. Sehr echt gegen Licht und Seife, gegen Säuren und Alkalien ist wie oben gesagt besonders Catechubraun. Zur Herstellung dieser Farbe wird die Ware zunächst eine Stunde lang in ein heisses Farbbad von $15—20\%$ Catechu gebracht und hierauf, nachdem man abgerungen, in ein frisches, heisses Bad von $1—2\%$ doppeltchromsaurem Kali. Wird die Baumwolle vorher mit Thonerde oder Zinn gebeizt, so erhält man ein gelbliches Braun. Eisenbeizen geben ein bräunliches oder grünliches Grau.

Dämpfen oder Trocknen vor dem Chromieren macht die Farbe dunkler, Zusatz von 1 Teil Cupferacetat auf 10 Teile Farbstoff macht lichtechter. Oft wird Catechu in Verbindung mit Gelbholz, Blauholz, Rotholz zu Mischtönen verwendet und vielfach wird mit basischen Farbstoffen nüanciert, wobei Catechugerbsäure als Beize wirkt. Schwarz wird dadurch erhalten, dass man nach dem Catechubad in eine kalte Lösung von schwefelsaurem Eisenoxydul von 1° Bé eingeht, wäscht, dann in Blauholz ausfärbt und schliesslich in einem Bade mit doppeltchromsaurem Kali die Farbe fertig stellt.

Wenig Anwendung findet Catechu in der Wollfärberei. Ein Ueberschuss ist zu vermeiden, da sonst die Walkfähigkeit der Wolle zerstört wird und die Ware einen rauhen Griff erhält.

Sehr viel dagegen gebraucht man Catechu beim Färben von Seide, namentlich bei Herstellung von Schwerschwarz. Man zieht hier Catechu allen anderen Gerbstoffen vor, weil die Eisenverbindung in den nachfolgenden Färbeoperationen am besten den heissen Seifenlösungen widersteht. Eine grössere Beschwerung als in Verbindung mit Eisenbeize allein wird bei gleichzeitiger Benutzung von Zinnchlorür erzielt.

Sumach, Schmack.

Der echte Sumach stammt von dem Gerbersumach (Rhus coriaria), ein Strauch, der in der asiatischen Türkei und in Süd-Europa, auch in Amerika angepflanzt wird. In den Handel gelangen die getrockneten jungen Zweige und Blätter zermahlen als grobes Pulver von gelbgrüner oder braungrüner Farbe. Bei den guten Sorten aus Sizilien, Montenegro und Spanien schwankt der Gerbstoffgehalt zwischen 10—17%. An Güte folgt der portugiesische und französische Sumach; weniger gut ist der Triester, Istrianische und Veroneser. Die besseren Sorten haben stets eine grüne Farbe; dumpfig riechender Sumach, von grauer, weisslicher oder schwärzlicher Farbe ist nicht viel wert. Verfälscht wird Sumach mit Sand, Kreide, Gips und fremden Blättern. Eine Sumachabkochung giebt mit Zinnsalz einen gelben, mit Bleizucker einen weissen, mit Alaunlösung einen gelbgrauen, mit Kupferoxyd-Salzen einen gelblichbraunen, mit schwefelsaurem Eisenoxydul einen blauen Niederschlag.

Sumach dient zum Färben baumwollener, halbwollener und seidener Gewebe. Sehr viel wird er dem Tannin seiner Billigkeit wegen vorgezogen namentlich wenn wenig lebhafte und satte dunkle Farben erzielt werden sollen.

Am meisten wird er in Verbindung mit schwachen oder starken Eisenbeizen zur Herstellung von grauen und schwarzen

Farben auf Baumwolle benutzt. In der Türkischrot-Färberei dient Sumach als Befestigungsmittel für Thonerdebeizen; ebenso sehr viel als Beize für basische Theerfarbstoffe.

Auf Wolle, die mit doppeltchromsaurem Kali vorgebeizt worden, giebt Sumach ein schönes Oliv, mit Zinnbeize ein helles Gelb, mit Eisenvitriol ein dunkles Schietergrau.

In der Seidenfärberei ist die Anwendung ebenfalls eine ausgedehnte. Er dient hier als Beschwerungsmittel.

Beim Beizen mit Sumach verfährt man meist in kaltem, höchstens in lauwarmem Bade. Nur beim Seidenfärben darf die Temperatur ein wenig höher steigen.

Der unechte Sumach stammt vom Perückenbaume (Rhus cotinus), der in der Lombardei, Istrien und Dalmatien wächst. Er kann den echten ersetzen und wird auch wie dieser verwendet. Der Gerbstoffgehalt ist jedoch geringer.

Man verwendet den Sumach fast ausschliesslich als Sumach-extrakt in der Stärke von 16—20° Bé.

Es werden sehr gute gereinigte, entfärbte Sumachextrakte vielfach z. B. von Geigy in Basel in den Handel gebracht; sie können zum Teil auch für helle Farben Tannin ersetzen.

Oelbeizen.

Die Anwendung von aus Oelen und Fetten bereiteten Beizen zum Färben mancher Farbstoffe ist sehr alt. Im alten Indien schon beizte man mit saurer Milch, Alaun und Soda zur Krappfärberei; später wurde Tournantöl, Oel, das mit Soda angerührt war, zusammen mit Alaun als Beize verwendet zum Rotfärben mittels Krapp und so das Türkischrot oder rouge d'Adrianopel erhalten. Das Verfahren der Anwendung dieser Beize ist aber sehr umständlich und zeitraubend und findet heute wenig Verwendung. Wie bei der Türkischrotfärberei der Krapp durch die in ihm vorhandenen jetzt künstlich dargestellten Alizarine, so ist das Tournantöl durch die Türkischrotöle ersetzt worden.

Türkischrotöle werden erhalten durch Einwirkung von Schwefel-säure auf Olivenöl oder Ricinusöl bei Temperaturen unter 40°. Angewendet wurden sie zuerst von Runge, dann aber wieder vergessen und von H. Köchlin neu eingeführt. Sie sind hellbraune bis braune, mehr oder weniger klare, zähe Flüssigkeiten. Lange

Zeit waren schon die Türkischrotöle in Gebrauch, ohne dass man
ihre genaue Zusammensetzung kannte; erst im letzten Jahrhundert
sind dieselben durch Arbeiten von Liechti und Suida, Müller Jacobs,
H. Schmid, Ssabanejew, K. Benedikt und Ulzer und Juillard
aufgeklärt worden. (Siehe Handbuch der Färberei von Knecht,
Rawson, Löwenthal). Die angewandten Oele sind, wie schon bei
der Seife besprochen Glycerinfettsäureester. Olivenöl ist ein Glycerinester der Oelsäure dem Hauptbestandteil nach.

Ölsäure $C_{18} H_{34} O_2$ ist eine ungesättigte Fettsäure und
zeigt die Fähigkeit 2 Atome eines einwertigen Elementes oder
2 einwertige Reste zu addieren und so in Abkömmlinge der ge-
sättigten Stearinsäure $C_{18} H_{36} O_2$ überzugehen. Es wird nun bei
der Einwirkung von Schwefelsäure der Glycerinester verseift und
an die freie Oelsäure wird Schwefelsäure, addiert und Oxy-
stearinschwefelsäureester gebildet. Zum Teil geht diese Oxy-
stearinschwefelsäureesterbildung an der an Glycerin gebundenen
Oelsäure vor sich und bilden sich so Glycerinverbindungen des
genannten Esters. Ganz analog wie Olivenöl verhält sich das
Ricinusöl, hauptsächlich ein Glycerid der Ricinusölsäure, beim Behandeln mit Schwefelsäure. Es tritt Verseifung ein und das ge-
wonnene Türkischrotöl enthält zum Teil freie Ricinusölsäure, eine
Oxyölsäure, zum Teil bildet diese als Oxysäure auch Schwefelsäure-
ester. Auch Glycerinschwefelsäure - ricinusölsäure Verbindungen
scheinen zu bestehen. Ferner sind stets Polyricinusölsäuren im
Türkischrotöl vorhanden.

Der Wassergehalt der Türkischrotöle schwankt zwischen
11—15% Nach Stein wird er bestimmt durch Zusammenschmelzen
von 10 g Türkischrot-Oel mit 25 g getrocknetem Wachs, in ungefähr 75 g gesättigter Kochsalzlösung. Der Kuchen wird getrocknet.
Der Gewichtsunterschied gegenüber dem Wachsgewicht ergiebt den
Prozentgehalt an wasserfreiem Türkischrotöl.

Zur Darstellung von Türkischrotöl verwende man nur
reines, wenig gefärbtes Rizinusöl. 5 Teile Oel werden allmählich
mit 1 Teil konzentrierter Schwefelsäure unter stetem Umrühren
versetzt, wobei die Mischung nicht über 35° C. sich erwärmen
darf. Nach 24 stündigem Stehen wird das Einwirkungs-Produkt
wiederholt mit einer konzentrierten Kochsalzlösung bei mittlerer
Temperatur ausgewaschen. Man lässt das Oel sich vollkommen
klären. Zuletzt wird ein sorgfältiges Neutralisieren mit Ammoniak
vorgenommen.

Einige käufliche Türkischrotöle sind bloss Lösungen einer Rizinusöl-Natronseife, erhalten durch Verseifen von Rizinusöl mit verdünnter Natronlauge.

Die Türkischrotöle finden nur auf Baumwolle und hier fast ausschliesslich zur Herstellung von Türkischrot mittels Alizarin Anwendung.

Befestigungsmittel für Beizen.

Einige unter diese Ueberschrift fallende Salze sind schon unter Bleichmittel beschrieben worden, wie kohlensaures Natron, kieselsaures Natron und Kalk. Zu erwähnen bleiben noch:

Die zur Fixierung der Gerbstoffe sehr wichtigen Antimonverbindungen. Früher wurden zu diesem Zwecke auch Zinnsalze verwendet, ferner wurde auch Zinksulfat einzuführen versucht; es haben sich aber als die billigsten und brauchbarsten die Antimonverbindungen bewährt. Früher wurde ausschliesslich die teuerste aber auch meist reinste derselben, der Brechweinstein, benutzt. Er hat auch den Vorteil, dass die durch Entziehung von Antimon rei werdende Weinsäure resp. das weinsaure Kalium unschädlich ist, während bei den anderen Antimonsalzen sich freie Halogenwasserstoffsäure abscheidet, welche die Faser angreifen kann, falls nicht neutralisiert wird. In Druckereien, wo man starke Antimonbäder zur Brechweinstein-Passage für verschiedene Stücke nach einander nötig hat und diese Bäder bewahrt, gebraucht man daher noch günstig Brechweinstein. Wo man dagegen für jede Partie ein Antimonbad frisch ansetzt mit der berechneten Antimonmenge, benutzt man sehr mit Vorteil die billigeren Brechweinsteinersatze: Antimonsalz, Antimondoppelsalz u. s. w., ein Umstand, der in der Praxis noch viel zu wenig Beachtung findet.

Brechweinstein, Antimonkaliumtartrat, weinsaures Antimonoxydkali $K(SbO)C_4H_4O_6$. 43,7 % Antimonoxyd. Dieses Salz kommt in Krystallen oder in Pulverform vor und wird durch Kochen von Antimonoxyd mit Weinstein gewonnen. In Wasser ist dasselbe nur wenig löslich. 100 Teile Wasser lösen nur 6 Teile Salz. Die Lösung schmeckt unangenehm metallisch und bewirkt Erbrechen. Auf der Haut werden Blasen und Eiterung hervorgerufen. Brechweinstein bildet mit Gerbsäure eine unlösliche Verbindung, gerbsaures Antimon, die als Baumwollbeize für basische Farbstoffe dient. Nach dem Tannieren wird die Ware abgerungen und hierauf ohne zu spülen $^1/_4$—$^1/_2$ Stunde lang in einem kalten Bade von $1^1/_2$—0,8 % Brechweinstein umgezogen; dann wird abgerungen uud tüchtig gewaschen.

Brechweinstein wird viel verfälscht, z. B. mit Magnesiumsulfat und muss man ihn stets analysieren, was durch Titrieren mit Jodlösung bei Gegenwert von Seignettesalz und Bicarbonat geschieht durch Oxydation der antimonigen Säure zu Antimonsäure.

Oxalaures Antimonoxydkali, Antimonkaliumoxalat $K_3Sb(C_2O_4)_3 + H_2O$. 23,7 % Antimonoxyd. Dieses Salz, in welchem die Weinsäure durch die billigere Oxalsäure vertreten ist, zersetzt sich beim Verdünnen mit viel Wasser. Es kann dies durch Zusatz von Oxalsäure verhindert werden. Das Befestigen der Gerbsäure muss in kürzester Zeit und in verdünnter Lösung geschehen. Die Beize findet vielfach praktische Anwendung.

Für Dampffarben im Zeugdruck ist es nicht zu brauchen, ebenso wie die anderen Brechweinstein-Ersatzmittel, da die freie Säure die Metallteile angreift. Hier ist nur Brechweinstein zu verwenden.

Antimonsalz, Brechweinsteinersatz (de Haen in List vor Hannover). Doppelverbindung von Antimon-Fluorid und schwefelsaurem Amoniak. $Sb Fl_3 + (NH_4)_2SO_4$ 43—47 % Antimonoxyd. 100 Teile kaltes Wasser lösen 140 Teile Antimonsalz.

Das Salz hat schwach saure Eigenschaften ähnlich wie Alaun. Bei dunklen Farben, welche nach dem Gerbstoffbad mit Blauholz und Eisenverbindungen abgedunkelt werden, empfiehlt es sich zuweilen Brechweinstein beizubehalten.

Die Lösung kann nur in Holz- oder kupfernen Gefässen gehalten werden. Glas- und Steinguttöpfe eignen sich nicht.

Wenn man das Salz rein anwendet, so wird es wegen der erwähnten sauren Eigenschaft Tannin weniger gut befestigen. Man erhält dagegen ausgezeichnete Erfolge, wenn man vorher die Lösung mit demselben Gewicht an Soda neutralisiert. Die Farbentöne werden lebhafter als mit Brechweinstein.

Doppelt Antimonfluorid, (in den Handel gebracht von Rudolf Köpp in Oestrich) Doppelsalz von Antimonfluorid und Fluornatrium, $Sb Fl_3 + Na Fl$. 66 % Antimonoxyd. Ein schön krystallisierendes Salz, welches sich leicht und klar in kaltem Wasser löst. 100 Teile lösen 63 Teile, bei warmem Wasser

166 Teile Salz. Da die Lösung schwach sauer reagiert, so muss die Lösung ebenfalls in Kupfer- oder Holzgefässen aufbewahrt werden. Tierische und pflanzliche Fasern werden nicht angegriffen.

Ferner ist auch in Gebrauch Antimonchlorid, welches jedoch ebenfalls die Eigenschaft hat, im Wasser sich zu zersetzen unter Bildung von Antimonoxychlorid. Nach einem englischen Patent von Watson soll dies durch Zusatz von Kochsalz und Chlormagnesium verhindert werden.

Antimonin der Firma Böhringer in Niederingelheim enthält 15 % Antimonoxyd, ist in Wasser leicht löslich und giebt bei billigerem Preise in gleicher Menge wie Brechweinstein angewendet gleich starke Beize.

Auch **Antimonoxydhydrat** ist als Beize in Verwendung, ferner wird es auch benutzt, um mit Naphtol-Alkalilösung geflatschte Stücke, welche nicht gleich verwendet werden, zu schützen vor Veränderung der Farbe, gleichzeitig kann man das vorhandene Antimon benutzen, um neben der Eisfarbe bunte Muster mit basischen Farbstoffen zu erhalten.

Da das Antimon mit der Gerbsäure ein Salz bildet, so ergiebt sich von selbst, dass die angewandte Menge Antimonsalz in bestimmtem Verhältnis zur Menge Tannin, die zum Beizen gebraucht wurde, stehen muss. Eine interessante Studie darüber ist u. a. von Dr. Falke, Färberzeitung 92/93, S. 226, angestellt worden; er kommt zu dem Resultat, „dass im Allgemeinen viel zu grosse Mengen Brechweinstein zum Fixieren von Gerbsäure auf der Baumwollfaser verwendet werden“. Dies wird auch vielfach von Praktikern bestätigt. Falke giebt folgende Proportionen als richtig an auf Grund seiner Versuche:

Gebeizt mit Tannin	Sumachextrakt	Nötiger Brechweinstein
2 %	resp. 6— 8 %	0,45—0,5 %
3 „	„ 9—12 „	0,6 „
4 „	„ 12—16 „	0,7 „
5 „	„ 16—20 „	0,8 „
6 „	„ 10—25 „	0,9—1,0 „

Es sind dies die minimalen Mengen und ist es hierbei immer leicht möglich, falls etwas Antimonsalz mechanisch am zuerst in die Flüssigkeit gelangten Teile Baumwolle zurückgehalten wird, dass dann der Rest nicht genügend Tannin fixiert erhält und streifige und fleckige Färbungen entstehen. Es richtet sich dies auch sehr nach der Lockerheit des Materials; doch dürften 30 %

mehr Brechweinstein als obige Daten angeben stets genügen, den Fehler zu meiden, und bleiben die angewandten Mengen dann noch weit hinter den meist verwendeten zurück, was ohne Schaden an der Echtheit der Färbung eine grosse Ersparnis bedeutet.

Neben den erwähnten Fixierungsmitteln für organische Beizen haben folgende Salze Bedeutung als **Fixierungsmittel für anorganische Beizen:**

Kieselsaures Natron, s. d.

Natriumarseniat $Na_2 H As O_4 + 12 H_2 O$. Ist besonders geeignet zur Fixierung von Eisen, z. B. bei Blauholzschwarz auf Baumwolle, da aber das Arbeiten mit arsensauren Salzen wegen der Giftigkeit gefährlich ist und Arsen auf der Faser auch in vielen Staaten beanstandet wird, so ist sein Verbrauch nur gering ausgenommen England.

Phosphorsaures Natron, $Na_2 HPO_4 + 12 H_2 O$. In der Färberei dient es in Verbindung mit Kreide vorteilhaft als Befestigungsmittel für Thonerdebeizen. Es darf kein kohlensaures Natron enthalten. Zuweilen ist es mit Kochsalz vermischt. In der Druckerei unter dem Namen Kuhkotsalz wird es als Ersatz von Kuhkot gebraucht, weil auch dieser phosphorsaures Natron enthält und diesem Gehalte die Hauptwirkung des Kuhkots auf Türkischrot zugeschrieben wird.

Kuhkot oder Kuhmist. Wird seit Jahrhunderten in der Türkischrot-Färberei und Druckerei für Abzugsbäder, d. h. zum Reinigen der Zeuge von der überflüssigen Beize sowie zur Auflösung und zum Entfernen des angewandten Verdickungsmittels verwandt. Alle vorgeschlagenen Ersatzmittel, wie phosphorsaures Natron, Wasserglas u. s. w. haben denselben bis jetzt noch nicht ersetzt. Der Kuhkot bewirkt andererseits auch durch völlige Abscheidung der noch vorhandenen Beize, eine innige Verbindung des basischen Thonerdesalzes mit der Faser und dient so als Fixierungsmittel. Die Temperatur des Bades beträgt 55—65°. Einige Zeit vor dem Gebrauch versetzt man ihn mit Natronlauge und verdünnt später mit der fünzigfachen Menge Wasser. Statt Kuhkot findet häufig zu Zwecken der Fixierung von Beizen Schafmist Verwendung. Der Kot muss stets frei von Eisen, Stroh, Glasscherben etc. sein.

Hülfsmittel.

An dieser Stelle seien vor allem genannt die wichtigen Hülfsmittel zum Beizen von Wolle mit chromsaurem Kali, Alaun etc.: Weinstein resp. Weinsäure, Oxalsäure, Milchsäure, ferner Egalisol und Lignorosin.

Um Chrom auf der Wollfaser zu fixieren, genügt es, dieselbe mit chromsaurem Kali und Schwefelsäure zu beizen. Ein Teil des Chroms schlägt sich dann als CrO_3, Chromsäure, ein anderer als Cr_2O_3, Chromoxyd, auf der Faser nieder infolge reduzierender Wirkung der Wolle selbst. Obige Säuren wirken nun zum Beizbade zugesetzt zum Teil als Säure zersetzend auf das chromsaure Kali, zum Teil reduzieren sie, da sie selber oxydierbar sind, CrO_3 zu Cr_2O_3 und bewirken Bildung von mehr Cr_2O_3 auf der Faser. Welches nun die beste Beize ist, darüber ist viel gestritten und der Streit schwer zu entscheiden, da je nach Arbeitsweise, vorhandenem Material und anzuwendendem Farbstoffe sehr verschiedenes Endresultat erlangt wird. Bemerkenswert ist dabei, dass dem Weinstein, der seit langer Zeit allein angewendet wurde, seit wenigen Jahren durch obige Weinsteinersatzmittel erfolgreich Konkurrenz gemacht wird.

Die Wirkung von Weinsäure auf Alaun ist wahrscheinlich die, dass sich weinsaures Aluminium zunächst bildet, das unter langsamer Zersetzung Thonerde auf die Faser bringt, während die Schwefelsäure an Kalium gebunden, unschädlich wird. Die Weinsteinersatzmittel wirken analog.

Weinsäure, Weinsteinsäure, $C_4H_4O_4(OH)_2$, wird aus dem Weinstein dargestellt, der als Kruste in den Weinfässern sich absetzt und grosse farblose Krystalle bildet, die sich in Wasser leicht lösen. Man benutzt die Weinsäure namentlich in der Wollfärberei als Zusatz zum Beizbad meist in Verbindung mit doppeltchromsaurem Kali, ferner mit Alaun, Zinnchlorür u. s. w. In der Seidenfärberei wird die Säure zum Schönen gebraucht. Weinsäure kann durch Kalk, Schwefelsäure und durch einige Metallsalze verunreinigt sein. Statt Weinsäure gebraucht man zuweilen Oxalsäure.

Saures weinsteinsaures Kali, saures Kaliumtartrat, $C_4H_4O_4(OH)(OK)$, Cremortartari, im Handel als roher roter oder weisser **Weinstein,** je nach dem Weine, von welchem er sich

abgesetzt hat. Als gereinigter Weinstein kommt er in Krystallform oder gepulvert vor. Dient ebenso wie Weinsäure in der
Wollfärberei als Zusatz zu Beizbädern. Die Anwendung ist eine
grössere als die der Weinsäure.

Weinstein kann auch zum Schönen dienen, um den Glanz
und die Fülle der Farben zu heben. Als „Weinsteinersatz" werden
auch viele Geheimmittel angepriesen, die jedoch meistens aus einer
Mischung von Oxalsäure, Kochsalz, Alaun, schwefelsaurem Natron,
Magnesia u. a. m. bestehen und mehr oder weniger wertlos sind.

Wenn nur die sauren Eigenschaften der Beize zur Geltung
kommen, so können mit Vorteil andere saure Salze für Weinstein
eintreten. So gebraucht man sehr häufig unten dem Namen
Weinsteinersatz, Weinsteinpräparat, das saure-schwefelsaure
Natron, $NaHSO_4$.

Mit Weinstein wird allgemein so gebeizt, dass man auf
3 % chromsaures Kali $2^{1}/_{2}$ % Weinstein verwendet, bei mittlerer
Temperatur ins Bad eingeht, zum Kochen bringt und eime Stunde
lang kocht. Die Menge chromsaures Kali richtet sich natürlich
nach der Tiefe der gewünschten Farbe.

Oxalsäure, $C_2H_2O_4 + 2H_2O$, auch **Zuckersäure** genannt,
da man sie früher aus Melasse darstellte oder **Kleesäure,** weil
sie in einigen Kleearten enthalten ist. Sie bildet farblose Krystalle,
die sich in 15 Teilen Wasser lösen. Man stellt sie durch Schmelzen
von Sägespänen mit Alkalien dar und benutzt sie statt Weinsäure; auf 3 % chromsaures Kali braucht man 1—2 % Oxalsäure.

Milchsäure, $C_3H_6O_3$, wird seit wenigen Jahren für technische Zwecke im Grossen dargestellt und fiudet sowohl als Wollbeize wie als Lösungsmittel für Farbstoffe Anwendung. Erhalten
wird sie durch Verwandlung von Stärke in Zucker und weitere
Milchsäuregährung des Zuckers. Das Handelsprodukt hat einen
sehr verschiedenen Gehalt an Milchsäure 25—70 %. Es ist eine
dünnflüssige bis syrupdicke Flüssigkeit von hellgelber bis dunkelbrauner Farbe (sp. G. 1,067—1,205). Schlechte Sorten enthalten oft
freie Schwefelsäure bis 5 %; alle enthalten mehr oder weniger
Zucker, Dextrin oder Stärke. Als beste Chrombeize mit Milchsäure
für Wolle wurde vom Farbwerk Meister Lucius und Brüning in
Höchst vorgeschlagen auf 2 % chromsaures Kali 3 % Milchsäure
(50 %tig) und 1 % Schwefelsäure von 60° Bé anzuwenden. Man
geht bei 70° ins Bad, zieht eine halbe Stunde um und kocht dann
eine Stunde lang. Milchsäure hat den Vorteil, dass sie das Chrom
vollkommen aus dem Bad, welches wasserklar wird, auf die Faser

bringt. Als Nachteil machte sich bemerkbar zu schnelles Aufziehen der Beize und deshalb streifige Färbung. Vorteilhaft ist die grössere Billigkeit; um den Nachteil der streifigen Färbung zu vermeiden, ist von Dreher mit 1,5 % chromsaurem Kali 8 % Milchsäure und 1 % Ammoniumsulfat zu arbeiten vorgeschlagen worden. Die Firma Böhringer, Hauptfabrikantin der Milchsäure in Deutschland, hat zu diesem Zweck ein Salz der Milchsäure, bestehend aus 1 Molecül Milchsäure und 1 Molecül milchsaurem Kali unter dem Namen **Lactolin** in den Handel gebracht. Man arbeitet z. B. mit 2 % chromsaurem Kali und 4 % Lactolin wie mit Milchsäure, es gehen dann 80 % Chrom auf die Faser; alles Chrom wird ausgezogen, wenn man mit 1 1/2 % chromsaurem Kali, 3 % Lactolin und 1 % Schwefelsäure arbeitet.

Egalisol ist eine Wollbeize von Eberle & Cie in Stuttgart, es ist das saure Natriumsalz der Borylschwefelsäure. Es kommt in Krystallen in den Handel und scheint gute Resultate zu geben und Weinstein in vielen Fällen ersetzen zu können. Für mittlere Nüancen verwendet man auf 3 % chromsaures Kali 2 1/2 % Egalisol und siedet 2—2 1/2 Stunden an.

Lignorosin ist gereinigte Sulfit-Zellstoffablauge der Cellulosefabriken. Seidel ist die Verwendung derselben als Wollbeize patentiert worden, (D. R. P. 99 682) und wird von Kalle & Cie in den Handel gebracht. Dieselbe stellt eine braune dickflüssige Masse vor, welche Kalk und Schwefel in gebundenen Zustande enthält; sie hat stark reducierende Eigenschaften, auf welchen ihre Anwendung als Beize beruht. Auf 1,25 % chromsaures Kali werden 2.7 % Lignorosin und 0,66 % Schwefelsäure genommen. Auch diese Beize wird in vielen Fällen sehr brauchbare Resultate liefern.

Chromfixateur, Flickolin, Chromreducteur, Egalin enthalten zum Teil obige Beizen, zum Teil wertlose Bestandteile und haben keine Bedeutung. Als weitere organische Säure, welche aber nicht wegen der reducierenden, sondern wegen schwach saurer Eigenschaften Verwendung findet, wo stärkere Säuren, wie Schwefelsäure, schaden, ist wichtig die:

Essigsäure, $C_2 H_4 O_2$, wird durch Destillation von Holz oder Oxydation alkoholischer Flüssigkeiten erhalten. Sie ist eine farblose, zuweilen auch schwachgelblich gefärbte Flüssigkeit von stechendem Geruche. Im verdünnten und weniger reinen Zustand nennt man sie einfach Essig oder Holzessig. Letzterer ist sehr stark verunreinigt und erscheint infolge vieler in ihm enthaltener teeriger Bestandteile dunkelbraun gefärbt. Essigsäure wird meist

6—7° Bé stark, mit einem Gehalt von 30—50% Essigsäure verwendet und dient als Lösungsmittel für Farbstoffe, zum Neutralisieren
kalkhaltigen Wassers u. s. w. Der Holzessig hat im Handel
meistens 2—3° Bé entsprechend 6—8% Holzessigsäure. Man verwendet ihn bei Herstellung von braunen und schwarzen Farben
auf Baumwolle, bei welchen die Verunreinigungen nicht schaden.

Prozentgehalt der wässerigen Essigsäure bei 15° C. (Nach Oudemanns).

Spec. Gew.	Proz. Essigs.	Spec. Gew.	Proz. Essigs.	Spec. Gew.	Proz. Essigs.	
0,9992	0	1,0459	34	1.0725	68	Allen Dichtigkeiten über
1,0022	2	1,0481	36	1,0733	70	1,0553 entsprechen zwei Lö-
1,0052	4	1.0502	38	1,0740	72	sungen z. B. 65% und 90%.
1 0083	6	1.0532	40	1,0744	74	Um zu erfahren, ob man eine
1,0113	8	1,0543	42	1,0747	76	Mischung hat, die reicher ist
1,0142	10	1 0562	44	1,0748	78	als 78% genügt es mit wenig
1,0171	12	1,0580	46	1,0748	80	Wasser zu verdünnen, so muss
1,0200	14	1 0598	48	1,0746	82	das spezifische Gewicht zu-
1,0228	16	1.0615	50	1,0742	84	nehmen. Das Gegenteil ist der
1,0256	18	1.0631	52	1,0736	86	Fall, wenn das spezifische
1,0284	20	1.0646	54	1,0726	88	Gewicht der betreffenden
1,0311	22	1.0660	56	1,0713	90	Mischung unter 78% beträgt.
1,0337	24	1.0673	58	1.0696	92	
1,0363	26	1,0685	60	1.0674	94	
1,0388	28	1,0697	62	1,0644	96	
1,0412	30	1,0707	64	1.0604	98	
1,0436	32	1,0717	66	1.0553	100	

Essigsaures Natron, Natriumacetat, $Na(C_2H_3O_2) + 3H_2O$,
durch Neutralisieren von Essigsäure mit Natronlauge gewonnen.
Unter dem Namen Rotsalz vielfach in der Druckerei, wie das nachfolgende Salz verwendet.

Essigsaurer Kalk, $Ca(C_2H_3O_2)_2 + 2H_2O$, dargestellt durch
Auflösen von Kreide in Essigsäure. Das im Handel vorkommende
Salz enthält 90% essigsauren Kalk. Auch holzessigsaurer Kalk
wird vielfach verwendet. Man gebraucht die Salze als Zusatz zum
Farbbade beim Färben mit Alizarin, Blauholz u. s. w., wenn das
Wasser nicht schon natürlichen Kalk enthält. Dient auch viel
zum Darstellen anderer essigsaurer Beizen.

Schwefelsäure (s. S. 18.)

Schwefelsaures Natron, Natriumsulfat, Glaubersalz, Na_2SO_4
$+ 10H_2O$ wird in den Sodafabriken aus Kochsalz und Schwefelsäure
hergestellt. Glaubersalz findet eine sehr weit verbreitete Verwendung als Zusatz zum Färbebad beim Färben der Baumwolle

mit direkten Farbstoffen und beim Färben der Wolle mit sauren Farbstoffen; ist ferner auch wichtig beim Nachnüancieren sauer gefärbter Wolle mit basichen Farbstoffen.

Der Glaubersalzzusatz erhöht den Siedepunkt des Farbbades, die Kochtemperatur ihrerseits beeinflusst die Nüance, mit der der Farbstoff aufzieht. — Beim Färben der Baumwolle übt das gelöste Glaubersalz den Einfluss aus, dass die ebenfalls gelösten Salzfarben nicht so leicht in Lösung bleiben und eher auf die Faser gehen als wenn sie in reinem Wasser gelöst wären. Hier kann Kochsalz ganz die gleiche Rolle spielen wie Glaubersalz.

Beim Wollfärben in saurem Bade bewirkt Säurezusatz ein leichtes Aufgehen des sauren Farbstoffes auf die Wolle Durch Zugabe von Glaubersalz wird ein Teil Schwefelsäure in Natriumbisulfat verwandelt: $Na_2 SO_4 + H_2 SO_4 = 2 Na H SO_4$. Diese nun im Färbebade vorhandene geringere Menge Säure bewirkt entsprechend langsameres Aufgehen des Farbstoffes auf die Wollfaser und gleichmässigeres Durchfärben. Soll nun die Färbung eventuell mit einem basischen Farbstoff nachnüanciert werden, so tritt dies Verhalten des Farbstoffes gegenüber dem sauren Bade hier noch mehr hervor und erst nach dem Abstumpfen der Säure durch Glaubersalz färbt der basische Farbstoff wie z. B. Fuchsin gut auf. Endlich Farbhölzer oder Beizfarbstoffe in Paste, die nur schwer in Wasser sich lösen und dem entsprechend langsam färben, können um dieses hier nötige langsame Färben zu begünstigen, einen Zusatz von Glaubersalz zum Farbbade erhalten, was dem Farbstoff das vom Wasser Gelöstwerden erschwert und das Auffärben verlangsamt.

Chlornatrium, Kochsalz, Steinsalz, Na Cl, wird aus Meerwasser, Solquellen oder Steinsalzbergwerken gewonnen. 100 Teile Wasser lösen 26 Teile Salz. Es dient zum Aussalzen bei der Herstellung von Türkischrot-Öl und der vieler Farbstoffe. Dem Farbbade zugesetzt, bewirkt dasselbe ein langsameres Auffärben des Farbstoffes auf die Faser. Man gebraucht das denaturierte Salz. Zum Denaturieren werden verschiedene Mittel dem Salze zugefügt, wie Farbstoffe, schwefelsaures Kupfer, Seifenpulver, schwefelsaures Eisen, Pyridinbasen u. a. m.

Bastseife. Durch Kochen mit Marseillerseife wird in der Seidenfärberei der Bast, mit welcher die rohe Seide umgeben ist, gelöst. Die erhaltene Flüssigkeit, Bastseife genannt, dient beim Färben der Seide in gleicher Weise wie Glaubersalz in der Wollfärberei. Sie bewirkt in genügender, nicht zu reichlicher Menge angewendet, ein langsameres und gleichmässigeres Aufziehen des

Farbstoffes auf der Seide. Die Seifen-Lösung erhält zugleich den
Glanz der Seide. Wird jedoch ein grösserer Überschuss von Bastseife benutzt, so geht der Glanz verloren und ein Farbstoff-Verlust kann eintreten. In Ermangelung von Bastseife kann man
eine Lösung verwenden, die in 1 l 20 gr Seife, 5 gr. Gelatine und
25 ccm Essigsäure enthält.

Ammoniak, Salmiakgeist, Aetzammoniak $(NH_4)OH$. Eine
klare, farblose, alkalische Flüssigkeit von stechendem Geruche.
Wird bei der Destillation des Ammoniakwassers, eines Neben-
produkts der Gasfabrikation, gewonnen. Ist auch überall vorhanden,
wo stickstoffhaltige organische Substanzen in Zersetzung sich befinden. Die Flüssigkeit muss stets an kühlem Orte aufgehoben
werden, frei von Schwefelwasserstoff, Kohlensäure und Chlor sein.
Wird sehr viel gebraucht beim Waschen der Wolle in Verbindung
mit Seife und Soda, in der Färberei zur Herstellung der Ammoniak-
Cochenille u. s. w. Der gewöhnliche Salmiakgeist hat 24—25° Bé.
oder einen Gehalt von 25 %

Prozentgehalt des Salmiakgeists bei 14° C.
(Nach Carius).

Spec. Gew.	Prozent Ammoniak.	Spec. Gew.	Prozent Ammoniak.
0,8844	36	0,9520	12
0,8885	34	0,9593	10
0,8976	30	0 9631	9
0.9026	28	0,9670	8
0,9078	26	0,9709	7
0,9133	24	0,9749	6
0.9191	22	0,9790	5
0,9251	20	0,9831	4
0,9314	18	0,9873	3
0,9380	16	0 9915	2
0,9449	14	0,9959	1

Gefaulter Harn oder Urin. Eine saure Flüssigkeit, bestehend aus Harnstoff, Harnsäure, Kreatin, Farbstoffen und Wasser.
An der Luft tritt durch Gährung eine Zersetzung ein. Der Harn
wird ammoniakalisch und bildet nun eine weingelbe klare Flüssigkeit, welche in diesem Zustande zum Reinigen der Schweisswolle
oder zum Ansetzen der Urin-Küpe dient. Das sich entwickelnde
Ammoniak bildet bei der Wollwäsche mit den fettartigen Bestandteilen
eine seifenartige Flüssigkeit. Nur der menschliche Harn kann benutzt
werden. Urin findet jedoch immer weniger Verwendung und wird
vielfach durch Ammoniak, kohlensaures Ammoniak oder Soda ersetzt.

Farbstoffe.

Je nach den Gesichtspunkten, von denen man ausgeht, kann man die Farbstoffe auf verschiedene Art in Klassen ordnen.

Ein Mal lassen sich die Farbstoffe einteilen in substantive, welche eine Faser ohne weitere Beihilfe und Vorbereitungen, also direkt färben, und adjektive Farben, welche einer Beize zum Färben bedürfen. Nach dieser Einteilungsweise von Bancroft werden zu den substantiven Farben gezählt: Saflor, Curcuma, Orleans und die Mineralfarben, zu den adjektiven: Krapp, Cochenille, die Farbhölzer u. s. w. Der Begriff „substantiv" ist insofern ein relativer als ein Farbstoff für eine Gespinnstfaserart substantiv färbend sein kann, für eine andere nicht wie dies bei der allgemeinen Besprechung der Beizen (s. d.) ausgeführt wurde.

Bezeichnender ist die Gliederung der Farbstoffe in zwei grosse Klassen, in monogenetische und polygenetische Farbstoffe, wie sie Hummel vornimmt. Mit den monogenetischen Farbstoffen lassen sich höchstens verschiedene Abstufungen von ein und derselben Farbe hervorbringen. Es gehören hierhin: Fuchsin, Methylgrün, Pikrinsäure, Orseille, Indigo u. s. w. Es sind gefärbte Körper oder Körperfarben, bei denen die Farbe vollständig entwickelt ist. Die polygenetischen Farbstoffe sind dagegen als färbende Grundstoffe zu betrachten, welche fähig sind, mehrere verschieden gefärbte Körper hervorzubringen, je nachdem man beizt. Hierzu zählen Alizarin, Galleïn, Blauholz u. s. w. Die Grenzen der beiden Klassen können nicht scharf festgesetzt werden. Einige Farbstoffe, wie das Alizarinblau und Cöruleïn vereinigen die Eigenschaften von färbenden Grundstoffen und wahren Körperfarben.

Nach der Herkunft unterscheidet man natürliche und künstliche Farbstoffe. Die natürlichen Farbstoffe, die jetzt in vie geringerem Maasse wie früher verwendet werden, sind teils anorganischen, teils tierischen oder pflanzlichen Ursprungs. Charakteristisch für die anorganischen Farbstoffe ist, dass sie erst auf der Faser hergestellt werden. Ihre Zahl ist äusserst gering. Es sind Chromgelb, Berlinerblau, Rostgelb und Manganbraun. Von den dem Tierreich entlehnten Farbstoffen wird nur noch Cochenille gebraucht.

Ein grösserer Teil der natürlichen Farbstoffe entstammt dem Pflanzenreiche. Der Farbstoff ist entweder in Teilen der Pflanzen, die über der Erde hervorragen, in den Blüten, Blättern und Stengeln (Indigo), in den Rinden (Querzitron), im Holze (Blauholz, Gelbholz), oder in den Wurzeln (Krapp, Curcuma) enthalten. Die natürlichen Farbstoffe zeigen zum grössten Teil den Charakter schwacher Säuren und sind deshalb in ihrem Verhalten gegen die Faser wie schwachsaure Farbstoffe zu betrachten und sind sie meist Beizfarbstoffe. In den Pflanzen sind sie gewöhnlich als Glycoside enthalten und spalten sich bei Behandlung mit verdünnten Säuren in Zuckerarten und in die Farbstoffkörper. Die Pflanzenfarbstoffe werden fast sämtlich an feuchter Luft unter dem Einfluss des Sonnenlichts zersetzt, oder wie man sagt, sie verschiessen.

Die Farbstoffe werden aus den Pflanzenteilen durch geeignete Behandlung, besonders durch Gährung erhalten. Sie färben mit Ausnahme von Curcuma, Safflor und Orleans nicht direkt die Faser, sondern bedürfen zu dauerhaften Färbungen der Mithilfe von Beizen. Der Farblack ist in der Farbe verschieden, je nach der angewandten Beize.

Die künstlichen Farbstoffe oder Teerfarben haben im Laufe der letzten Jahrzehnte solche Bedeutung erlangt, dass die natürlichen Farbstoffe dagegen fast verschwinden. Seit der Indigo fabrikmässig durch chemischen Aufbau dargestellt wird, lässt sich die Unterscheidung zwischen künstlichen und natürlichen Farbstoffen kaum mehr halten. Es ist zu hoffen, dass mit der Zeit auch alle andern natürlichen Farbstoffe erkannt und durch chemischen Prozess müheloser als aus den in der Natur vorkommenden Produkten gewonnen werden.

Die Ausgangsprodukte für die Farben-Industrie sind bekanntlich die bei der Destillation von Steinkohlenteer in flüssiger und fester Form gewonnenen Kohlenwasserstoffe, wie Benzol, Toluol, Phenol, Naphtalin und Anthracen. Wie diese farblosen Kohlenwasserstoffe in Farbstoffe übergehen, hat zuerst O. N. Witt aufgeklärt. Er stellt eine Reihe chromophore (farbentragende) Gruppen auf, welche durch ihr Eintreten in den farblosen Kohlenwasserstoff die Muttersubstanz des Farbstoffes, das Chromogen erzeugen. Die Chromogene (Farbenerzeuger) werden zu Farbstoffen, wenn eine salzbildende auxochrome Gruppe hinzutritt. Letztere verleiht dem Körper zugleich einen ausgesprochenen basischen oder sauren Charakter. So haben z. B. die Nitrofarbstoffe die Gruppe NO_2, die Azofarbstoffe die Gruppe N_2, die Anthracenfarbstoffe die Gruppe $< {CO \atop CO} >$ als chromophore Gruppe. Tritt zu den Chromogenen die salzbildende Amidogruppe (NH_2) oder die Hydroxylgruppe (O H), so erhalten wir in dem einen Falle einen basischen, in dem anderen einen sauren Farbstoff. Die Färbekraft wird erhöht durch Eintritt von mehreren chromophoren Gruppen oder mehreren salzbildenden Gruppen.

Es ergiebt sich auch noch eine weitere Einteilung aller Farbstoffe, welche auf der chemischen Konstitution derselben beruht. Je nachdem wie weit man in dieser Gliederung geht, kann man in mehr oder weniger zahlreiche Klassen einteilen: Nitrokörper, Azofarbstoffe, Anthracenderivate, die Triphenylmethan-Farbstoffe, Chinonoxime und Chinonimidderivate, Chinolin und Acridinderivate, Oxyketone, Xanthone, Flavone und Cumarine, ferner Thiazol und Schwefelfarben, endlich Indigo und Anilinschwarz, sowie Farbstoffe unbekannter Konstitution. Diese Hauptgruppen müssen dann wieder in Untergruppen geschieden werden; in diesen dann wieder verwandte Farbstoffe in Gruppen nebeneinander gereiht sein.

Eine derartige Betrachtung liegt aber ausserhalb des Rahmens dieses Buches und ist darüber das Wissenswerte aus Büchern, wie: Nietzki, Chemie der organischen Farbstoffe; Georgievics, Lehrbuch der Farbenchemie; Schultz und Julius, Tabellarische Uebersicht der künstlichen organischen Farbstoffe u. a. m. zu entnehmen.

Es wird im folgenden auch die Einteilung der Farbstoffe nach Farben entsprechend der letzten Auflage beibehalten werden. Innerhalb dieser Gruppierung werden dann wiederum zunächst die in der Natur vorkommenden und dann die künstlichen Farbstoffe besprochen werden.

Da das Buch hauptsächlich dem praktischen Standpunkt sich unterordnet, so werden dann die künstlichen Farbstoffe nicht nach chemischen Gruppen, sondern in saure, basische, Beiz-Farbstoffe und direkte Baumwoll-Farbstoffe entsprechend der auf diesem

Charakter beruhenden verschiedenen Verwendung für die verschiedenen Gespinnstfasern eingeteilt werden.

Die sauren Farbstoffe erhalten ihre saure Natur meist durch
eine Sulfogruppe SO_3H; dass dieselben sauren Eigenschaften aber
auch auf andere Weise hervorgerufen werden können, zeigen die
sauren Nitrofarbstoffe. Saure Farbstoffe sind dadurch charakterisiert.
dass sie durch Tannin nicht gefällt werden und Wolle und Seide
direkt 'aus saurer Flotte anfärben; Beispiele sind: Säurefuchsin,
Patentblau, Säureviolet, Azocarmin, die verschiedenen Ponceau und
Bordeaux, Orange G, Naphtolgelb S, u. s. w.

Basische Farbstoffe sind salzsaure, schwefelsaure, salpetersaure etc. Salze basischer Körper, welche aus den verschiedensten chemischen Klassen herstammen können. Beispiele
sind Indulin, Safranin, Acridingelb. Fuchsin, Auramin, Rhodamin,
Methylenblau u. a. Basische Farbstoffe werden aus ihren
Lösungen durch Tannin gefällt. Sie färben Wolle und Seide in
neutralem Bade, Baumwolle nur auf Tanninbeize.

Beizfarbstoffe sind solche Farbstoffe, welche nur mit Hülfe
von Beizen auf der Faser befestigt werden können, wie dies schon
bei Besprechung der Beizen des näheren auseinander gesetzt wurde.
Solche Farbstoffe sind die freien Säuren, Natronsalze oder Bisulfitverbindungen, besonders von Alizarinen, ferner gewisser Phtaleïne,
sowie von Nitrosoverbindungen und etlicher Azofarbstoffe und
Oxyketone, z. B. Alizarinrot, Alizarinorange, Alizarincyanin.
Anthracenblau; Gallein, Coeruleïn, Elsasser Grün; Beizengelb O,
Chromotrope, ferner Alizaringelb und Galloflavin.

Die direkten Baumwollfarbstoffe, auch Salzfarben genannt, weil sie mit Zusatz von Salz zum Farbbade gefärbt werden,
haben die Eigenschaft ohne Beize Baumwolle direkt anzufärben.
Meist sind es Natronsalze von Sulfosäuren gewisser Azokörper,
welche mit Hülfe von Benzidin, Tolidin oder Dianisidin u. a. m.
erhalten werden, andere sind Thiazolkörper und daraus hergestellte
Azofarbstoffe, endlich gehören noch einige andere wie Bismarkbraun
und Chrysoidin hierher. Beispiele sind: Congorot, die Diaminfarben,
Benzopurpurine und Deltapurpurine; Primulin und Erika. Es gehören
ferner hierher die auf der Faser selbst erzeugten Azofarbstoffe,
für welche das Paranitranilinrot ein typisches Beispiel bildet.
Gewissermaassen sind diesen nahestehend die Farben, welche erst
auf der Faser entwickelt werden, sei es um eine grössere Waschechtheit, sei es um eine brauchbare Nuance zu erhalten, wie:

Sambesi-blau, -braun und -schwarz, Columbiabraun, Nyanza-schwarz und viele andere.

Die meisten Teerfarbstoffe sind im Wasser löslich. Nur wenige Farbstoffe, deren Zahl abnimmt, kommen als spritlösliche Farbstoffe in den Handel. Ein Teil der wasserlöslichen Farbstoffe ist auch in Alkohol löslich. Es sind die basischen Farbstoffe sowie die Eosinfarbstoffe aus der Gruppe der sauren Farbstoffe. Das Lösen muss sorgfältig vorgenommen werden, denn ungelöste Farbteile bringen auf der Ware Streifen und Flecken hervor. Die meisten Farbstoffe lösen sich besser in heissem Wasser wie in kaltem und zwar ist eine Wärme von 80° C. am geeignetsten. Man verwerde stets frische Farblösungen, hergestellt durch Ueber-giessen des gepulverten Farbstoffes mit entsprechend heissem Wasser, tüchtiges Umrühren und Durchgiessen durch ein Haarsieb oder ein Stück Baumwollzeug. Bei einigen schwerlöslichen Farbstoffen muss ein wiederholtes Aufgiessen von kochendem Wasser vorgenommen werden. Beim längeren Stehen von Farbstofflösungen scheiden sich krystallinische Niederschläge ab. Insbesondere thun dies Fuchsin, Auramin, Naphtolgelb. In solchem Falle muss die Lösung vor dem Gebrauch angewärmt werden. Die spritlös-lichen Farbstoffe bedürfen Alkohol zur Lösung. Das Lösen ge-schieht oft in einem geschlossenen Gefässe, in dem sogenannten Papinschen Topfe. Beim Lösen der Farben in Wasser ist der Kalkgehalt zu beachten. Der Kalk des Wassers scheidet die Farbstoffe in unlöslichen Klumpen aus, welche Flecken auf der Ware verursachen sowie einen Mehrverbrauch an Farbstoff herbei-führen. So wirkt derselbe namentlich schädlich beim Färben mit Fuchsin, Methylviolett, Victoriablau, Brillantgrün. Beim Lösen von basischen Farbstoffen setzt man deshalb dem Wasser etwas Essigsäure zu, beim Lösen der sauren Farbstoffe etwas Soda.

Rote Farbstoffe.

I. Natürliche rote Farbstoffe.

Rotholz. Unter dem Namen Rotholz oder Brasilienholz fasst man das Kernholz verschiedener rotgefärbter Hölzer der Gattung Caesalpina zusammen. Das Rotholz wird in Süd-Amerika, Ost- und West-Indien gewonnen und gelangt teils in grossen Blöcken, teils in länglichen Stücken gespalten, in den Handel. Der Färber erhält es meistens geraspelt, gemahlen oder als Extrakt und zwar als syrupdicke Flüssigkeit von 30° Bé oder als festen Extrakt. Der Extrakt besitzt die fünffache Färbekraft des Holzes. Weil er jedoch häufig der Verfälschung mit anderen roten Farbstoffen ausgesetzt ist, giebt man den anderen Formen den Vorzug. Die beste Rotholzsorte ist Fernambuko- oder Brasilienholz. Unter demselben Namen werden auch viele andere Sorten verkauft wie das Bahiarotholz. Costaricaholz und Sapanholz, fälschlich Japan- holz, stammt aus Ceylon und Siam und kommt an Güte dem Brasilienholz nicht nach.

Gutes Rotholz ist hart und schwer, so dass es im Wasser untersinkt und besitzt einen süsslichen Geschmack. Als färbenden Bestandteil enthält es das Brasilin, welches durch Oxydation erst in den eigentlichen Farbstoff, Brasilëin, übergeht; letzteres ist vielleicht ein Xanthonderivat, was noch nicht feststeht. Wie Blauholz nimmt es daher an Färbekraft zu, wenn es in geraspeltem Zustande längere Zeit einer Gärung unterworfen wird. Rotholz giebt an kaltes Wasser wenig an gekochtes Wasser bedeutend mehr Farbstoff ab. Die Abkochung ist lebhaft hellrot, durch Zusatz von Säuren wird sie gelb durch Alkalien blau bis purpur- rot. Mit Thonerde gebeizte Stoffe werden rot bis rosarot gefärbt, Chromoxyd giebt eine braunolive und Eisenoxyd eine grauviolette bis schwarze Farbe. Alle erzeugten Farben sind jedoch gegen Licht,

Luft und gegen Waschen unecht. Man verwendet es gegenwärtig hauptsächlich zum Abtönen anderer Farben, etwas auch im Kattundruck.

Besonders wird es noch in der Baumwollfärberei gebraucht. Man erhält die dauerhaftesten Färbungen beim vorherigen Beizen der Faser mit Gerbstoff. Dieser Beize folgt dann eine kalte Lösung von schwefelsaurer Thonerde und dann das Ausfärben im frischen Bade bei nicht zu hoher Temperatur. Mit schwefelsaurer Thonerde und Zinnsalz erhält man eine rosarote Farbe und, setzt man dem Ausfärbebad noch einen gelben Farbstoff z. B. Gelbholz zu, ein Scharlachrot. Mit Thonerde und Eisenbeize und nachherigem Zusatz einer geringen Menge Blauholz zum Färbebade erhält man Dunkelpurpurrot. Die erhaltenen Färbungen sind wenig echt aber billig.

Sandelholz, Santelholz. Die beste Sorte führt den Namen Kaliaturholz. Das Holz stammt vom Sandelbaume, der auf Ceylon und Ost-Indien wächst. Meistens wird die gemahlene Form verwendet. (Flugsandel.) Der Farbstoff des Holzes ist das Santalin, welches durch Alkalien oder Alkohol ausgezogen wird und zu 16—17% darin enthalten ist.

Das Sandelholz giebt im allgemeinen echtere Färbungen als Rotholz und wird fast nur zum Färben loser Wolle und Wollzeuge angewandt. In der Wollfärberei benutzt man als Beize Alaun oder schwefelsaure Thonerde und Weinstein und färbt in besonderem Bade aus. Lebhaftere, vollere und gleichmässige Töne soll man durch umgekehrtes Verfahren erhalten, also erst ausfärben und dann in besonderem Bade mit Thonerde beizen. Auch kann man mit doppeltchromsaurem Kali vorbeizen oder, wenn man vorher ohne Beize gefärbt, abdunkeln. Man erhält in letzterem Falle einen bräunlich roten Ton, tiefer und blauer als die Farbtöne, erhalten durch getrenntes Beizen und Ausfärben. Früher verwandte man es in Verbindung mit Sumach oder Galläpfel für braune, mit Galläpfel, Gelbholz und Krapp für hell- und dunkel-braune Farben.

Camholz, Gabanholz, Barwood oder Camwood. Dies Holz gleicht in den Eigenschaften dem Sandelholz, stammt aber von einem anderen Baume aus Sierra-Leone und Berbice.

In wenigen Wollfärbereien kann man noch Sandelholz in Anwendung finden, meist ist es durch die bequemeren Tuchrot's und Ponceau's verdrängt worden.

Krapp. Krapp oder Färberöte ist die getrocknete Wurzel von Rubia tinctorum und anderer Arten. Die Pflanzen wurden früher in Holland, Frankreich, Elsass, Ungarn, Bayern, Schlesien stark gebaut, gegenwärtig hat der Anbau in den meisten Ländern fast gänzlich aufgehört, hervorgerufen durch die künstliche Herstellung des im Krapp enthaltenen Farbstoffes, des Alizarins.

Zwei bis drei Jahre alte Wurzeln werden ihres reicheren Farbstoffgehaltes wegen den jüngeren vorgezogen. Früher wurde der Krapp in grossem Massstabe für die Türkischrot-Färberei der Baumwolle und Wolle verwendet, heute findet er nur noch beschränkte Anwendung in der Wollfärberei, in beiden Fällen durch Alizarin verdrängt. Auch die aus dem Krapp dargestellten Extrakte, wie Fleurs de garance oder Krappblumen, ferner Garancine, Garanceux, (schwächeres Garancine) und Alizarine tinctoriale (konzentriertes Garancine) werden kaum noch angewandt. In der Wollfärberei färbt man in einem Bade mit doppeltchromsaurem Kali als Beize. Geschieht das Beizen und Färben getrennt, so werden die Farben nicht so dunkel. In letzterem Falle kann man auch Alaun oder schwefelsaure Thonerde und Weinstein zum Ansieden anwenden. Man erhält dann einen rötlich-braunen Ton. Wird gegen Ende des Ausfärbens Zinnchlorür zugesetzt, so erzielt man ein Scharlach; man kann auch gleich von vornherein mit Zinnchlorür und Weinstein ansieden. Die mit Krapp erzielte Farbe ist eine der echtesten in Bezug auf Licht, Feuchtigkeit und Luft, die auch Säuren und Alkalien widersteht. Man erhält indessen mit Alizarin dieselben echten Töne auf eine einfachere und billigere Weise.

Welch grosse Bedeutung der Krapp früher für viele Länder vom nationalökonomischen Standpunkte besessen, geht daraus hervor, dass die jährliche Krappproduktion 70 Millionen Mark ungefähr repräsentierte. Die färbende Eigenschaft des Krapp war schon im grauen Altertum bekannt. Erst diesem Jahrhundert war es vorbehalten zu erforschen, dass Ruberythrinsäure der färbende Bestandteil desselben sei und diese sich in eine Zuckerart und Alizarin spalte. Es gelang, das Alizarin als Anthracenderivat zu bestimmen, und Graebe und Liebermann führten dann 1868 den Aufbau des Alizarins aus dem Theerdestillationsprodukt Anthracen aus, wie dies in veränderter Weise heute im Grossen bei der Alizarinfabrikation angewandt wird.

Cochenille. Unter diesem Namen kommen die getrockneten Insekten der Nopal-Schildlaus, Coccus cacti, von der Grösse und Gestalt einer Wanze in den Handel. Aeusserlich sind sie grau, innen blutrot beim Zerreiben erhält man ein bläulichrotes Pulver.

Das Insekt wird in eigens dazu bestimmten Plantagen in Mexiko, Peru, Brasilien und Java gezüchtet. Nur die ungeflügelten Weibchen werden eingesammelt und durch siedendes Wasser oder durch Dörren auf Eisenblechen getötet. Die färbende Eigenschaft ist dem Gehalt an Carminsäure zuzuschreiben, welche bis zu 15% darin enthalten ist. Cochenilleabkochung wird durch Alkalien violett, durch Säuren rotgelb gefärbt, Alaun verändert die Farbe ins Purpurrote, Zinnchlorid ins Scharlachrote, Zinnchlorür giebt einen violetten Niederschlag. Die Cochenille wird häufig dadurch verfälscht, dass schon mit Wasser ausgezogene Cochenille mit Gyps oder Kalkpulver oder auch mit schwefelsaurem Baryt bestreut, zugesetzt wird. In feuchter Luft nimmt die Cochenille bis 12% Wasser auf. Zum Gebrauche wird die Cochenille vorher in einer Mühle gemahlen.

Mischt man gepulverte Cochenille mit der dreifachen Menge Ammoniak und dampft dann nach vierwöchentlichem Stehen dieses Gemisch mit einem Zusatz von Alaun ein, so erhält man eine teigartige Masse, genannt Ammoniak-Cochenille. Dies Produkt ist bei weitem ausgiebiger als Cochenille und ruft einen lebhafteren Farbton hervor.

Cochenille dient zur Erzeugung blauroter (carmoisin) und gelbroter (scharlach) Töne auf Wolle. In der Baumwollfärberei findet sie keine Anwendung, nur selten in der Seidenfärberei. In der Wollfärberei wird sie neuerdings stark durch die Azofarben wie den Ponceau's verdrängt, da diese leichter und billiger aufzufärben sind.

Zur Erzielung blauroter Töne auf Wolle beizt man mit schwefelsaurer Thonerde und Weinstein. Wendet man statt Weinstein Oxalsäure an, so kann das Beizen und Färben in einem Bade vorgenommen werden. Zum Abtönen wird gegen Ende des Ausfärbens eine geringe Menge Soda oder Ammoniak oder auch Orseille zugesetzt.

Um gelbrote Töne zu erhalten, beizt man mit Zinnchlorür und Weinstein und färbt in besonderem Bade aus oder man beizt mit Zinnsalz und Oxalsäure und färbt in demselben Bade aus. Man wendet in der Praxis die Einbad-Methode an, weil hierbei ein lebhafteres Scharlach erzeugt wird. Statt reines Zinnsalz nimmt man meistens Zinnchlorür und Zinnchlorid zusammen in Form der sogenannten Zinnlösung. Zum Abtönen setzt man dem Farbbade eine kleine Menge irgend eines Farbstoffes wie Flavin oder Fisettholz zu. Die Cochenillefärbung ist lichtecht und kann auch mässiges Walken ertragen. Beim Waschen nimmt sie eine mattere Farbe an, doch kann dieselbe durch Spülen der Ware in mit Essigsäure angesäuertem Wasser wieder lebhaft gemacht werden. Cochenillerot wird noch viel für Rot bei Militärtuchen verwendet für Kragen und Aufschläge der Uniformen.

Lak-dye, Färbelack. Dieser Farbstoff ist der Cochenille sehr ähnlich und wird aus dem Stock- oder Körnerlack mittelst kohlensaurem Natron gewonnen. Der Stocklack ist ein Harz mit 10% Farbstoff und 68% Harz, welches durch den Stich der Lackschildlaus (Coccus lacca) aus den Zweigen verschiedener Feigenbäume Ostindiens ausfliesst. Lakdye kommt als schwarzes gemahlenes Pulver in den Handel. Der färbende Bestandteil ist Carminsäure. Lakdye enthält nur 10—13% Farbstoff, 15—18% mineralische Bestandteile und 64—67% organische Beimengungen. Bevor man zum Färben schreitet, muss der Harzgehalt entfernt werden. Zu diesem Zwecke wird der Farbstoff mit der nötigen Menge Zinnlösung zu einem Teig verrieben und 24 Stunden stehen gelassen. Zuweilen setzt man etwas Salzsäure zu. Der Farbstoff löst sich auf, während Harz zurückbleibt. Die rote Lösung wird verdünnt zum Färben benutzt. Das Färben geschieht genau wie mit Cochenille. Man erhält eine ähnliche Farbe, die weniger lebhaft aber voller ist, weshalb sie für dauerhafter, licht- und walkechter gehalten wird. Lakdye wird deshalb oft mit Cochenille vereint gebraucht.

Orseille (Archil), Cudbear, Persio, roter Indigo. Die Orseille wird aus mehreren Flechtenarten (Roccella und Lecanora) hergestellt, die an den Küsten des Mittelmeeres, den Azoren und Kanarischen Inseln, ferner an der Ostküste von Afrika und Westküste von Südamerika vorkommen. Die gemahlenen und durch Kochen im Wasser erweichten Flechten werden mit Ammoniakwasser, früher mit faulem Harn, einer Gärung unterworfen. Nach etwa 4 Wochen erhält man einen rotvioletten Orseilleteig von veilchenartigem Geruche. Ein ammoniakalischer Geruch deutet auf schlechte Beschaffenheit der Orseille hin. Der Farbstoff muss in gut verschlossenen Gefässen aufbewahrt werden, da er durch Austrocknen sehr leidet. Der färbende Bestandteil ist das Orceïn, das durch Lösen des Orseilleteiges in Wasser erhalten wird, wobei die eigentliche Flechtensubstanz zurückbleibt. Diese Flüssigkeit zur Syrupdicke eingedampft giebt den Orseillextrakt (25° Bé), der mit rotem oder violettem Tone in den Handel gelangt und oft mit Blauholz- oder Rotholzextrakt oder entsprechenden Theerfarben wie z. B. Fuchsin verfälscht wird.

Orseille war früher ein sehr wichtiger Farbstoff für Wollfärberei und ebenso teilweise für Seide. Obgleich lichtunecht, war
er wegen seines leichten Egalisierungsvermögens geschätzt. Er
diente viel zur Herstellung von Lila, Violett und Amarant, zu Misch-
und Modefarben, sowie zum Uebersetzen anderer Farben, um ihnen
Feuer und Schönheit zu verleihen. Orseille färbt in saurem, alkalischen und neutralen Bade gleich gut. Jetzt ist dieselbe durch
künstliche Farbstoffe wie: Azocarmin, Fuchsin S, Azoorseille, Säureviolett, Palatinscharlach u. a. m. verdrängt worden, mit welchen
dieselben bläulichroten Nuancen erzielt werden, welche billiger,
licht- und waschechter sind als Orseille.

Orlean, auch Orellana, Roucou (frz.) Anatto (engl.)
Arnotto. Orlean bildet eine teigförmige rote Masse, die aus den
Samenkapseln des Orleanbaumes (Bixa orellana) durch Ausziehen
mit Wasser und Gährenlassen der Flüssigkeit gewonnen wird. Der
Baum ist in den wärmsten Gegenden von Südamerika heimisch,
wird ferner in Westindien, auf den Sandwich-Inseln u. s. w. gebaut.
Guter Orlean muss eine hochrote Farbe besitzen, lebhaft und feurig
sein. Verfälscht wird derselbe mit Ocker, Ziegelmehl, Kolkothar
(rotes Eisenoxyd) u. s. w. Orlean ist unlöslich in Wasser, dagegen
löslich in Alkohol und Äther mit orangeroter, in Alkalien mit
dunkelroter Farbe. Er enthält einen roten und einen gelben Farbstoff. Der rote Farbstoff wird Bixin genannt, der gelbe Farbstoff
amorphes Bixin. Um den Orlean zum Färben vorzubereiten, wird
derselbe kurz vor dem Färben mit 75 % kohlensaurem Natron oder
kohlensaurem Kali $\frac{1}{4}$ Stunde gekocht. Die alkalische Lösung lässt
sich längere Zeit unverändert aufbewahren. Orlean färbt ohne
Beize Wolle, Baumwolle und Seide, die Farbtöne sind jedoch unbeständig, so dass sich die Anwendung fast ganz auf Seide beschränkt, auf welcher lebhafte und glänzende Farben erzeugt werden.
Meistens dient er zum Beleben anderer Farben; auch auf Seide
und Wolle ist Orseille jetzt durch Teerfarbstoffe verdrängt wie:
Säurefuchsin, Azocarmin, Echtrot A, Palatinrot, Orseillerot u. a. m.

Safflor. Die getrockneten Blumenblätter der Färberdistel
(Carthamus tinctorius) aus Ost-Indien, Egypten, Süd-Europa, auch
in Deutschland gepflanzt, kommen unter dem Namen Safflor in den
Handel. Der Farbstoff ist das Charthamin. Man färbt in schwach
angesäuertem Bade alle Fasern namentlich jedoch Seide und Baumwolle. Man erzielt ponceau- bis rosarote Farbtöne.

Um eine gleichmässige Färbung auf Baumwolle zu erzielen,
behandelt man dieselbe in einer kalten Lösung des Farb-

stoffes in Soda. Meistens wird Safflor als Safflorextrakt, eine syrupartige Flüssigkeit, angewandt. Vor Entdeckung der Eosine, des Safranins und des Magdalarot hatte Safflor eine grosse Bedeutung, jetzt wird der Farbstoff kaum mehr gebraucht. Die erzeugte Farbe ist unecht, soll gegen Licht jedoch echter sein als die Eosinfarben. Die Safflorbäder dürfen nur kalt angewandt werden; warme Bäder beeinträchtigen die Schönheit der Farben.

II. Rote Teerfarbstoffe.

Aus der Beschreibung der natürlichen roten Farbstoffe ergiebt sich, dass dieselben jetzt nur noch eine unbedeutende Rolle in der Färberei spielen. Von den künstlichen Farbstoffen, welche sie verdrängt haben, sind zunächst die für die Wollfärberei sehr wichtigen sauren Farbstoffe zu erwähnen.

Rote Säurefarbstoffe. Säurefarbstoffe sind solche, welche sauren Charakter zeigen, also mit Basen Salze zu bilden vermögen. Die saure Eigenschaft beruht meist auf der Anwesenheit einer Sulfogruppe im Molecül und werden sie auch allgemein in saurem Bade gefärbt. Sie zeigen nur Affinität zu Wolle und Seide und und eignen sich nicht für die Baumwollfärberei.

Das Farbbad wird mit 10% Glaubersalz ($Na_2 SO_4$) und 4% Schwefelsäure oder statt beider mit 10% Weinsteinpräparat bestellt. Man geht bei mittlerer Temperatur mit der Wolle ein, treibt unter Umziehen zum Kochen und beendet dann durch $^3/_4$—$1^1/_2$ stündiges Kochen den Färbeprozess. Je nach der verschiedenen Art der zu färbenden Ware und den Eigenschaften der verwendeten Farbstoffe ändert sich in einigem dieser für sehr viele Farbstoffe und Materialien normale Verlauf des Färbens. Darauf hier näher einzugehen würde von der Aufgabe dieses Buches, die Farbstoffe zu beschreiben und zusammen zu stellen, zu weit abführen; die Musterkarten der Farbenfabriken und andere manigfache Publikation derselben geben darüber genügend Auskunft.

Auf Seide werden die sauren Farbstoffe ebenfalls auf saurem, d. h. auf mit Schwefelsäure gebrochenem Bastseifenbade gefärbt; Bastseife verlangsamt den Prozess des Auffärbens und egalisiert, während Schwefelsäure beschleunigt ebenso wie erhöhte Temperatur. Wie bei der Wolle spielt auch hier die Natur des angewandten Farbstoffes eine grosse Rolle. Aviviert wird nachher mit Schwefelsäure, bei empfindlichen Farben mit Essigsäure.

Durch Einführung von oben genannten Sulfogruppen kann man Farbstoffen der verschiedensten chemischen Klassen saure Eigenschaften verleihen und findet man hier in der That Repräsentanten der mannigfachsten chemischen Körper: Amidoazokörper, Oxyazoverbindungen, Tetrazokörper, Triphenylmethanfarbstoffe, Induline, Verbindungen des Chinolins, Nitrokörper u. a. m.

Je nach ihrer chemischen Herkunft variieren die Eigenschaften dieser Farbstoffe. Die Eigenschaften, welche für den Färber in Betracht kommen sind vor allem: Löslichkeit, Licht-, Wasch-, Alkali-Säure-, Schwefelechtheit und Egalisationsvermögen. Die sauren Farbstofte sind in Wasser alle mehr oder weniger leicht löslich; was die andern Eigenschaften betrifft, so sind die verschiedenen Produkte darin recht verschieden. Es hiesse dies Buch verzehnfachen, sollten alle jetzt bekannten Farbstoffe hier mit ihren Eigenschaften angeführt werden; darüber geben die Veröffentlichungen der Farbenfabriken reichlich Aufschluss. Es sollen hier nur die wichtigsten derselben, welche zur Zeit im Handel sind, aufgeführt werden und zwar nach den Farbenfabriken, welche sie fabrizieren:

Aktiengesellschaft für Anilinfabrikation:
Guinea-Carmin B, Brillantbordeaux S, Coccin und Azococcin, verschiedene Ponceau's K, G, u. s. w., welch letztere ausser für Wolle und Seide auch für Baumwolle Leder und Papier Bedeutung haben; Brillantcharlach, Echtrot, Bordeaux, Azorubin, Eosamin, dies letztere besonders für zarte Rosatöne; Azocardinal, Orseilleersatz V und das als guter Egalisierungsfarbstoff viel benutzte Säurefuchsin.

Badische Anilin- und Sodafabrik, Ludwigshafen:
Palatinscharlach, das gleiche aber lichtechtere und leichter herzustellende Färbungen wie Cochenille erzeugt; Naphtolrot S, Marsrot, Sorbinrot, Orseillerot; die licht-, aber nicht schwefelechten Echtponceau und Erythrin, Brillantechtrot; Wollscharlach und Cochenillerot, die aber beide nicht schwefel- und lichtecht sind; Palatinrot und Echtrot A B D für bordeaux- und dunkelrote Töne und die viel verwendeten Echtrot C; Azocarmin,

das sehr gut egalisiert und billiger, licht- und waschechter als Orseille ist und daher viel für Modefarben benutzt wird, und Fuchsin S.

Farbenfabriken vorm. F. Bayer & Cie., Elberfeld:
Azofuchsin G und K, viel für Wolle und Seide als gute Egalisierungsfarbstoffe verwendet, Azogrenadin S und L ebenso; Cochenillescharlach P und S, besonders für Plüschfärbungen; Säurefuchsin; das sehr alkaliechte Echtsäurefuchsin, die sehr lichtechten aber schwer egalfärbenden Crocëinscharlache 1—8 B; die billigeren und lichtunechteren Crocëinscharlache und Ponceau 1 R—3 R; die Seidenfarbstoffe Scharlach 1 R—3 B und Seidenscharlach; die Doppeltponceau, welche billiger aber weniger schön sind als die andern Ponceau; sehr lichtecht und egalfärbend sind: Brillant-doppeltponceau 3 R, Brillantponceau 4 R, Azeosin, Azocochenille, Echtrote, die viel für Stückfärberei, Bordeaux und Orseille B D, die viel für Lederfärberei benutzt werden; von den Tuchroten färbt besonders 3 G extra sehr egal und ist alkali- schwefel- und walkecht. Carmoisin ist lichtecht und dient für feurige Töne.

Leopold Cassella & Cie., Frankfurt a. Main:
Krystallponceau 6 R und Brillantponceau 4 R und die diesem ähnliche Bordeauxfärbungen gebenden Ponceau F R, F 2 R, F 3 R; Azorubin A, welches ein feuriges Blaurot giebt; Azoorseille, Brillantorseille C, Orselleersatz N, Naphtolrot C, Amaranth, Brillantcochenille 2 R und 4 R, Brillantcrocëin, Säurefuchsin mit violettstichigen Färbungen, ferner Lanafuchsin S, B S, G, welche letzteren viel für Modefarben verwendet werden.

Farbwerk vormals Meister, Lucius & Brüning Höchst a. M:
Säurefuchsin, Säureviolet 4 R S., viel für Mischfarben benutzt, wenig echt; das alkali- und lichtechte Echtsäureviolet A 2 R, Violamin, Coccinin, die verschiedenen Ponceau-Marken, zum Teil auch ausser für Wolle und Seide auch für Baumwolle gebraucht; Echtrot S und O für dunkle Rotnüancen; das sehr lichtbeständige Naphtolrot; verschiedene Bordeaux-Marken für blau- und vollrote Töne; Azosäurefuchsin als Orseillersatz.

Die Chromotrope, welche viel als gut egalisierende und lichtechte Farbstoffe zu roten Nüancen und zu Mischfarben auf Wolle verwendet werden. Sie zeigen die merkwürdige Eigenschaft durch Nachbehandeln mit chromsaurem Kali in Schwarz überzugehen; sie sind aber zu Schwarzfärbungen etwas teuer; nur Chromotrop S findet dafür Verwendung.

Leonhardt & Cie:

Sulfoncarmin, Säurefuchsin, Säurerubin gut egallisierend; das lichtechte Orseillin; Echtrot und Säurerot, sowie die Ponceau für Wolle.

Kalle & Cie., Biebrich a. R:

Crocëinscharlach, Biebricher- Tuch- und Direktscharlach, Biebricher Säurerot, Wollrot extra, Ponceau 2 R G und Rosindulin 2 B und 2 G; Salicinrot; Naphtylrot.

Dahl & Cie., Barmen:

Pyrotinfarben, Azosäurerubin und Tuchrote.

Oehler, Offenbach a. M.

Verschiedene Tuchrot-Marken.

Von ausländischen Fabriken seien erwähnt:

Brooke, Simpson & Spiller, London:

Rock Scarlet und Acid & Milling Scarlet, walkechte Wollfarbstoffe.

The Clayton Aniline Comp. bei Manchester:

Clayton Tuchrot.

The Schöllkopf Aniline and Chemical Comp. in Buffalo, Amerika:

Cochenillescharlache, Wollscharlache, und Crocëin.

Geygy & Cie., Basel:

Apollorot für Orseillefärbungen.

Durand & Huguenin, Basel:

Roxamin und Echtsäureponceau.

Société anonyme des matières colorantes St. Denis (Poirier & Dalsace):

Orseillerot.

Basische rote Farbstoffe. Dieselben sind der Zahl nach bedeutend geringer als die eben besprochenen sauren Farbstoffe und ist die Trennung nach den von den verschiedenen Fabriken gelieferten Produkten nicht nötig.

Vor allem ist hier zu erwähnen das Fuchsin; dasselbe hat sowohl als Farbstoff für sich Bedeutung als auch ist es als Stammkörper für eine grosse Anzahl anderer sogenannter Triphenylmethanfarbstoffe blauer, violetter und grüner Farbe sehr wichtig.

Fuchsin kommt als chemisch reines Produkt unter dem Namen Diamantfuchsin in den Handel. Unreinere Sorten führen den Namen: Cerise, Rubin, Fuchsin, Marron, Primula, Grenadin, Geranium, Bordeaux etc. Gelbstichiges Fuchsin ist sehr geschätzt und wird es häufig mit gelben Farbstoffen gemischt und kommt dann unter besonderem Namen wie: Fuchsinscharlach (mit Auramin), Cardinal (mit Safranin), Juchtenrot (mit Chrysoidin) in den Handel.

Fuchsin besitzt nur eine geringe Lichtechtheit, die Wasch- und Alkaliechtheit ist mässig, gegen schwache Säuren ist es beständig, durch starke wird es gebräunt. Trotz seiner wenig hervorragenden Echtheiten wird es doch in der Textilindustrie vielfach verwendet auf Baumwolle, Wolle, Seide, Leinen, Jute und auch auf Leder, Holz u. a. m. Man löst es am besten mit etwas Essigsäure und durch Aufgiessen von kochendem Wasser.

Als basischer Farbstoff lässt es sich auf Baumwolle nur auf Gerbstoff-Antimonbeize (siehe diese) ausfärben, wie folgt:

Garnbeize: Man geht kochend heiss in das Tanninbad ($2^1/_2$ bis 5% Tannin), zieht um, bis das Bad auf 50° abgekühlt ist, und lässt am besten über Nacht darin. Geht dann in ein kaltes Bad mit der dem Tannin entsprechenden Menge Brechweinstein (— $1^1/_2$%), zieht um; windet aus, spült, trocknet.

Stückbeize: Man passiert mehrmals durch ein Bad, das 20 bis 40 g Tannin in 1 l Beizflotte enthält, bei 60° und nimmt durch eine kalte Flotte von Brechweinstein (5 g in 1 l), windet aus, spült, trocknet.

Das Ausfärben wird kalt begonnen ohne Zusatz, bei rasch aufziehenden Farben schwach sauer (1—3% Essigsäure), man steigert dann allmählich auf 70° bis das Bad erschöpft ist.

Andere Beizen wie z. B. die Türkischrotaluminiumbeize geben brillantere aber weniger echte Färbungen.

Auf Wolle wird Fuchsin und die andern basischen Farbstoffe bei 95° C mit 10% Glaubersalz ohne Zusatz gefärbt.

Auf Seide färbt man in mit Weinsäure, Citronensäure oder Essigsäure schwach gebrochenem Bastseifenbade oder in frischem Seifenbad bei 60—80°; nachher avivieren mit verdünnter Essigsäure.

Auch im Druck von Baumwolle, Wolle und Seide findet Fuchsin Verwendung. In den Handel wird es gebracht von der Aktiengesellschaft, Berlin, von der bad. Anilin- und Sodafabrik, Bayer, Höchster Farbwerk, Kalle und Leonhardt.

Safranin ist ein basischer Farbstoff von ziemlich guten Echtheitseigenschaften und liefert ein bläuliches Rot. Wird wie Fuchsin gelöst und gefärbt und wird wie dieses auch als Nuanciermittel für Alizarinfärbungen und Färbungen von direkten Farben auf Baumwolle benutzt, ebenso auch Azinscharlach G. In den Handel kommt es durch die meisten grösseren Farbenfabriken. Fuchsia ist ein Safranin der Gesellschaft für chemische Industrie, Basel, und Giroflé desgleichen von Durand & Huguenin, Basel.

Magdalarot wurde früher auch für ein Safranin gehalten, ist aber ein Indulinfarbstoff; trotz seines hohen Preises findet es zu Rosatönen auf Seide ziemlich Verwendung. (Durand & Huguenin, Basel.)

Schöne Rosarots liefern auch: Rhodulinrot G, und B von Bayer und das Brilliantrhodulinrot B derselben Fabrik; gefärbt werden sie wie Fuchsin. — An Waschechtheit dem Safranin überlegen sind:

Scharlach für Baumwolle der Actiengesellschaft, Berlin, zum Färben und Drucken von Ponceautönen auf Baumwolle verwendet, und die roten basischen Farbstoffe von Leonhardt & Cie.:

Acridinscharlache, Acridinrot (besonders 3 B) und die Pyronine.

Wichtige basische Farbstoffe sind ferner:

Die Rhodamine, hergestellt von den Höchster Farbwerken, der bad. Anilin- und Sodafabrik, Bayer & Cie. und der Gesellschaft für chemische Industrie in Basel. Rhodamin B liefert den Eosinen ähnliche bläulichrote Töne von grosser Reinheit und Schönheit; ist gut licht- und ziemlich seiten- und schwefelecht. Mit Orange II oder Tartrazin kombiniert, liefert es prachtvolle Ponceautöne. Auf Tannin-Antimonbeize sind die Färbungen etwas matt, auf Aluminium-Oelbeize aber sehr lebhaft. Auf Wolle färbt man mit 2% Alaun und 2% Weinstein kochend; auf Seide in gebrochenem neutralen Bastseifenbade und aviviert mit Essigsäure. Rhodamin G ist gelbstichiger und findet auch viel im Zeugdruck Verwendung.

Erwähnt seien ferner Indulinscharlach (Bad. Anilin- und Sodafabrik) und Neutralrot (Cassella).

Rote Beizfarbstoffe: Bei Besprechung der Beizen wurde schon des näheren auseinandergesetzt, was unter dieser Art Farbstoff zu verstehen ist, dass dies solche sind, welche sich auf der Gespinstfaser mit Hülfe von Beizen befestigen lassen; des weiteren wurde bei Besprechung der Farbstoffe im allgemeinen angeführt, dass je nach der angewandten Beize mit solchen Farbstoffen eine verschiedene Farbe erzielt wird und sie von Hummel daher als polygenetische bezeichnet werden. Für rote Farben spielen dieselben eine besonders grosse Rolle, da die sehr echten Alizarinfarben solche Beizfarbstoffe sind. Bevor wir aber diese näher besprechen, ist noch eine andere Art solcher Farbstoffe, welche neben dem Charakter des Beizfarbstoffes auch den eines schwachen Säurefarbstoffes zeigen, hier zu erwähnen. Es sind dies die Eosine.

Eosine.

Hierhin gehören eine Anzahl roter Farbstoffe, auch Resorcinfarben genannt, die sich durch besondere Lebhaftigkeit auszeichnen und namentlich auf Seide ein prächtiges Farbenspiel hervorrufen. Dies letztere ist eine Übertragung der den Farblösungen eigentümlichen Fluorescenz auf die Fasern. Aus diesem Grunde finden die Farbstoffe ausgedehnte Anwendung in der Seiden- und Halbseiden-Färberei, weniger in der Baumwollfärberei, weil sie hier wenig Licht- und gar keine Waschechtheit zeigen.

Für Baumwolle werden sie für Garn und Stücke verwendet, wenn keine Echtheitsansprüche gestellt werden; auf Wolle für Phantasiegarne und leichte Exportstückware. In der Druckerei von Seide, Baumwolle und Wolle werden sie teils als Selbstfarben, teils als Beizfarben gebraucht. Ferner finden sie Verwendung in der Färberei von Leder, Federn, Stroh und Holz, zur Lackfabrikation, für Tinten, Seifen und Parfümerien. Die Eosine wurden zuerst von der badischen Anilin- und Sodafabrik in den Handel gebracht und werden jetzt von fast allen grösseren deutschen Fabriken fabriziert.

Die Farbtöne, welche sich mit den Eosinfarbstoffen erzeugen lassen, gehen von Rotorange ins Bläulichrot. Die gelbste Farbe giebt Eosin J., dann folgt Methyleosin, Phloxin und Safrosin. Den blauesten Ton giebt Rose bengale. Mit gelbroten und violetten Farbstoffen gemischt eignen sich die Eosine vortrefflich zu Mischfarben. Zum Lösen der Eosine darf kein kalkhaltiges Wasser verwendet werden, da sonst ein Farbstoff-Verlust eintritt. Das

Wasser muss in diesem Falle mit Essigsäure neutralisiert werden. Man unterscheidet:

1. **Alkohollösliche Eosine.** Die Farben sind lebhafter als bei den wasserlöslichen Eosinen, aber wegen der Verwendung des Alkohols teurer auf der Faser herzustellen. Sie finden namentlich in der Seidenfärberei Anwendung.

Cyanosin, wenig in kochendem Wasser löslich, in Alkohol mit bläulichroter Farbe und rotgelber Fluorescenz.

Erythrin, spritlösliches Eosin, Prime rose à l'alcool, Methyleosin, schwer in kaltem, leichter in kochendem Wasser löslich, in Alkohol mit roter Farbe und bräunlichgelber Fluorescenz. Seide wird bläulichrot mit ziegelroter Fluorescenz gefärbt.

2. **Wasserlösliche Eosine. Safrosin** oder unter dem Namen **Eosin BN, Methyleosin, Eosin BW, Escarlate, Eosinscharlach B** im Handel, das im Wasser mit gelbroter Farbe leicht löslich ist und beim Verdünnen schwachgrüne Fluorescenz zeigt. Seide und Wolle wird bläulichrot gefärbt.

Eosin, Eosin G, wasserlösliches Eosin, in Wasser mit blauroter Farbe löslich, zeigt verdünnt grüne Fluorescenz. Wolle und Seide wird gelblichrot gefärbt.

Erythrosin, Pyrosin, Jodeosin B, Rose B à l'eau, Prime rose soluble, Dianthine B, Eosin J. in Wasser mit kirschroter Farbe ohne Fluorescenz löslich. Wolle wird bläulichrot gefärbt.

Zu den wasserlöslichen Eosinen gehören ferner noch **Rose bengale, Phloxin** und **Roselin B** für Seide.

Das Färben auf **Baumwolle** kann auf verschiedene Weise geschehen. Das einfachste Verfahren mit gutem Erfolg ist ein Zusatz von Kochsalz-Lösung, 4—5° Bé stark, zum Färbebad, doch darf dasselbe nicht allzu verdünnt sein. Man färbt lauwarm aus, windet ab und trocknet ohne zu waschen. Einen kirschroten Ton erhält man durch vorheriges 2—3stündiges Beizen in warmer Lösung von 5 °/o zinnsaurem Natron, Abwinden und ebenso langes Beizen in 5 °/o basischem Alaun und folgendes Ausfärben. Eine echtere und sattere Farbe wird erhalten durch Tränken der Baumwolle mit $^1/_5$ °/o Türkischrotöl, Trocknen und Dämpfen, Beizen in essigsaure Thonerde von 7° Bé, Trocknen, Kreidebad, Waschen und Ausfärben. Türkischrotöl kann auch durch ein Seifenbad ersetzt werden. Bei Erzielung bläulichroter Töne kann man statt essigsaurer Thonerde essigsaures Blei verwenden, doch wird solche Farbe in schwefelwasserstoffhaltiger Luft schnell schwarz werden.

Vor dem Färben wird die Baumwolle gebleicht.

Jute wird bei Zusatz von wenig Alaun und Essigsäure kochend ausgefärbt, gewaschen und getrocknet.

Wolle wird in kochendem Bade nach vorhergehendem Ansieden mit 5 % Essigsäure, 5 % Alaun und 5 % Weinstein gefärbt; auch kann man direkt mit 10 % Essigsäure den Farbstoff anfärben.

Seide wird im gebrochenen Bastseifenbade gefärbt. Man setzt dem Bastseifenbade so lange Essigsäure zu, bis dasselbe schwach sauer reagiert, dann wird allmählich die Farblösung hinzugesetzt, das Bad zum Kochen erhitzt und ausgefärbt. Nach dem Waschen wird mit Essigsäure oder Weinsäure geschönt. Man kann auch mit Schwefelsäure oder Essigsäure allein färben.

Alizarin.

Alizarin ist wohl einer der wichtigsten Farbstoffe, der binnen weniger Jahre zu grösster Anwendung gelangt ist und den bis dahin seit Jahrhunderten herrschenden natürlichen Farbstoff, den Krapp, schnell verdrängt hat.

Von allen Zweigen der Farbenfabrikation hat die Herstellung von Alizarin den bedeutendsten Umfang angenommen.

Die Erfinder des Alizarins sind Graebe und Liebermann, die im Jahre 1869 dasselbe aus Anthracen, einem aus der Destillation der Steinkohlen herrührenden Kohlenwasserstoffe, erhielten und als denselben Farbstoff erkannten, der dem Krapp die färbende Eigenschaft verlieh. Bei der Herstellung entstehen neben Alizarin gleichzeitig noch einige andere verwandte Farbstoffe wie Anthrapurpurin, Flavopurpurin und Purpurin. Getrennt oder vereint mit Alizarin kommen sie sämtlich unter dem Namen Alizarin in den Handel. Jeder Fabrikant unterscheidet die verschiedenen Mischungen und Qualitäten durch besondere Marken. Diejenige Sorte, welche ganz oder zum grössern Teile aus Alizarin besteht, ist „Alizarin blaustich" oder „Alizarin V." Auf Baumwolle mit Thonerde vorgebeizt, erhält man einen karmoisinroten oder bläulichroten Ton. Herrschen dagegen die oben genannten Farbstoffe vor, so wird das Erzeugnis „Alizarin gelbstich" oder Alizarin G." genannt. Mit Thonerde vorgebeizte Baumwolle wird scharlachrot oder gelbrot gefärbt.

Alizarin kommt meist als mehr oder weniger dicker Teig von 20 % und 40 % Farbgehalt in den Handel; in vereinzelten Fällen wird es auch als feines Pulver oder in Stücken von 50, 60, 70 und 80 % in der Baumwollfärberei verwendet. Die Paste enthält den Farbstoff in ausserordentlich fein verteiltem Zustand, so dass sie längerer Zeit bedarf, um sich am Boden abzusetzen. Eingetrocknet verliert Alizarin die Eigenschaft die Faser egal zu färben, trotzdem man versucht durch Pulverisieren und Anreiben mit Wasser den Teig wiederzuerhalten. Kertecz empfiehlt in diesem Falle das trockene Alizarin in Natronlauge zu lösen und dasselbe nachher mit Schwefelsäure auszufällen. Man gebe so viel Schwefelsäure zu, bis die Mischung neutral oder sehr wenig sauer ist und wasche sie einigemal mit Wasser aus. Dann kann man sie wie das gewöhnliche Alizarin verwenden. Alizarin - Paste darf also nicht an zu warmem Orte, im Winter nicht dem Froste ausgesetzt werden. Vor dem jedesmaligen Gebrauche muss die ganze Masse sorgfältig durchrührt werden bis ein gleichförmiger flüssiger Teig wieder erreicht worden.

Alizarin ist in Wasser unlöslich, dagegen leicht löslich in Alkohol, Äther und Natronlauge, in letzterer mit violetter Farbe; die löslichen Alizarinpulvermarken sind Natronsalze des Alizarins.

An sich hat der Farbstoff wenig oder kein Färbevermögen. Erst in Verbindung mit Metalloxyden erhält man die gefärbten unlöslichen Lacke auf der Faser, die wegen ihrer Echtheit und Schönheit so sehr geschätzt sind: mit Thonerde ein Blau- oder Gelbrot, mit Zinnoxyd ein Rotviolett, mit Eisenbeize ein Violett, mit Chromoxydsalz Bordeauxtöne.

Zur Wertbestimmung des Alizarin ermittelt man meist zunächst den Trockengehalt, wobei die Wärme nicht über 100° steigen darf. Der Rückstand soll gelb, nicht dunkelbraun sein, der Aschengehalt nicht über 1% vom trockenen Alizarin betragen und besonders eisenfrei sein. Schliesslich nimmt man ein Probefärben vor.

Unter der Bezeichnung Alizarin S, 2 S, 3 S bringen die Höchster Farbwerke u. a. m. die Badische Anilin- und Sodafabrik ein anderes, pulverförmiges Alizarin auf den Markt, welches Alizarinsulfosaures Natron darstellt und deshalb nur für Wolle Verwendung finden kann. Es hat den Vorteil leichterer und sicherer Handhabung und vollkommener Löslichkeit, namentlich aber, dass es vor Alizarinpaste sich dadurch auszeichnet, dass auch das dichteste Wollgewebe leicht durchgefärbt wird. Das Beizen und Färben geschieht hier oft in einem Bade. Die Beizen sind dieselben wie bei Alizarin-Paste. Die hervorgebrachten Farben sind jedoch nicht so echt.

Alizarin in Pulver muss trocken aufbewahrt werden, da es leicht Wasser anzieht. Teig und Pulvermarken müssen in Wasser gelöst oder aufgeschlemmt werden, bevor man sie dem Färbebade zugiebt. Unlösliches Alizarin schwemmt man am besten mit Wasser an, giebt diese Flüssigkeit in einen feinmaschigen Baumwollbeutel und führt diesen im Bade hin und her; so bewirkt man die beste Verteilung des Farbstoffes. Manche Alizarinfarben dürfen nur in kaltem, andere nur in heissem Wasser gelöst werden.

Die grösste Anwendung findet das Alizarin wohl in der Baumwollfärberei für Garn und Gewebe. Mit Vorteil hat man auch das Auffärben auf lose Baumwolle versucht.

Die angewandten Beizen sind Thonerde in Verbindung mit Türkischrotöl zur Hervorbringung der echten türkischroten Farbe. Mit Eisenbeize erzielt man einen violetten, mit Thonerde und Eisenbeize einen braunen Ton. Das Färben auf Garn, Gewebe und losem Material wird fast auf gleiche Weise ausgeführt.

Das Garn wird vor dem Färben mit Soda oder Natronlauge mit oder ohne Druck gekocht und hierauf gewaschen. Bei Herstellung von lebhaft hellroten Tönen wird nach dem Abkochen eine schwache Chlorkalkbleiche vorgenommen. Nach der Bleiche empfiehlt sich, ein Sodabad folgen zu lassen. Die Vorbereitung des Gewebes zum Türkischrotfärben geschieht in derselben Weise. Nur unterlässt man meistens die Bleiche. Statt dessen wird nach dem Abkochen (Bäuchen) ein Absäuern in schwacher Salzsäure oder mit einem Gemisch von Salzsäure und Schwefelsäure vorgenommen, hierauf 3—4 Stunden lang in offenem Gefässe mit Harzseife gekocht, gespült und nochmals mit Soda gekocht, abgesäuert und gewaschen.

Die Türkischrotfärberei.

Das eigentümliche Färbeverfahren, das sich seinem Wesen nach bis heute erhalten, stammt aus Indien. Zu Ende des vorigen Jahrhunderts wurde das Verfahren erst in Deutschland eingeführt, nachdem die französische Regierung im Jahre 1765 die Geheimnisse desselben veröffentlicht hatte. Hauptsitz dieser Färberei in Deutschland ist seitdem Elberfeld-Barmen.

Die verschiedenen Abänderungen, die das Verfahren erlitten, sind im ganzen unwesentlich. Von grösster Bedeutung war nur die Einführung des Alizarins an Stelle des bis dahin allein verwandten Krapp. In die Türkischrot-Färberei wurde Alizarin 1872 eingeführt. Die zuerst gewonnenen Farben fanden ungünstige Beurteilung, weil die Garne zu fettig ausgefallen waren. Es bedurfte aber bei Alizarin nicht so vieler umständlicher Schönungsoperationen wie bei Krapp. Sobald daher die Menge des verwendeten Öls verringert worden, hörten die Klagen auf. Zur Herstellung der Farbe gebraucht man jedoch noch 3—4 Wochen (Emulsionsverfahren). Man hat zwar durch Einführung von Türkischrotöl an Stelle des Tournantöl eine weitere Zeitersparnis und Vereinfachung herbeigeführt, jedoch ohne dieselbe vorzügliche Echtheit zu erreichen (Neurotverfahren).

Der Vorgang beim Türkischrotfärben ist folgender: Das Gewebe wird durch Ölpräparation mit Fettsäuren imprägniert, diese verbinden sich beim Beizen mit der Thonerde zu unlöslichen fettsauren Thonerdesalzen. Das Abkreiden bewirkt durch Neutralisation noch vorhandener Säure die Bildung dieser Salze und gleichzeitig bilden sich auch Kalksalze. Beim Färben giebt das Alizarin mit den fettsauren Aluminium- und Kalksalzen einen Lack, gleichzeitig fixiert sich noch aus dem kalkhaltigem Färbebad mehr Kalk. Die Avivage entfernt Unreinigkeiten, nicht fixierten Farbstoff und Lack von der Faser.

I. Das Emulsions- oder Weissbadverfahren.

Das ältere Verfahren der Türkischrotfärberei ist folgendes: (Die angegebenen Gewichtsmengen beziehen sich auf 100 kg Garn):

1. Abkochen und Bleichen. Die Garne werden, wie oben angegeben, abgekocht, gewaschen nnd wenn nötig noch gebleicht, abgesäuert und bei 50° C getrocknet.

2. Kuhkotpassage, Schmierzug, Dreckzug. In der lauwarmen Mischung von 3 kg Schafmist und 5 l Potaschelösung von 22° Bé oder statt dessen Soda oder Wasserglaslösung wird die Ware eingeweicht, durchgezogen, während der Nacht liegen gelassen und bei 45° C getrocknet.

3. und 4. Erste und zweite Ölbeize. Das Garn wird durch ein warmes Bad von 10 kg Tournantöl und 8 l Potaschelösung von 22° Bé gezogen, die Strähnen aufeinander geschichtet, über Nacht liegen gelassen, dann an der freien Luft angetrocknet und bei 50° C. in der Kammer oder Echthänge vollständig getrocknet. Der Vorgang wird, mit Ausnahme des Liegenlassens über Nacht, wiederholt.

5. und 6. Erste und zweite Lauterbeize oder Weissbad. Das Garn wird in 3 l Potaschelösung von 22° Bé eingeweicht, dann

wie vorhin getrocknet. Der Vorgang wird zweimal wiederholt.
Die Bäder bezwecken, das Öl, welches sich nicht im unlöslichen
Zustande auf der Faser befindet und Anlass zum oberflächlichen
Befestigen und einen abschmierenden Alizarinthonerdelack geben
würde, zu entfernen.

7. Klarwasserzug. Das Garn wird 24 Stunden lang in
Wasser von 55° C. eingeweicht, gut ausgewaschen und getrocknet.
Im Sommer wird kaltes Wasser genommen.

8. Auslaugen. Dies geschieht durch 24 stündiges Ruhen-
lassen in einer Lösung von 2 ½ — 3 kg calz. Soda oder 8 — 10 l
Potaschelösung von 22° Bé. Es folgt zweimaliges Waschen und
Trocknen in der Echthänge.

9. Einstecken oder Aufwaschen. Man nimmt reines
kaltes, höchstens lauwarmes Wasser, in welchem das Garn 3 — 4
Stunden ruht. Waschen und Trocknen.

10. Gallieren oder Schmackieren. Es geschieht durch
24—36 stündiges Einlegen bei 50—60° C. in einer Sumachabkochung
von 1° Bé. Man nimmt 8 kg Sumach und ¼ kg Tannin oder entsprechende Mengen Galläpfel und Dividivi. Abschleudern von an-
hängender Flüssigkeit und Antrocknenlassen auf der Trockenstube.

11. Beizen oder Alaunieren. Die Garne kommen 24 Stunden
lang in 40—50° C. warme basische Alaunlösung von 5° Bé (23 kg
Alaun oder schwefelsaure Thonerde und 3 kg Kreide). Man lässt
hierin 24—36 Stunden ruhen, dann Waschen und Trocknen.

12. Einstecken in kaltes Wasser, Waschen, Trocknen.

13. Färben oder Krappen. Das Färben geschieht mit
1½—2 kg Alizarinpaste und Zusatz von 70 g Tannin und 4 l Ochsenblut. Enthält das Wasser wenig oder keinen Kalk, so wird ein
geringer Kreidezusatz gemacht. Das Ochsenblut soll der Farbe
mehr Feuer und Reinheit verleihen. Das Garn wird in die kalte
Lösung eingeführt, erst im Laufe einer Stunde allmählich auf 100°
gebracht. Das Kochen und Ausfärben wird in einer weiteren
½—1 Stunde vorgenommen.

14. Schönen oder Avivieren. Um die Verunreinigungen
zu entfernen, welche die Beize im Farbbad angezogen, wird das
Garn 4 Stunden lang mit einer Lösung von 3 kg Krystallsoda
unter Druck gekocht. Waschen.

15. Zweites Schönen oder Rosieren. Um der Farbe die
grösstmöglichste Reinheit und Lebhaftigkeit zu erteilen, wird das
Garn wieder 1—2 Stunden mit 3 kg Seife, 1 kg Soda, ¼ kg Zinn-

salz, $^1/_{10}$ kg Salpetersäure, $^1/_{10}$ kg Orlean unter Druck gekocht. Waschen und Trocknen.

16. Beschweren. In vielen Fällen folgt zum Schluss ein Beschweren mit Seife, Palmöl und Glycerin.

II. Steinersches Verfahren.

Nach dem verbesserten Türkischrotverfahren von Steiner, für Garn und Gewebe anwendbar, werden statt der oben angeführten Ölemulsion die Stoffe zunächst 2 Stunden lang in 110° C. heissem Olivenöl geklotzt, wodurch das wiederholte Ölen überflüssig geworden. Nach dem Trocknen wird 6 mal hintereinander mit Sodalösung von 2,7° Bé geklotzt und dazwischen jedesmal 3 Stunden lang bei ungefähr 70° C. getrocknet. Es folgt dann Einweichen in Sodalösung, Beizen, Färben, Schönen wie oben beschrieben. Man erreicht eine grosse Zeitersparnis gegenüber der vorher angeführten Methode und ein besondres schönes, lebhaftes und volles Rot. Das Verfahren gelangte im Jahre 1852 zuerst in der Steinerschen Fabrik zu Rappoltsweiler zur Anwendung.

III. Neurot-Verfahren.

Folgendes Verfahren, wesentlich von den beiden vorangehenden unterschieden, wird in neuerer Zeit in den Türkischrotfärbereien eingeschlagen. Statt Tournantöl wird mit Ammoniak neutralisierte, klare Türkischrotöl-Lösung angewendet, womit das Garn durchtränkt wird. Die Herstellungszeit wird bedeutend abgekürzt, indem sowohl die Lauterbeizen wie das darauf folgende Trocknen, welches viele Ungleichheiten hervorbrachte, wegfällt. Das Verahren ist gegenwärtig neben den beiden erwähnten Verfahren in Anwendung.

Unmöglich ist es nicht, dass dasselbe einst, oder in einer Abänderung, die beiden andern verdrängen wird.

1. Bleichen und Abkochen mit Soda. Auswaschen.

2. Ölbeize. Das Garn wird mit einer 50° C. warmen Lösung von 16 kg mit Ammoniak sorgfältig neutralisiertem Türkischrotöl in 80 l Wasser gut durchtränkt oder geklotzt, abgerungen und bei 60° C. getrocknet.

3. Dämpfen. Bei schwachem Druck wird zwei Stunden lang gedämpft. Hierdurch wird eine zweite Öldurchtränkung erspart.

4. Beizen. Das Beizen geschieht mit essigsaurer, oder mit weniger Kosten, mit basisch schwefelsaurer Thonerde von 5—6° Bé

bei einer Temperatur von 40—45° C. während 5—6 Stunden. Abringen und Trocknen bei 40° C.

5. Befestigen der Beize. Das Garn wird in einem 40° C. warmen Bade von Schlemmkreide (6—10 kg im Kubikmeter Wasser) ungefähr ½ Stunde durchgenommen und gut gewaschen.

6. Färben. Das Färben geschieht mit 7—10 kg Alizarinpaste unter Zusatz von ungefähr 2% Kreide oder essigsaurem Kalk. Um eine lebhafte Farbe zu erzielen, wird gelbstichiges Alizarin vorgezogen. Man arbeitet ½ Stunde kalt, geht in einer Stunde auf 75° C. und bleibt eine weitere Stunde auf dieser Temperatur, um auszufärben. Waschen, Schleudern, Trocknen.

7. Zweite Ölbeize. Man wiederholt das Tränken der Faser mit neutralisierter Türkischrotöl-Lösung (5 kg auf 100 l Wasser). Trocknen.

8. Zweites Dämpfen. Das Garn wird 1 bis 1½ Stunden gedämpft, wodurch der Farbe besonderes Feuer und Echtheit erteilt wird.

9 und 10. Zweimaliges Schönen mittels Seife, der etwas zinnsaures Natron beigefügt, unter Druck in geschlossenem Kessel.

Nach vorstehendem Verfahren kann sowohl Garn wie Gewebe gefärbt werden Bei loser Baumwolle lässt man das Dämpfen vor und nach dem Färben weg. Nach dem Ausfärben fällt auch das zweite Ölbad, sowie das Schönen unter Druck fort. Statt dessen setzt man 2 % Türkischrot-Öl dem Ausfärbebade gleich zu. Nach dem Färben wird gewaschen, leicht geseift, nochmals gewaschen und getrocknet.

Schnellfärbereiverfahren.

Ein Verfahren, nach welchem man Türkischrot in kürzester Zeit, jedoch bei weitem nicht in der Echtheit wie das nach vorbeschriebenem Verfahren hergestellte Rot, färbt, ist folgendes: Man beizt mit essigsaurer Thonerde von 4° Bé, trocknet bei 50° C, wodurch ein grosser Teil der Essigsäure entweicht und das basische Salz auf der Faser zurückbleibt. Die Beize wird durch eine heisse Lösung von phosphorsaurem oder arsensauren Natron befestigt (½ — 1 kg pro 100 l Wasser). Waschen. Beim darauffolgenden Ausfärben mit Alizarinpaste wird eine geringe Menge von essigsaurem Kalk zugesetzt. Man geht kalt ein, steigert die Temperatur auf 75° C. und färbt hierbei aus. Trocknen. Wie bei früherem Verfahren wird alsdann mit neutralisierter Türkischrotöllösung getränkt, dann getrocknet, eine Stunde gedämpft und geschönt.

Von der badischen Anilin- und Sodafabrik wird die Anwendung von Chlorchrom zur Befestigung des Alizarins empfohlen. Die Ware wird zweimal in einer Lösung von 1 Teil Türkischrotöl und 8 Teilen Wasser durchtränkt, hierauf 5 Stunden lang in einer Lösung von Chlorchrom von 20° Bé ruhen gelassen, dann abgewunden, im fliessenden Wasser gut ausgewaschen und ohne zu trocknen ausgefärbt. Bei wenig kalkhaltigem Wasser wird für jeden Liter 1 ccm technische Essigsäure von 16° Bé zugesetzt. Nach dem Ausfärben wird in kaltem Wasser gut gespült und dann bei 50 — 60° C. geseift. (Siehe auch Chrombeizen: Essigsaures Chrom, Chrombisulfit und Chromoxydnatron.)

Um andere Farbtöne mit Alizarin zu erhalten, verfährt man gemeiniglich wie bei Rot. Rosa- oder Purpurfarben werden durch Anwendung einer schwächeren Thonerdebeize erzielt. Mit Vorteil nimmt man schwefelsaure Thonerde und färbt später mit blaustichigem Alizarin aus. Violette Töne werden durch Anwendung von holzessigsaurem Eisen von $\frac{1}{2} - 1\frac{1}{2}$° Bé erhalten. Gleichzeitige Anwendung von Türkischrotöl dient nicht dazu, die Farbe lebhaft zu machen, sondern die Echtheit zu erhöhen. Ein violettschwarzer Farbton wird erhalten, wenn man die Baumwolle vorher mit einer Abkochung von Galläpfeln beizt. Nimmt man statt essigsaures Eisen schwefelsaures Eisen, so wird eine etwas hellere Farbe erreicht. Nimmt man eine Mischung von essigsaurer Thonerde und holzessigsaurem Eisen, so werden rotbraune bis violettbraune (korinth) Töne erhalten. Nach dem Beizen wird stets gewaschen, ausgefärbt, mit Türkischrotöl getränkt, gedämpft und geseift wie oben.

Wollfärberei mit Alizarin.

Verhältnissmässig schnell haben sich Alizarin wie auch mehr oder weniger die übrigen Alizarinfarbstoffe in die Wollfärberei namentlich für lose Wolle eingeführt. Ihre ausserordentliche Echtheit gegen Licht, Alkalien und Säuren befähigen sie, die bisher ausschliesslich verwandten Holzfarben ganz zu ersetzen. In richtiger Weise aufgefärbt, widerstehen sie der Walke und bluten nicht neben Weiss. Wenn gefärbte Ware abschmutzt, so ist dies meist mangelhafter Reinigung, zu schwachem Waschen oder ungenügend langem Kochen zuzuschreiben. Bezüglich der Tragechtheit übertreffen die Alizarinfarben die besten Farben Küpenblau und Krapprot. Das Färben hat den Vorteil vor dem Färben mit Krapp und Sandel, dass die Wolle an Spinnfähigkeit und Weichheit nichts einbüsst. Beim

Karbonisieren mit Chlormagnesium wird der Farbton nicht geändert. Alizarinrot wurde 1878 zuerst zum Färben von Wolle an Stelle von Krapp empfohlen.

Beizen und Färben wird meist getrennt ausgeführt. Es ist dies wegen grösserer Licht- und Walkechtheit vorzuziehen. Das Ansieden der Wolle geschieht in der Praxis fast ausschliesslich mit zwei Beizen, mit Thonerde- oder mit Chromsalzen in Verbindung mit Weinstein oder Schwefelsäure oder deren Ersatzprodukten. Das Ansieden dauert $1^{1}/_{2}$—2 Stunden. Die Wärme soll 90—95° C. betragen; bei loser Wolle und sehr schwer durchzufärbender Ware muss man jedoch kochen. Die aus dem Beizbad genommene Wolle lässt man gut abkühlen, spült und schreitet sofort zum Färben, was besonders bei Verwendung von Alaunbeize wichtig ist. Bei Chrombeize darf die Ware besser kurze Zeit liegen, aber nicht solange, dass die Beize eintrocknet und darf auch nicht dem Licht ausgesetzt werden.

Dem Ausfärbebade wird für jeden Liter Wasser 1 ccm Essigsäure von 8° Bé, bei hartem Wasser 2 ccm zugesetzt. Die Farbe wird mit der 30—40fachen Menge kaltem Wasser angerührt und durch ein feines Sieb nach und nach ins Färbebad gegossen. Man geht, wie bei Baumwolle beschrieben, kalt ein, zieht 20 Minuten um und erwärmt langsam zum Sieden. In der ersten Stunde darf man jedoch nicht über 60° C. heiss werden lassen. Schliesslich färbt man bei Siedetemperatur während $1^{1}/_{2}$—2 Stunden fertig. Wenn Farbstoff nachträglich zugesetzt werden soll, muss die Flotte wieder auf 30° C. durch zugegossenes Wasser abgekühlt und eine entsprechende Menge Essigsäure zugesetzt werden.

Der Zusatz von Essigsäure darf selbst bei Verwendung von Niederschlagwasser (Kondensationswasser) nicht unterlassen werden, da die Alizarinfarben nur bei Gegenwart von Essigsäure vollständig zur Geltung kommen. Ein Überschuss von Essigsäure ist bei Alizarin nicht schädlich. Das Misslingen der ersten Versuche mit Alizarin ist in sehr vielen Fällen gerade darauf zurückzuführen, dass man unterliess, Essigsäure dem Färbebade zuzusetzen oder dass der Zusatz zu gering war. Das Ausfärben darf in kupfernen Kesseln geschehen, geeigneter sind und bleiben jedoch Holzgefässe.

Die zur Verwendung gelangenden Materialien müssen alle eisenfrei sein, da Eisen die Farbe beeinflusst.

Mit schwefelsaurem Eisem kann abgedunkelt werden. Dies geschieht jedoch nur dann, wenn in Verbindung mit Holzfarben oder auch mit Gerbstoffen gearbeitet wird und dunkle Töne durch Eisen hervorgerufen werden sollen. Das gleichzeitige Auffärben von Holz farben ist ein grosser Vorzug der Alizarinfarben, wie man auch die verschiedenen Alizarinfarben selbst in einem Bade zusmmenbringen kann. Zur Erzielung recht lebhafter Töne kann in gleichem Bade mit Indigokarmin oder einem Teerfarbstoff überfärbt werden.

Den besten Erfolg in bezug auf Ausgiebigkeit und Schönheit des Tons erreicht man beim Ansieden der Wolle mit 6% Alaun und 4% Weinstein. Man erzielt eine krapprote Farbe. Statt des teuren Alauns mag man die billigere, ebenfalls eisenfreie, schwefelsaure Thonerde anwenden. Weinstein kann durch 4% Schwefelsäure vertreten werden, wobei die Wolle ebenso weich bleibt. Jedoch ist zu beachten, dass die Wirksamkeit der Schwefelsäure in einem genauen Verhältnis zu der Grösse des Bades steht. Bei grosser Wassermenge verhindert der Weinstein die Thonerde sogleich in ein basisches Salz und freie Säure zu zerfallen. Der Zerfall wird erst auf der Faser bewirkt. Die Schwefelsäure thut dies nur in konzentrierten Bädern. Bei verdünnteren Bädern fügt man daher, nachdem mit Thonerdesalz und Schwefelsäure angesiedet worden, dem Ausfärbebad 5% essigsaures Natron hinzu. Schwefelsäure wird überhaupt nur bei Farben verwendet, bei denen es nicht auf besondere Schönheit, sondern auf Billigkeit ankommt, sowie bei dunklen Mischfarben.

Häufiger wird die Chrombeize gebraucht, weil sie die echtesten, widerstandfähigsten und gangbarsten Farbtöne liefert. Man beizt mit 3% doppeltchromsaurem Kali und 2½% Weinstein. Der Weinstein kann durch 1% Schwefelsäure ersetzt werden. Man erhält eine braunrote Farbe. Statt doppeltchromsaures Kali kann man 9% Chromalaun und 7% Weinstein anwenden.

Eine weniger häufig gebrauchte Beize ist 7% schwefelsaures Eisenoxydul und 5% Weistein, mit welcher man einen violetten Ton erhält. Bei der vierfachen Alizarinmenge erhält man eine schwarze Farbe. Die Beize hat deswegen wenig Eingang gefunden, weil die damit erzeugten Farben sowohl für sich als in Verbindung mit Hölzern in der Walke zuviel einbüssen. Das Beizen der Wolle kann auf 3 verschiedene Arten geschehen: Vor dem Färben, gleichzeitig mit dem Färben und nach dem Färben.

Bei Thonerdebeize verwendet man fast nur Weinstein und Schwefelsäure. Mit chromsaurem Kali kann man auch allein anbeizen; auch reduciert man die Chromsäure dann durch Nachbehandeln mit 8—10%tiger Bisulfitlösung während 40 Minuten, was in der Praxis wenig benutzt wird. Chromkali und Schwefelsäure ist in manchen Fällen eine sehr geeignete Beize z. B. bei der Färberei wollener Lumpen. Chromkali und Weinstein giebt gut egale Färbungen. Chromkali und Oxalsäure wird viel verwendet, ist billig und giebt lebhafte Nüancen. Chromkali und Milchsäure erschöpft das Bad färbt aber leicht nicht gut durch. Chromoxydsalze werden weniger verwendet (siehe auch unter „Beizen" und „Hülfsmittel").

Das Beizen und Färben zu gleicher Zeit in einem Bad dient nur für helle Töne, die Bäder ziehen meist nur unvollkommen aus.

Beim Nachbehandeln mit Beize wird viel Chromfluorid, Chromalaun oder sonst ein Chromoxydsalz verwendet. Das häufig angewandte Nachbehandeln mit Chromkali giebt Lackbildung und Oxydation zu gleicher Zeit; es entstehen sehr walkechte Nüancen.

Zum Färben der Seide finden Alizarinfarbstoffe wenig Anwendung, da die übrigen Teerfarbstoffe bedeutend grössere Vorteile bieten. Die Seide würde sogar an Glanz und Geschmeidigkeit einbüssen. Sie mögen dagegen zur Herstellung von walkechten Farben auf Seide dienen, wie solche für gewisse Stoffe erforderlich sind. Als Beize kann salpetersaure Thonerde von 10^0 Bé oder basischer Alaun von $4-6^0$ Bé oder Chlorchrom von $15-20^0$ Bé dienen, in welche die Seide $6-12$ Stunden eingetaucht wird. Die letztere Beize ist für dunkle Farben vorteilhaft besonders auch für Alizarinblau, Coeruleïn, Galleïn und Anthracenbraun. Nach dem Beizen wird abgewunden, sorgfältig gewaschen und ins Farbbad eingegangen, welches etwa 20 l Bastseife auf 100 l Wasser enthält. Die Bastseife muss frei von Soda und darf weder alt, noch schammig sein. Das angeschlämmte Alizarin wird ins kalte Bad gegeben. Man beginnt kalt zu färben und steigt innerhalb 1 Stunde auf 90^0 C und bleibt während einer weiteren Stunde bei dieser Temperatur. Für gesättigte Farben gebraucht man $50-60\%$ Alizarin 20%ige Paste.

Nach dem Färben wird geschleudert und ohne zu Waschen kalt mit Weinsäure geschönt. Zur Erzielung violletter Töne wird in salpetersaurem Eisen von $15-20^0$ Bé gebeizt, hierauf gewaschen, geseift und für hellere Töne in $5-10\%$, für dunkle in $25-35\%$ Alizarin kochend ausgefärbt. Dies letztere geschieht am besten im gebrochnen Seifenbade.

Als nicht zu den Alizarinen gehörige Beizfarbstoffe sind hier die schon bei dem Säurefarbstoffe genannten: Tuchrote, besonders 3 G extra und Anthracenrot zu erwähnen, welche auf Chrombeize walkechter sind wie sauer gefärbt.

Direkte rote Baumwollfarbstoffe. Als erster direkter Baumwollfarbstoff wurde das von Böttiger entdeckte Congorot 1884 durch die Actiengesellschaft für Anilinfabrikation in den Handel gebracht. Nicht lange Zeit später wurden Analoge und Homologe dieses ersten Benzidinfarbstoffes auch von den Farbenfabriken Frd. Bayer, dem Farbwerk Leonhardt & Cie. und später von Cassella die sehr bekannten Diaminfarben hergestellt. Alle diese Produkte haben die hervorragende Eigenschaft, ohne Beize die Baumwollfaser anzufärben, was bis dahin nur für Curcuma, Safflor und Orlean bekannt war. Häufig werden diese Farbstoffe auch Benzidinfarbstoffe genannt, da sehr viele derselben sich vom Benzidin, seinen Homologen und Analogen: Tolidin, Dianisidin, Äthoxybenzidin u. s. w. ableiten. Auch Abkömmlinge entfernterer Verwandter des Benzidins wie des Diamidostilbens, die sogenannten Hessischen Farbstoffe, und des Diamidosulfobenzids, die sogenannten Sulfonfarben, gehören hierher. Entfernter verwandt sind Farbstoffe wie St. Denis Rot, Salmrot u. a. m., ferner leiten sich vom Primulin eine Reihe direkter Baumwollfarbstoffe ab wie Geranin, Patentatlasrot und Erica.

Alle diese Farbstoffe sind in erster Linie zum Färben von Baumwolle bestimmt, aber auch auf Wolle und Seide finden sie Verwendung.

Auf Baumwolle färbt man auf neutralem mit Glaubersalz oder Kochsalz versetztem oder auch gleichem schwach alkalischem Bade. Man nimmt auf 1 l Flüssigkeit 5—15 g Glaubersalz und 1—2 g Seife oder 10—20 g Glaubersalz und $1/2$—2 g Soda oder 10 g Natriumphosphat oder 25 g Soda allein.

Meist beginnt man bei mittlerer Temperatur und färbt dann kochend aus; oft bleibt man aber auch bei 40—50°. Mit substantiven Farbstoffen hergestellte Färbungen können auch mit basischen Farbstoffen übersetzt werden, wobei man gleichzeitig nuanciert, die Farbe lebhafter macht und die Licht- und Waschechtheit erhöht.

Sehr viele direkte oder substantive Farbstoffe werden auch in anderer Weise auf der Faser nachbehandelt, z. B. mit 3% Kupfersulfat oder mit 3% Kupfersulfat und 1% Chromkali; andere Färbungen werden durch Natriumnitrit und Säure auf der Faser diazotiert und dann mit irgend einem Entwickler auf der Faser gekuppelt. Als letztere finden Verwendung: β Naphtol, Amidonaphtoläther, Toluylendiamin, Resorcin, Phenol u. a. m. Durch solches Nachbehandeln wird die Nuance tiefer, Licht- und Wachechtheit wird erhöht.

Auf Wolle färbt man meist mit 10—20% Glaubersalz (auch Kochsalz) in einzelnen Fällen setzt man auch etwas Essigsäure zu, öfters Seife und Natriumphosphat. Auf Seide färbt man am besten mit 10—15 % Glaubersalz und 5 % Seife lauwarm; manchmal mit etwas Essigsäure in kochendem Bade und aviviert in schwach angesäuertem Wasser. Auf Wolle erhält man sehr waschechte und walkechte Färbungen; auf Seide auch wasch- und wasserechte Farben. Ein Nachbehandeln mit Chromverbindungen macht meist die Färbung auf Wolle walkechter. Auch für Halbwoll- und Halbseidenfärberei finden diese Farbstoffe vielfach Anwendung. Ebenso ist die Benutzung derselben im Druck auf Baumwolle, Wolle und Seide eine grosse. Aetzbar sind viele derselben mit Zinnsalz oder Zinkstaubätze.

Die wichtigsten roten direkten Farbstoffe sind folgende:

Aktiengesellschaft für Anilinfabrikation:

Congomarken, Brillant - Congo R und G, Benzopurpuriumarken, Brillantpurpurin R; Diaminrot und Deltapurpurin; Rosazurin G und B, Congocorinth G und B; Congo-Rubin; Hessisch-Purpur; Hessisch-Brillantpurpur, Columbiarot, Erika und Salmrot.

Badische Anilin- und Sodafabrik:

Baumwollrot 4 B, Thiazinrot G und B, Oxamin-rot, bordeaux und granat; Naphtylenrot; Salmrot und Diaminscharlach.

Farbenfabriken vorm. Frd. Bayer:

Benzopurpurine, Brillantgeranin; Geranin G; Brillant-Congo, Congorot, Congorubin, Deltapurpurin, Rosazurin, Diaminrot B, Brillantpurpurin, Hessisch Purpur.

Leonhardt & Cie:

Congorot, Brillantcongo, Benzopurpurin, Hessisch Brillantpurpurin, Hessisch Purpur, Rosazurin, Heliotrop, Diaminrot, Congorubin.

Cassella:

Diaminscharlache, Diaminechtrote, Diaminrote, Diaminbordeaux.

Direkte rote Baumwollfarbstoffe sind ferner: Rouge de St. Denis, (Poirier) Rouge M. (Monnet) Glycincorint und Glycinrot (Künzelberger, Prag) und Lachsrot (Griesheim).

Neben den direkten Farbstoffen sind von grosser Bedeutung für Färberei und Druckerei der Baumwolle auch die direkt auf der Faser erzeugten Azofarbstoffe. Eine Zusammenstellung dieser Farbstoffe und der dazu benutzten Rohmaterialien findet sich in der Schrift der Farbwerke Meister Lucius & Brünning: „Die auf der Faser erzeugten unlöslichen Azofarben."

Bei Herstellung solcher Farbstoffe wird derselbe Vorgang vorgenommen wie bei der technischen Darstellungsweise eines Azofarbstoffes: Man diazotiert ein Amin und vereinigt es mit einem Phenol (oder Amin).

Unter Diazotieren versteht man die Einwirkung von Nitrit auf ein Amin, wodurch die Amidogruppe in eine Diazogruppe verwandelt wird. Mit Hilfe dieser Diazogruppe kann das Amin nun das Phenol binden und einen Azofarbstoff bilden.

Dieser Azofarbstoff lässt sich auf der Faser erzeugen, wenn man dieselbe mit der alkalischen Phenollösung tränkt, trocknet und nachher durch eine mit Hilfe von Nitrit aus einem mit Säure versetztem Amin hergestellte Diazolösung durchführt.

Ein sehr wichtiges nach dieser Methode hergestelltes Rot ist das Paranitranilinrot, welches in der Baumwollfärberei in grossen Massen erzeugt wird. Als Phenol wird hier das β Naphtol benutzt, welches überhaupt am meisten zur Herstellung eines Azofarbstoffes auf der Faser Verwendung findet; die mit β Napthol erzeugten Farben zeichnen sich durch grosse Lebhaftigkeit, gute Wasch- und Lichtechtheit und einfache Darstellungsweise aus. Das β Naphtol muss in löslicher Form als Naphtolnatrium auf die Faser gebracht werden. Oft setzt man noch Türkischrotöl, Tragant, Natriumacetat, Antimonoxydnatron etc. zu, was die Nuance und Echtheitseigenschaften verbessert. Naphtolnatrium wird durch Versetzen von in heissem Wasser suspendiertem Naphtol mit Natronlauge erhalten; meist wird etwas Ueberschuss genommen. Ein Bräunen durch Oxydation auf der Faser kann nach D. R. P. 79 802 durch alkalische Glycerin-Antimonoxydlösung verhindert werden.

Das Diazotieren geschieht durch Einfliessenlassen einer berechneten Menge (besser — 10% Ueberschuss) Natriumnitrit in eine mit der nötigen (und bis 50% Ueberschuss) Salzsäure versetzten Menge Paranitranilin bei Temperaturen um 0°. Man filtriert durch ein Tuch und neutralisiert mit Natriumacetat, Soda etc.

Da Diazolösungen nicht überall wegen der niedrigen Temperatur immer leicht herzustellen sind, so kommen auch Diazoverbindungen fertig bereitet in den Handel, z. B. als nitrobenzolsulfosaure Salze (Fabriques de produits chimiques de Thann et de Mulhouse) und als naphtalinsulfosaure Salze. Azophorrot (Höchst)

ist ein Zink- resp. Zinndoppeltsalz. Cassella bringt eine Diazobi-
sulfatverbindung als Nitrazol in den Handel. Durch einfaches
Neutralisieren mit Natriumacetat oder Natronlauge kann man sich
hieraus die passende Diazolösung herstellen. Man passiert nun den
mit Betanaphtol imprägnierten und getrockneten Stoff durch das
Diazobad, quetscht ab, seift und wäscht.

Durch Einwirken von Metallsalzen, besonders des Kupfers,
wird der erzeugte Farbstoff noch oft in Nuance und Echtheits-
eigenschaft verbessert. Bei Paranitranilinrot wird die Nuance in
Braun verwandelt; leider sind die Kupferverbindungen sehr unbeständig und werden schon durch verdünnte Säuren und Alkalien
zersetzt.

Die auf der Faser hergestellten Azofarben sind alle ausgezeichnet durch Lebhaftigkeit und Fülle des Tones; vor allem aber
Paranitranilinrot und das in gleicher Weise auf β Naphtolgrund
mit α Naphtylamin erzeugte Naphtylamingranat. Letzeres steht
dem Alizarin nur an Lichtechtheit nach, ersetzt es aber in vielen
Fällen und ebenso die Kongofarben. Paranitranilinrot findet in der
Uni- und Garnfärberei und im Zeugdruck mehr Anwendung, da
es echter.

In analoger Weise kann man auf mit β Naphtollösung im-
prägniertem Stoff mit diazotiertem Nitrophenitidin, Amidoazobenzol
und Amidoazotoluol rosa, rote und bordeauxfarbige Töne erzeugen;
ebenso lassen sich mit andern Komponenten gelbe, braune, blaue
und schwarze Farben auf der Faser hervorrufen. (Siehe unten.)

β Naphtol kommt als graues Pulver oder in Stücken, Paranitranilin als gelbes Pulver oder als 25%ige Nitritpaste (mit der
nötigen Menge Nitrit gemischt) in den Handel; α Naphtylamin
wird sowohl als feste Base, als auch als salzsaures Salz in Pasten-
form und Pulver benutzt. Auch die anderen Komponenten werden
teils als Base, teils als Salz in der Färberei angewandt.

Dies Verfahren der Herstellung von Farbstoffen auf der
Faser ist in analoger Weise zuerst beim Primulin angewandt
worden und man nannte so hergestellte Farben Ingrainfarben (in-
grain colour); nur arbeitete man umgekehrt, man diazotierte durch
Behandeln mit Nitrit und Säure den mit Primulin gefärbten Stoff;
durch Passieren durch ein Bad eines Phenols erzeugte man dann
die neue Farbe auf der Faser, so z. B. mit Naphtol das praktisch
noch jetzt wichtige Primulinrot. (Siehe auch Primulin.)

Blaue und violette Farbstoffe.

I. Natürliche blaue Farbstoffe.

Indigo.

Der Indigo war schon im Altertum bekannt und stand neben dem Purpur im höchsten Ansehen. Vor und nach der Einführung des Indigos in den deutschen Färbereien wurde mit Waid blau gefärbt. Die Verwendung von Indigo war bis zur Mitte des achtzehnten Jahrhunderts bei strenger Strafe verboten. Der Waid ist gegenwärtig gänzlich verdrängt, auch heute noch gehört Indigo zu den wichtigsten Farbstoffen.

Der wertvolle Indigo, der bis jetzt noch durch keinen anderen Farbstoff in genügender Weise ersetzt werden kann, wird aus den Blättern verschiedener Indigopflanzen gewonnen, die namentlich in Ostindien, dann auch in Mittel- und Süd-Amerika angebaut werden. Der Samen wird wie Weizen oder Hafer gesät. Im Juni oder Juli findet die Ernte statt. Die frischen oder getrockneten Blätter werden in einem grossen Bottich mit Wasser eingeweicht. Nach 14—15 Stunden tritt eine stürmische Gährung ein, die Flüssigkeit nimmt eine gelbe Farbe an und an der Oberfläche bildet sich ein blaues Häutchen. Die Flüssigkeit wird nunmehr in einen zweiten Behälter, die Schlagkufe, abgelassen, wo dieselbe mit Schaufeln mehrere Stunden durchgearbeitet, den Indigo in fester Form abscheidet. Zur Beförderung des Absetzens wird Kalkwasser zugesetzt. Der breiartige Niederschlag wird durch Tücher geseiht und die Masse in Würfel geschnitten und getrocknet. 300 kg Pflanzen geben durchschnittlich 1 kg Indigo.

Der Ammoniak-Indigo ist Indigo nach einem verbesserten Verfahren hergestellt. In die Schlagkufe wird Ammoniak gebracht, wodurch eine grössere Ausbeute an Indigo erzielt wird. Die Färbekraft des so erzielten Indigo soll grösser sein. Er scheint weniger Indigbraun und harzige Bestandteile zu enthalten.

Die Indigo-Gährung wird durch einen Bacillus bewirkt.

Der Indigo besteht aus einem Gemisch mehrerer Substanzen. Der wertvollste Bestandteil ist das Indigoblau oder Indigotin. Daneben enthält derselbe mineralische Bestandteile, besonders Kalk, dann eine leimartige Substanz, Indigleim, genannt, ferner einen braunen Stoff, Indigbraun, einen roten Farbstoff, Indigrot. Das Indigoblau ist nicht in der Pflanze fertig gebildet enthalten, sondern entsteht durch Gährung bezw. durch eintretende Spaltung aus dem in der Pflanze befindlichen farblosen Indican, welcher auch durch Säuren in Indigoblau und eine Zuckerart, Indigglucin, zerfällt.

Die Indigo-Sorten. Die asiatischen Sorten sind am stärksten auf dem Markte vertreten. Unter denselben ragt Bengalindigo hervor mit dunkelblauer Farbe, gleichmässigem Korn und einem Gehalt von mehr als 75% Indigblau. Weniger wertvoll ist die hellblauere Sorte, die auch beim Reiben mit dem Fingernagel keinen so lebhaften Glanz giebt. Am geringwertigsten sind die Stücke mit einem Stich ins graue oder grünliche. Bengalindigo tritt in fast 40 Sorten auf, die durch Bezeichnungen wie superfein, feinblau, blauviolett u. s. w. unterschieden werden. An Qualität nahe steht Madras. Weniger geschätzt ist Java. Die westindischen Sorten sind Coromandel und Manilla. Von den amerikanischen Sorten kommt Guatemala und Caracas dem Bengalindigo gleich, während der brasilianische mehr Mittelsorte ist. Die vorzüglichste und leichteste Sorte von Guatemala-Indigo ist Floras, die zweite Sobras und die geringste Cortes. Nach der Farbe werden wieder verschiedene Klassen unterschieden. Die afrikanischen Sorten haben sich noch nicht eingeführt.

Der Indigo kommt in würfelförmigen Stücken, die oft zerbrochen sind, in den Handel. Die Farbe ist dunkelblau mit einem violetten oder purpurroten Stich. Die Stücke sind meist ohne Glanz und besitzen einen schwachen aber eigentümlichen Geruch. Der Bruch ist erdig und trocken. Durch Reiben mit dem Fingernagel wird auf frischem Bruche ein mehr oder minder starker Kupferglanz erzeugt, die sogenannte Nagelprobe der Färber. Der durch Gährung schwarz gewordene Indigo wird verbrannter oder kohliger Indigo genannt. Sandiger Indigo zeigt im Innern sandige Stellen. Die Stücke des fleckigen Indigos sind mit kleinen, etwa nadelkopfgrossen, weissen Punkten besät. Ausgewitterter Indigo hat einen schimmelähnlichen Anflug. Gebänderter Indigo lässt deutlich verschiedene farbige Schichten erkennen, kalter Indigo haftet an der Zunge. Nach Grösse und Form unterscheidet man halbstückigen Indigo, Stücke, die absichtlich oder zufällig in zwei Hälften gespalten sind, grob zerbrochenen und kleinstückigen Indigo u. s. w. Der Gehalt an Indigoblau schwankt zwischen 20—75 %. Indigo muss leicht sein, auf dem Wasser schwimmen, darf beim Trocknen bei 100° nicht mehr als 3—4 % verlieren, beim Verbrennen nur 7—9 % Asche hinterlassen. Verfälscht wird der Indigo oft mit Stärkemehl, Harz, Schiefermehl, Farbhölzerextrakt, Teerfarben, Berlinerblau u. s. f.

Indigoblau ist unlöslich in Wasser, Alkohol, Aether, Salzsäure und verdünnter Schwefelsäure. Löslich dagegen in rauchender Schwefelsäure, auch in Anilin, Benzol, Chloroform und Amylalkohol. Chlor zerstört Indigo sofort und übt auch Salpetersäure die gleiche Wirkung aus.

Durch reduzierende Mittel unter Mitwirkung von Alkalien wird Indigoblau in Indigweiss überführt und gelöst. An der Luft oxydiert sich das Indigweiss wieder zu Indigoblau. Als verwendete Reduktionsmittel und Alkalien sind namentlich anzuführen: Zinkstaub und Kalk, Eisenvitriol und Kalk, hydroschwefligsaures Natron und Natronlauge, Dextrose und Aetzkali u. s. f.

Die Fähigkeit leicht reduziert zu werden wird in der Praxis zum Lösen des Indigos und zum Färben mit demselben benutzt. Der durch Reduktionsmittel entstehende freie Wasserstoff verbindet sich mit Indigoblau zu Indigweiss:

$$C_{16}H_{10}N_2O_2 + H_2 = C_{16}H_{12}N_2O_2$$

$$\underset{\text{Indigblau}}{\phantom{C_{16}H_{10}N_2O_2}} \quad \underset{\text{Wasserstoff}}{} \quad \underset{\text{Indigweiss.}}{\phantom{C_{16}H_{12}N_2O_2}}$$

Indigweiss löst sich in der durch Kalk oder Natronlauge alkalisch gemachten Flüssigkeit. Eine solche alkalische Indigolösung nennt man Küpenlösung oder kurzweg Küpe. Wird eine Faser hineingetaucht, so lagert sich das Indigweiss auf derselben ab und wird die Faser wieder der Luft ausgesetzt, so verwandelt der Sauerstoff der Luft das Indigweiss sofort zu Indigoblau, indem der Sauerstoff sich mit 2 Wasserstoffatomen zu Wasser verbindet und das Indigoblau mithin wieder erscheint. Diesen Vorgang auf der Faser nennt man das Vergrünen der Faser. Das Indigweiss geht durch grün in blau über. Der Vorgang ist wie folgt:

$$C_{16}H_{12}N_2O_2 + O = C_{16}H_{10}N_2O_2 + H_2O$$

$$\underset{\text{Indigoweiss}}{\phantom{C_{16}H_{12}N_2O_2}} \quad \underset{\text{Sauerstoff}}{} \quad \underset{\text{Indigblau}}{\phantom{C_{16}H_{10}N_2O_2}} \quad \underset{\text{Wasser.}}{}$$

Der Indigo findet eine ausserordentlich grosse Anwendung zum Färben von Baumwolle und Wolle, weniger für Seide. Die erzielten Farbtöne besitzen die grösste Echtheit.

Künstlicher Indigo: Nachdem es Prof. von Bayer in München gelungen, durch eine Reihe von Arbeiten die Constitution des Indigotins aufzuklären und durch Synthese dasselbe darzustellen, war es seit den 70er Jahren des neunzehnten Jahrhunderts ein wichtiges Problem der chemischen Technik, letztere so zu gestalten, dass sie auch in grossem Massstabe ausführbar. Zum ersten Male fand künstlich dargestellter Indigo im Kattundruck Verwendung, indem man eine der Bayer'schen Indigosynthesen, Reduction von Nitrophenylpropiolsäure durch Glycose, xanthogensaures Natron, auf der Faser selbst ausführte. Druckt man diese Körper auf Gewebe auf und verhängt bei 25°, so erhält man Indigomuster auf der Faser an den bedruckten Stellen.

Eine zweite Anwendung künstlich erzeugten Indigo's bot das Indigosalz von Kalle & Cie., das Orthonitrophenylmilchsäuremethylketon, welches mit Alkali in Indigoblau übergeht. Man druckt die Bisulfitverbindung des Ketons auf die Faser auf und passiert dann durch Natronlauge; so entwickeln sich die blauen Muster.

Dann kam das Praepariersalz der Bad. Anilin- und Sodafabrik in den Handel (Indoxylsäure und Soda), welches schon beim Lösen mit Wasser Indigo giebt. Seit 1898 bringt dieselbe Fabrik synthetisch dargestellten Indigo als „Indigo rein“ in 20 %iger Paste und als Pulver von 98 % zum Verkauf. Es stellt sich dieser künstliche Indigo im Preise ungefähr dem natürlichen gleich. Obgleich demselben anfangs prophezeit wurde, dass er mit dem natürlichen nie in Koncurrenz treten könne, führt er sich immer mehr ein und ist sowohl in Wollfärbereien, wie in Baumwollfärbereien und in Kattundruckereien mit Vorteil in Verwendung.

Auch die Farbwerke Höchst fabricieren reines Indigotin und die Farbenfabriken F. Bayer & Cie. sind im Begriff Indigo nach ihrem patentiertem Verfahren darzustellen.

Dem künstlichen Indigo wurde vorgeworfen, dass er infolge Mangels an den Begleitern des natürlichen Indigotins: Indigorot, Indigoleim, nicht gleiche und gleich echte Nuancen gäbe. Es wurde dies widerlegt, da schon nach älteren wissenschaftlichen Arbeiten festgestellt wurde, dass Indigorot ohne Einfluss sei beim Färben. Der Indigoleim lässt sich durch Zusatz von Albumin, Caseïn, Kleber, Gelatine, Knochen-, Haut-, Fisch- und Seiden-Leim, Harzseife, Türkischrotöl etc. ersetzen.

Künstlicher Indigo bietet den Vorteil sicheren Einkaufs und bequemerer Anwendungsweise und wird er neben dem Naturprodukt wohl im Laufe der Zeit eine weitgehende Anwendung finden.

Die bad. Anilin- und Sodafabrik hat ihren künstlichen Indigo in seiner Verwendung sehr eingehend beschrieben in dem von der Fabrik herausgegebenem Buche: „Indigo rein B. A. S. F." Indigoanalyse. Die Wertbestimmung des Indigo's d. h. des Gehaltes an reinem Indigotin kann nach sehr verschiedenen Methoden erfolgen: Als geeignetste seien folgende genannt:

1. Mit Hülfe von Permanganat wird Indigo zu Isatin oxydiert. Man bringt den Indigo durch Behandeln mit konzentierter Schwefelsäure zur Lösung, verdünnt mit Wasser, salzt durch Kochsalz die Indigosulfosäure aus, reinigt sie, löst sie wieder in Wasser und titriert mit eingestellter Permanganatlösung (siehe Winckler, Maassanalyse).

2. Nach Rawson wird Indigo in einer Leuchtgas- oder Wasserstoffatmosphäre in einem Kolben durch Kalkwasser und Natriumhydrosulfit reduciert. Die gebildete Lösung wird gemessen, ein Teil abpipettiert und durch Luft oxydiert. Das ausgeschiedene Indigotin wird nachdem vorher Indigorot durch Extraktion mit Alkohol entfernt ist, gewogen. (Chemical News L 1,255.)

3. Nach J. Schneider wird aus Indigo durch Naphtalin das Indigotin in eigens konstruiertem Apparate extrahiert und nach Entfernung des Lösungsmittels als solches gewogen.

Analog bestimmt Brylinski Indigotin durch Extraktion mit Eisessig. Die Extraktion nach Brandt mit Anilin ist ungenau, ebenso die nach Gerland durch Extraktion mit Nitrobenzol.

Wiedergewinnung von Indigo: Um aus Abfällen, Tuchlumpen u. s. f. den Indigo wiederzugewinnen, werden dieselben mit verdünnter, auf 100° erwärmter Schwefelsäure behandelt. Die Wolle löst sich, während der Indigo unlöslich zu Boden fällt. Bei Militärtuchen kann auf diese Weise 2—3 % Indigo wiedergenommen werden. Will man auch die Wolle behalten, so kann man den Indigo mittels hydroschwefliger Säure abziehen.

Vorbereitung zum Färben. Bevor der Indigo in den Färbereien zur Verwendung gelangt, muss er auf's feinste gemahlen und geschlämmt werden. Die verschiedene Härte der Indigosorten setzen dem Mahlen oft grossen Widerstand entgegen. Es empfiehlt sich dann ein 12—24 stündiges Einweichen des Indigos in Natronlauge von 4° Bé. Das Mahlen wird dann in kürzester Zeit erfolgen können. Die hierzu dienenden Indigomühlen sind im dritten Teile dieses Werkes beschrieben.

Die Anwendung des Indigos in der Baumwollfärberei beschränkt sich auf das Färben in kalt geführten Küpen, kurzweg kalte Küpen genannt. Nach den zur Reduktion gebrauchten Mitteln unterscheidet man die Vitriol- und die Zinkstaubküpe. Die übrigen nur warm geführten Küpen, wie z. B. die Waidküpe, werden nur für Wolle gebraucht. Mit den kalten Küpen erreicht man auf Baumwolle die besten Färbe-Erfolge. Man erzielt ein lebhafteres Blau und beim späteren Überfärben mit gelben Farbstoffen ein viel glänzenderes Grün als wenn man auf warmer Küpe färben würde. Eine Ausnahme macht allein die Hydrosulfitküpe, auf welcher man bei Einhaltung einer geringen Wärme mit gutem Erfolg auch Baumwolle färben kann.

Die Farbgefässe, die Küpen, sind runde oder viereckige Bottiche aus Holz, aus Mauersteinen mit innerm Cementverputz oder aus Eisen, für Stückfärben 2 m tief und 1 m breit, für Garne etwas weniger tief, der praktischen Handhabung wegen in die Erde eingemauert und bis zu $^1/_2$ m aus dem Boden hervorragend. Man benutzt in grösseren Färbereien stets eine Reihe nebeneinander aufgestellter Küpen, von denen jede eine eigene Schattierung von Blau giebt. Man beginnt mit dem Färben in der schwächsten Küpe und steigt allmählich aufwärts bis zur stärksten Küpe, bis der gewünschte Farbton erreicht ist.

I. Die Vitriolküpe. Die Küpe wird aus schwefelsaurem Eisenoxydul (Eisenvitriol), Indigo und gelöschtem Kalk hergestellt. Die Gewichtsverhältnisse werden verschieden angegeben. Gebräuchlich sind z. B. auf 4 kg Indigo 6—12 kg schwefelsaures Eisenoxydul und 5—12 kg gebrannter Kalk. Die Mengen sind abhängig von der Beschaffenheit der einzelnen Substanzen. Die Wassermenge richtet sich nach der beabsichtigten Stärke der Küpe. Die Reihenfolge, in welcher die Substanzen zugesetzt werden, ist nicht von Bedeutung. Beim Ansetzen der Küpe wird zunächst die Küpe mit Wasser halb gefüllt, dann fügt man den Indigo in kleinen Anteilen zu und den kurz vorher frisch gelöschten Kalk und nach wiederholtem kräftigen Umrühren alsdann das vorher kochend gelöste schwefelsaure Eisenoxydul. Nach 2—3 Stunden ist die Reduktion des Indigos erfolgt. Man setzt dann die zweite Hälfte Wasser zu. Nach weiteren 5—6 Stunden kann die Küpe „eröffnet" werden. Die Küpenflüssigkeit hat beim richtigen Stande der Küpe eine weingelbe Farbe. An der Oberfläche vergrünt die Flüssigkeit. Beim Aufrühren bilden sich dunkelblaue Adern, kupferige Flecke und ein schöner blauer Schaum, „Blume" genannt, bedeckt die

Oberfläche. Vor Beginn des Färbens wird die Blume abgeschöpft, die bei Beendigung wieder zugefügt werden kann.

Ist die Küpenflüssigkeit nach Zusatz der erwähnten Substanzen grünlich, so ist noch unveränderter Indigo vorhanden. Es muss alsdann schwefelsaures Eisenoxydul zugesetzt werden. Bei einer sehr dunkel gefärbten Flüssigkeit ist Kalkmangel vorhanden. Anderseits darf auch kein Überschuss an Kalk beigefügt werden. In diesem Falle wird zu wenig Farbe von der Faser aufgenommen; man sagt dann, die Küpe ist „scharf" oder „setzt schlecht auf". Ein Überschuss an Eisenvitriol erzeugt eine „leise" Küpe; die erzielte Farbe ist wenig echt.

Hinsichtlich der Beschaffenheit der Substanzen, muss zunächst guter, ergiebiger Indigo und frisch gebrannter Kalk genommen werden. Das schwefelsaure Eisenoxydul muss von grünlicher Farbe sein, frei von Eisenoxyd, Kupfer- und Thonerde. Ein Eisenoxydgehalt wird schon an der gelben Farbe erkannt. Von solchem muss bedeutend mehr zum Ansetzen genommen werden, denn die Beimengungen tragen nicht zur Reduktion bei, sondern bewirken einen Verlust an Kalk und vermehren den Bodensatz. Die Beimengung von schwefelsaurem Kupfer wirkt oxydirend und führt einen Teil des Indigweiss in Indigblau über. Ein Teil des Kalkes kann auch durch Zusetzen von kohlensaurem Kali oder kohlensaurem Natron ersetzt werden. Den Kalk ganz durch die genannten Substanzen vertreten zu lassen oder gar Ätznatron zu nehmen, empfiehlt sich nicht, da bei Gegenwart von Kalk die Baumwolle stets rascher gefärbt wird und durch den an der Oberfläche der Küpenflüssigkeit fein verteilten Kalk das Indigweiss am besten vor Oxydation geschützt wird.

Nach dem Färben rührt man die Küpe auf und setzt nach Bedürfnis geringe Mengen Indigo, Kalk oder schwefelsaures Eisenoxydul zu. Dann lässt man sie ruhen.

Theorie der Küpe. Der chemische Vorgang bei dieser Küpe ist folgender: Der Kalk zersetzt das schwefelsaure Eisenoxydul und bildet schwefelsauren Kalk oder Gyps und Eisenoxydulhydrat:

$$Fe\,SO_4 + Ca(OH)_2 = Ca\,SO_4 + Fe(OH)_2$$

| schwefelsaures Eisenoxydul | Kalk | schwefelsaurer Kalk | Eisenoxydulhydrat. |

Das Eisenoxydulhydrat ist bestrebt in Gegenwart des fein verteilten Indigos sich in Eisenoxydhydrat zu verwandeln, wirkt deshalb auf das Wasser ein und zersetzt dasselbe. Der Sauerstoff des Wassers verwandelt das Oxydul in Eisenoxydhydrat und Wasserstoff wird frei:

$$2\,Fe(OH)_2 + 2\,H_2O = Fe_2(OH)_6 + H_2$$

$$\underset{\substack{\text{Eisenoxydul-}\\\text{hydrat}}}{}\qquad\underset{\text{Wasser}}{}\qquad\underset{\substack{\text{Eisenoxyd-}\\\text{hydrat}}}{}\quad\underset{\substack{\text{Wasser-}\\\text{stoff.}}}{}$$

Der frei gewordene Wasserstoff verbindet sich mit dem Indigblau und führt dies in Indigweiss über. Letzteres löst sich sodann im Überschuss von Kalk:

$$C_{16}H_{10}N_2O_2 + H_2 = C_{16}H_{12}N_2O_2$$

$$\underset{\text{Indigblau}}{}\qquad\underset{\substack{\text{Wasser-}\\\text{stoff.}}}{}\qquad\underset{\text{Indigweiss}}{}$$

Die Baumwolle wird dann in gut genetztem Zustande in die Küpe gebracht. Man kocht sie vorher in Wasser, mit oder ohne Zusatz von Soda, ab. Nachdem man die Blume abgeschöpft oder auf Seite geschoben, werden die Strähne zur Hälfte auf Stöcken in die Küpe gehängt, 2—5 Minuten auf- und niedergezogen, dann herausgenommen, abgewunden, aufgeschlagen und gelüftet, um zu vergrünen. Zur Erziehung dunkler Töne geht man in weitere stärkere Küpen, bis der gewünschte Farbton erzielt ist. Durch Spülen in einem verdünnten Schwefelsäurebad von 1,5—2° Bé wird die Faser von daranhaftendem kohlensaurem Kalk befreit, gleichzeitig auch die Farbe bedeutend belebt. Zum Schluss wird in fliessendem Wasser gespült, abgewunden und getrocknet.

Um Indigo zu sparen, wird häufig mit einem Farbstoff, z. B. mit Catechu oder Sandelholz vorgefärbt, worauf man beim Ausfärben dunklere Töne mit weniger Indigo erreicht. Umgekehrt wird oft Indigogrund vorgefärbt und ein anderer Farbstoff aufgefärbt. Mit Zinnsalz und salpetersaurem Eisen als Beize überfärbt man mit Blauholz oder man bringt grüne oder blaue basische Teerfarben auf die Faser.

Der Bodensatz der Küpe enthält als wertvollsten Bestandteil Indigblau, daneben schwefelsauren Kalk (Gyps), Eisenoxydhydrat, Indigbraun, Indigrot, Indigleim. Aus dem Bodensatz gewinnt man den Indigo durch Zersetzen des Niederschlags mittelst starker Salzsäure oder durch Reduzieren mit einem kräftigen Reduktionsmittel und allmähliches Auslaugen des Bodensatzes. Die überstehende klare Flüssigkeit wird abgegossen und der Oxydation ausgesetzt, worauf man das sich absetzende Indigotin gewinnt.

II. Die Zinkstaubküpe oder Präparatküpe. Die vorige Küpe hat den Nachteil, dass sie rasch dickflüssig wird. Um dies möglichst zu verhindern, schlug Stahlschmidt im Jahre 1866 vor, Zinkpulver oder Zinkstaub zur Reduktion des Indigos zu ver-

wenden. Zinkstaub, auch Küpenpräparat genannt, ist ein Nebenprodukt der Zinkgewinnung. Es ist ein graues, schweres Pulver,
bestehend aus fein verteiltem Zink, Zinkoxyd, Schwefelzink und
einigen anderen Metallen. Das Pulver muss gut verschlossen und
trocken aufgehoben werden. Auf 10 kg fein gemahlenen Indigo
nimmt man 5—10 kg Zinkstaub und 20—30 kg gelöschten Kalk.
Ersetzt man einen Teil Kalk durch Natronlauge, so ist folgender
Ansatz zu machen: 10 kg Indigo, 5½ kg Zinkstaub, 10 kg ge-
löschter Kalk und 35 kg Natronlauge von 8° Bé. Das Ansetzen
der Küpe geschieht wie folgt: Ein Teil des gelöschten Kalkes
wird dem im Wasser fein verteiltem Indigo zugesetzt, umgerührt
und zehn Minuten stehen gelassen. Dann wird der Zinkstaub,
der vorher mit Wasser zu einem Teige angerührt worden, zugesetzt,
umgerührt und der Rest des Kalkes beziehungsweise die Natronlauge hinzugefügt. Nach 3—5 Stunden werden die schon bei der
Vitriolküpe angeführten Kennzeichen eintreten. Nach dieser Zeit
muss jede Gasentwicklung, wenn man nicht umrührt, aufgehört
haben, die Oberfläche ruhig sein, andernfalls ist Zinkstaub im
Überfluss vorhanden. Die Küpe wird alsdann leicht schlammig
und schaumig. Man muss kräftig aufrühren, um den
Wasserstoff zu entfernen. Vorher kann eine Quantität Indigo zugegeben werden. Nach einer Stunde ruhigen Stehens wird gefärbt.
Häufig wird auch erst ein Ansatz aus Indigo, Kalk und Zinkstaub
für sich bereitet und dann nach Bedarf der Küpe zugesetzt.

Der Vorteil der Zinkstaubküpe besteht zunächst in der längeren
Haltbarkeit. Sie wird erst in 6 bis 8 Monaten schlammig, die
Vitriolküpe schon in drei Monaten. Zinkstaubküpen färben viel
kräftiger. Der Verlust an Indigo ist sehr gering. Das Ansetzen
und Führen der Küpe ist höchst einfach und billig.

Theorie der Küpe. Zinkstaub besitzt die Eigenschaft, bei
Anwesenheit von Kalk das Wasser leicht zu zersetzen und mit
dem freiwerdenden Sauerstoff sich zu verbinden. $Zn + H_2O =$
$ZnO + H_2$. Der Wasserstoff des Wassers führt dann das Indigblau in Indigweiss über, welches sich im Ueberfluss von Kalk sogleich löst.

Die Vitriol- und Zinkstaubküpe sind sehr gebräuchlich in der
Baumwollfärberei. In vielen Fällen bietet grosse Vorteile die
Hydrosulfitküpe.

III. Hydrosulfitküpe. Schützenberger schlug 1872 die
Verwendung von hydroschwefligsaurem Natron als Reduktionsmittel für Indigo vor, in Verbindung mit Kalk beziehungsweise

mit Kalk und Natronlauge. Es wurden dann verschiedene Verfahren für Küpenbetrieb mit Hydrosulfit ausgearbeitet, welche zum Teil gute Resultate lieferten. Die Hydrosulfitküpe wird verwendet sowohl für Baumwolle als auch für Wolle (siehe Seite 152). Für Baumwolle ist sie wichtig bei der Kontinueküpenfärberei der Stückware und zum Färben von Garn in Form von Kops und Spulen.

Hydrosulfit hat den Vorteil, rascher als alle andern Reduktionsmittel Indigo in Indigoweiss zu überführen; trotzdem ist der Vorgang kein heftiger, so dass etwa ein Teil Indigo zerstört würde. Während durch Überreduktion in der Vitriolküpe 20—25°/₀ und in der Zinkstaubküpe bis 10°/₀ Verlust an Indigo entstehen können, werden hier höchstens 1—2°/₀ Indigo zerstört. Andrerseits muss Hydrosulfit immer frisch dargestellt werden, da es sich an der Luft rasch oxydiert, was ein Nachteil ist. Die Küpe erfordert auch mehr Umsicht als andere Küpenarten, arbeitet aber dafür rascher. Das Natriumhydrosulfit (siehe Seite 10) wird meist am Orte der Verwendung selbst durch Reduktion von Natriumbisulfit mit Zinkstaub unter Zusatz von Kalkmilch dargestellt. Nach Angaben der bad. Anilin- und Sodafabrik (siehe Indigo rein B. A. S. F. Seite 76—79) stellt man eine Hydrosulfitlösung von 13° Bé oder eine konzentriertere von 17° Bé her, welche man dann zum Küpenansatz benutzt. Eine Stammküpe wird wie folgt erhalten: 75 kg Indigo rein B. A. S. F. 20°/₀, 40 l heisses Wasser und 90 l Natronlauge von 25° Bé werden auf 45° erwärmt und ¹/₂ Stunde bedeckt stehen gelassen. Dazu giebt man 200—220 l Hydrosulfit 17° Bé, rührt und giebt zu je 10 l bis 80 l Hydrosulfit nach. Die Kontinueküpe wird nun folgendermassen mit diesem Ansatz angesetzt: Auf 4000 l Wasser von 20° giebt man 8—10 l Hydrosulfit zu, rührt und lässt über Nacht stehen; dann lässt man durch ein langes Trichterrohr die Stammküpe zufliessen, rührt um, lässt ruhen und färbt dann. Bei weiterem Betrieb setzt man von einer Stammküpe die nötige Menge nach. Mit dünner Ware geht man stets ungenetzt ein, nach dem Färben wird nur mit Wasser gespült.

Man kann auch statt mit fertigem Hydrosulfit mit einem Gemisch Zinkstaub-Bisulfit, welches einem angeteigten Gemenge von Indigo und Kalk zugesetzt wird, eine brauchbare Küpe bereiten, welche besonders in der Wollfärberei benutzt wird (siehe Indigo rein B. A. S. F. S. 85).

IV. Zuckerküpen. Als weiteres Reduktionsmittel hat Fritsche die Verwendung von Traubenzucker oder Melasse vorgeschlagen. Auf 10 kg Indigo werden z. B. 5 kg Kalk, 35 Liter

Natronlauge von 10° Bé und 8 kg Traubenzucker in Wasser gelöst genommen. Statt Traubenzucker können 12 kg Melasse eintreten. Beim Ansetzen vermischt man zunächst die Trauben-
zuckerlösung oder die Melasse mit der Natronlauge und giebt
dies den andern Teilen zu. Die ganze Mischung wird auf
40—50° C. erhitzt. In 4—5 Stunden ist die Reduktion beendet.
Man muss sehr gut umrühren. Im Sommer kann durch die Hitze
bei Ueberschuss von Traubenzucker oder Melasse eine zu starke
oder saure Gährung eintreten, die dann durch Kalkzusatz oder
Kühlen des Küpenwassers verhindert wird. Man erzielt auf diesen
„Zuckerküpen" ein schönes Hellblau und Dunkelblau. Sie sind
für Stückwaren und Garne geeignet. Die Waren sollen schöner
als auf der Zinkstaubküpe ausfallen. Die Reinigung der gefärbten
Waren ist viel leichter.

Die Anwendung des Indigos in der Wollfärberei ist
ebenso ausgedehnt. Das Färben geschieht in warmen Küpen, d. h.
bei einer Temperatur von ungefähr 50° C. Nach den Reduktions-
mitteln unterscheidet man die Waidküpe, Potasche-, Soda-, Hydro-
sulfit- und Urinküpe. Das Färben wird in grossen gusseisernen
oder kupfernen Gefässen vorgenommen von $1^{1}/_{2}$—2 m Tiefe,
$1^{1}/_{2}-2$ m unterem Durchmesser und 2—$2^{1}/_{2}$ m oberem Durchmesser. Zur bequemeren Hantierung werden sie auch zu einem
Teile in den Boden versenkt, eingemauert, und zwar so, dass der
grössere obere Teil von einem Kanal umgeben ist, in welchem
Dampf zur Erwärmung der Küpe eingeführt wird. Der Bodensatz wird bei dieser Einrichtung nicht aufgerührt und eine regel-
mässige Temperatur eingehalten. Das Umrühren während des
Ansetzens der Küpe wird entweder durch eine mechanische Rühr-
vorrichtung bewirkt oder mittelst einer Handkrücke.

I. Die Waidküpe. Diese Küpe ist die am meisten angewandte Wollküpe, weil sich volle und glänzende, helle oder
dunkle Farbentöne erzielen lassen. Der Name Waidküpe rührt
davon her, dass Jahrhunderte lang in Deutschland einzig diese
Küpe, mit Waid angesetzt, zum Blaufärben benutzt wurde. Erst
zu Anfang des 17. Jahrhunderts begann man Indigo zuzusetzen.
Hieraus ging allmählich die jetzt gebräuchliche Waidküpe hervor,
bei welcher Waid nur noch dazu dient, die Gährung einzuleiten.

Zum Ansetzen nimmt man: 75 kg Waid, am besten solchen,
der vorher noch nicht gegoren, 8 kg fein gemahlenen und mit
wenig Wasser geschlemmten Indigo, 7,5 kg Krapp, 1—2 kg Kalk
und 10 kg Kleie.

10*

Die Ansätze sind in verschiedenen Färbereien sehr verschieden. Delmart empfiehlt als gut: 56 Waid, 3 Krapp, 20 Krystallsoda, 8 Syrup, 15 Kleie, $3^1/_2$ Bengal-Indigo, 1 Kalk (Bastardküpe).

Man füllt zunächst den Kessel zur Hälfte mit Wasser, fügt den mit Wasser erweichten und zerkleinerten Waid und den Indigo hinzu, rührt um und bringt die Temperatur auf 50—70° C. Alsdann rührt man den Krapp, die Kleie und fast allen Kalk hinein. Die Küpe wird dann 12—24 Stunden zugedeckt ruhen gelassen, unter Beibehaltung einer Temperatur von 45—50° C. Nach je 3 Stunden muss aufgerührt werden. Es beginnt alsdann die Gährung, die sich durch ein leises Geräusch zu erkennen giebt. Geht die Gährung zu stark, so dass der Bodensatz aufgeworfen wird, so muss noch $^1/_2$ kg Kalk zugesetzt werden. Ist dagegen die Gährung zu schwach, so kann sie durch Zusatz von Kleie befördert werden. Ein guter Zustand der Gährung ist vorhanden, wenn an der Oberfläche blaue Adern und ein leichter Schaum, die Blume, von schön blauer Farbe, und kupfrige Flecken sich zeigen. Die Küpenflüssigkeit nimmt eine grünlichgelbe Farbe an. Der Bodensatz, auch Küpenmark genannt, mit der Krücke heraufgeholt, hat eine grünliche Farbe, die an der Luft braun wird. Der Geruch ist im allgemeinen ein angenehmer, weder süsslich noch stechend. Die Küpe wird nach je 3 Stunden weiter aufgerührt. Nach weiteren 12—24 Stunden wird die Küpe zum „Eröffnen" fertig sein. Diesen Zeitpunkt erkennt man an einem $^1/_2$ Stunde lang hineingehängten Wolllappen, Stahl genannt, der schön grün gefärbt herauskommt und an der Luft sogleich blau wird. Die Probe darf jedoch erst 2 Stunden nach vorhergegangenem Aufrühren gemacht werden. Die Hauptsache bei der nicht ganz leichten Führung der Waidküpe besteht darin, stets den gehörigen Kalkgehalt zu treffen. Ein Ueberschuss schadet der Bewegung der erforderlichen Gährung; zu wenig Kalk erlaubt der Gährung so zu steigen, dass die Fäulnis des Bodensatzes und das Verderben der Küpe hervorgerufen wird. Nach Beendigung des Färbens muss die Küpe durch neue Mengen von Kalk und Kleie, sowie nach je zwei Tagen mit 1—2 kg Indigo nachgespeist werden. Die Temperatur von 50° C. muss stets beibehalten werden. Nach 3 bis 4 Monaten wird die Küpe so dickflüssig, dass kein Zusatz mehr gemacht werden kann. Die Küpe wird dann zum Färben von hellen Tönen benutzt, bis sie ganz abgefärbt ist, worauf der ganze Inhalt abgeschöpft wird.

Theorie der Küpe. Infolge der Gährung von Waid und Kleie entsteht aus dem Zucker des Krapps, dem Gummi und der

Stärke zuerst Milchsäure. Diese setzt sich bald um in Buttersäure, Kohlensäure und Wasserstoff. Letzterer führt das Indigblau in Indigoweiss über:

$$2\,C_3H_6O_3 = C_4H_8O_2 + 2CO_2 + 2H_2.$$

Milchsäure   Buttersäure   Kohlen-   Wasser-
säure   stoff.

Das Indigoweiss löst sich in der durch das Ammoniak,
welches bei der Gährung des Waids frei wird, alkalisch gewordenen
Flüssigkeit. Der Kalk dient, wie schon erwähnt, zur Regelung
der Gährung und zur Zersetzung der gebildeten Ammoniksalze,
um Ammoniak in Freiheit zu setzen. Ausserdem sättigt der Kalk
die durch Gährung gebildete Säure, welche sonst das Ammoniak
neutralisieren und dem Indigoweiss das Lösungsmittel nehmen würde.
Der Kalk bindet auch Indigbraun. Es geht hieraus die wichtige
Rolle des Kalkes hervor, wie es sich auch zeigt, wie verwickelt
die Vorgänge bei der Waidküpe sind.

Krankheiten der Küpe. Die Störungen, denen eine Waid-
küpe ausgesetzt ist, nennt man gemeiniglich die Krankheiten der
Küpe. Sie entspringen aus dem Zustande der Gährung oder dem
Uebermass von Kalk.

Bei einer guten Küpe hält sich stets die faule und saure
Gährung das Gleichgewicht.

Infolge von zu geringem Zusatz von Kalk wird eine stärkere
Gährung hervorgerufen, die schliesslich den Indigo zerstören kann.
Die Färber nennen den Zustand das Durchgehen oder Faul-
werden der Küpe, erkennbar an dem faulen Geruche, an dem Verschwinden der Blume und dem trüben, rotgelblichem Aussehen der
Flotte. Dieser äusserst nachteiligen Störung ist die Waidküpe
besonders stark ausgesetzt. Bringt man einen blaugefärbten Lappen,
Wächter genannt, in die Küpe, so wird dieser allmählich, statt
stärker geblaut zu werden, an Farbe abnehmen. Zu Beginn des
„Durchgehens" ist die Küpe zu retten. Ein Zusatz von Kalk
mässigt die schnell fortschreitende Fäulnis. Man erhitzt die Küpe
auf 80—90° C. und bringt nach Verhältnis in kleinen Mengen
Kalk hinein und rührt um, bis die Gährung wieder beginnt.

Setzt man zu viel Kalk zu, so tritt ein anderer Uebelstand ein,
die Verschärfung oder das Scharfwerden der Küpe. Der Kalk-
überschuss schlägt das Indigoweiss aus seiner Lösung nieder. Ein
gegen das Licht gehaltener Tropfen zeigt eine fast wasserhelle
Farbe, der rötlich braune Bodensatz verändert an der Luft die
Farbe nicht, Adern und Blumen fehlen ganz und die Flotte selbst

hat eine dunkelbraune Farbe. Die durch Aufrühren entstandenen Luftblasen bleiben lange stehen und sehen grünlich-weiss aus. Die Gährung wird bald gänzlich aufhören. Um dieselbe wieder hervorzurufen, wird ein Sack mit Kleie mehrere Stunden in die Küpe hineingehängt. Durch die Gährung der Kleie entstehen Säuren, welche den überschüssigen Kalk neutralisieren und unschädlich machen. Einfacher als Kleie ist ein geringer Zusatz von Eisenvitriol oder von verdünnter Schwefelsäure, die mit Kalk zu schwefelsaurem Kalk sich umsetzten. Die Gährung, durch Kleie hervorgerufen, kann zuweilen so heftig werden, dass sie, wenn sie nicht durch Kalk gemässigt wird. bald in faule Gährung übergeht, die die Küpe dann in äusserstem Grade verdirbt.

Ein grosser, fehlerhafter Zustand der Küpe wird von vielen Färbern verkannt, weil diese meistens ihre Aufmerksamkeit den vorgenannten beiden Punkten zuwenden. Die zu färbende Ware kommt in einer blassgraublauen Farbe zum Vorschein. Man nennt dies das gebrochene Grün. Bodensatz und Flüssigkeit haben eine bräunlichgrüne Farbe. Die Küpe hat eine sehr geringe oder gar keine Blume. Die Adern sind fast unbemerkbar. Es fehlt der eigentümliche Geruch. Dieser Zustand entsteht, wenn der angewandte Waid bei seiner Zubereitung zu stark gegoren, wenn die Küpe zu lange und zu oft in Gebrauch gewesen und wenn nicht regelmässig oder übereilig gespeist worden. Die vorwaltende Essiggährung unterdrückt die faule Gährung. Die gebildete Essigsäure neutralisiert das Ammoniak (siehe oben). so dass die Reduktion des Indigos gehemmt wird. Letzterer bleibt unaufgelöst im Bade und färbt dasselbe grün. Um die Küpe wieder in Stand zu bringen, erwärmt man ohne Kalk zuzugeben und fügt einige Pfund Waid, der nicht gegoren, zu. Nach 12 Stunden wird die Küpe wieder hergestellt sein. Nach anderer Anweisung soll man schwefelsaures Eisenoxydul in geringer Menge bei tüchtigem Umrühren zufügen.

Das Färben. Bevor die Wolle auf die Küpe gebracht wird, muss sie, wie immer beim Färben, sorgfältig entfettet und gewaschen sein. In noch feuchtem Zustand gelangt die Wolle als lose Wolle, Garn oder Gewebe, in die Küpe, von welcher man vorher die Blume abgeschöpft hat. Lose Wolle wird in einem Netz gefärbt, in welchem sie vollständig frei unter der Oberfläche der Flotte schwimmen kann. Mit einer Stange wird sie in dem Netze langsam hin und her bewegt. Bei grösseren Mengen bringt man statt eines Netzes in der Tiefe eines Meters eine Trift an, das ist ein Rahmen mit darüber gespanntem, ausgestrecktem Netz aus starken Schnüren. Die Trift verhindert das Aufrühren des Bodensatzes. Nachdem die Wolle ½—2 Stunden lang in dieser Weise behandelt worden, wird sie herausgenommen, in grosse Netze gebracht, damit die Flüssigkeit ablaufen kann und die dann noch überschüssige Flüssigkeit abgequetscht. Zum Vergrünen wird sie nunmehr auf Haufen ausgebreitet. Es folgt nach einiger Zeit das Absäuren in schwach saurem Wasser und ein gründliches Spülen zur Entfernung jeder Spur Säure. Garne werden an Kordeln gefärbt und unter der Oberfläche der Flotte umgezogen. Wollenes Tuch wird über einer Trift unter der Oberfläche der Küpe über Quetschrollen eine Zeit lang hin und hergeführt, je nach dem zu erzielenden Farbton und je nach der Durchdringlichkeit des Stoffes. Nach dem Färben wird abgesäuert und gewaschen. Um jede Spur lose anhängenden Indigos noch zu entfernen, wird das Tuch nach dem Färben mit Seife und Walkerde gewalkt. Zuweilen kocht man die Ware noch vorher mit Alaun und dämpft, wodurch grössere Lichtechtheit und geringeres Abschmutzen erzielt wird.

II. Die Potascheküpe. Die Küpe, früher kurzweg Indigoküpe genannt, wird wie die Waidküpe angesetzt, nur mit dem Unterschiede, dass kein Waid und auch kein Kalk gebraucht wird und statt dessen Potasche-Zusatz erfolgt. Es werden folgende Verhältnisse angewandt: 10 kg Indigo, 6 kg Krapp, 2—5 kg Kleie, 10—15 kg Potasche. Man kocht zunächst mehrere Stunden Krapp, Kleie und Potasche. Hierauf lässt man die Temperatur auf etwa 40° C. zurückgehen und fügt gemahlenen und geschlemmten Indigo hinzu, rührt um und überlässt das Ganze der Gährung. Nach 6—12 Stunden wird nochmals umgerührt. In 2 Tagen wird die Küpe eine grünlich-gelbe Farbe angenommen haben und an der Oberfläche werden sich kupferige Flecken, blaue Adern und eine schöne Blume zeigen. Die Küpe kann dann eröffnet werden. Die Küpe ist leichter zu führen als die Waidküpe und kommt nicht so leicht in Unordnung, ist nicht den Krankheiten der Waidküpen unterworfen, weil Waid und Kalk fehlen. Das Farbbad ist reichlicher mit Farbstoff angefüllt. Die Stoffe erhalten einen satten Farbton. Die Küpe ist mehr zum Färben von dunklen Farben geeignet. Beim nachherigen Waschen mit Seife geht weniger Farbstoff verloren. Das Färben endlich geht in der Hälfte der Zeit vor sich. Der Bodensatz ist gering. Zweckmässig ist ein Zusatz von etwas Kalk, wodurch das Indigobraun gebunden wird, das sonst durch Potasche etwas gelöst und den blauen Farbton benachteiligen würde. Die Dauer ist eine geringere als die der Waidküpe.

III. Die Sodaküpe. Diese Küpe ging ebenfalls aus dem Bestreben hervor, die Waidküpe zu vereinfachen. Sie wurde von einem Färber in Louvier (Frankreich) aufgefunden. Ansatz und Gährungsverlauf ist verschieden von der Waidküpe, weil kein Waid und kein Krapp gebraucht wird. Folgende Bestandteile werden angewandt: 5 kg Indigo, 10 kg kryst. Soda, 40 kg Kleie, 2½ kg Kalk. Man kocht zuvor die Kleie mehrere Stunden lang, lässt die Temperatur auf 40—50° zurückgehen, setzt dann die übrigen Bestandteile mit Ausnahme des Kalks und eines Teiles Soda unter Umrühren zu. Das Ganze wird mehrere Tage der Gährung überlassen, die sich hier jedoch nicht so schnell einstellt wie bei der Waidküpe. Alle 6 bis 12 Stunden wird aufgerührt und nach Bedürfnis vom Reste des Kalkes und der Soda zugesetzt, bis die wiederholt angeführten Kennzeichen für den guten Gang einer Küpe eingetreten sind. Jedesmal nach vollendetem Färben wird mässig erwärmt und ein kleiner Teil Kalk hinzugesetzt. Die Sodaküpe ist nicht in dem Maasse der Gefahr des Durchgehens und des Scharfwerdens ausgesetzt wie die Waidküpe, trübt sich auch nicht so leicht, weshalb ununterbrochen darauf gefärbt werden kann. Sie gerät zwar schneller in Unordnung als die Waidküpe, ist jedoch bedeutend leichter zu führen als diese. Sie hält bis 1½ Jahre und ist wohlfeiler als die Potascheküpe. Besonders ist sie zum Färben halbwollener Waren geeignet.

IV. Die Hydrosulfitküpe. Diese Küpe ist, wie schon oben gesagt, ganz das Ergebnis wissenschaftlicher Forschung. Das Reduktionsmittel ist die von Schützenberger im Jahre 1872 aufgefundene hyposchweflige Säure, unterschweflige Säure oder auch hydroschweflige Säure genannt. Von Schützenberger und Lalance wurde dieselbe zuerst zur Reduktion von Indigo vorgeschlagen. Anfangs wurde die Küpe nur für die Druckerei gebraucht, gegenwärtig findet sie besonders in der Wollfärberei viel Verwendung, wo sie grosse Vorteile vor der Waidküpe zeigt. Sie ist nicht den Unzuträglichkeiten der Waidküpe ausgesetzt, kann sehr leicht fast von einem Laien geführt werden, hinterlässt fast keinen Schlamm bei jahrelanger Anwendung und giebt ebenso volle und lebhafte Farbtöne wie die anderen Küpen. Das Ingangsetzen der Küpe erfordert verhältnismässig sehr wenig Zeit.

Für Anstellung der Küpe bedarf es zunächst der Herstellung des Reduktionsmittels, der Hydrosulfitlösung, falls solche nicht gleich fertig aus der Fabrik bezogen wird (siehe Seite 146). Hydroschweflige Säure entsteht durch Einwirken von Zink auf schweflige Säure. Da man solches nicht gut praktisch ausführen kann, verwendet man saures schwefligsaures Natron oder Natriumbisulfit, auf welches durch Einwirken von Zink ebenfalls hydroschweflige Säure resp. ihr Salz entsteht:

$$3\,HNaSO_3 + Zn = Na_2SO_3 + Zn\,SO_3 + HNaSO_2 + H_2O$$

| saures schweflig-saures Natron | Zink | schwefligsaures Natron | schwefligsaures Zink | hydroschweflig-saures Natron | Wasser. |

Zweckmässig nimmt man Zinkspäne, nicht Zinkstaub oder Zinkkörner (Granalien). Das Zink muss einige Stunden einwirken. Das betreffende Gefäss muss von Zinkspänen als auch von Flüssigkeit vollgefüllt sein, damit eine möglichst geringe Luftschicht mit der entstehenden hydroschwefligen Säure in Berührung kommt. Letztere muss sofort sorgfältig mit Kalk oder Natronlauge neutralisiert werden, um die leichte Zersetzlichkeit der Säure einigermaassen zu beheben. Den hierbei entstehenden Niederschlag lässt man absitzen und hebert die überstehende Flüssigkeit ab. Die Flüssigkeit ist noch immer leicht zersetzlich und muss vor Luftzutritt geschützt werden. Befindet sich das Reduktionsmittel in einer Flasche oder einem Glasballon, der nur zur Hälfte damit angefüllt ist, so empfiehlt sich die Umfüllung mittelst Heber in ein gut verschliessbares Gefäss, welches vollgefüllt wird.

Der Ansatz der Hydrosulfitküpe für Wolle geschieht in analoger Weise wie oben für Baumwolle angegeben, nur ist weniger Hydrosulfit erforderlich und muss andrerseits jeder Überschuss an Alkali vermieden werden. Als Ansatz der Stammküpe für eine mittlere Küpe empfiehlt die badische Anilin- und Sodafabrik: 2,5 kg Indigo rein B. A. S. F. von 20%, 1 l Natronlauge 25° Bé, 20 l konzentrierte Hydrosulfitlösung von 17° Bé. Man erwärmt auf 45°, rührt und lässt 1 Stunde stehen. Man füllt dann die grosse Küpe mit ausgekochtem abgekühltem Wasser. Dann setzt man auf 1000 l Wasser 1,5—2 l Hydrosulfit von 13° Bé zu, lässt eine halbe Stunde stehen und giebt darauf nach Bedarf von der Ansatzküpe zu und rührt. Die Küpenflüssigkeit wird nun nach Zusatz einer geringen Menge Hydrosulfitlösung eine grünlichgelbe Farbe erhalten und die übrigen Kennzeichen der Küpe zeigen. Man kann nunmehr mit der Ware eingehen; besser ist es jedoch, eine halbe Stunde zur Entwickelung der Küpe zu warten. Während des Färbens wird die Temperatur von 45—50° C. eingehalten. Das Färben geschieht in derselben Weise, wie oben ausgeführt worden;

durch Spülen in Wasser wird „vergrünt". Diese Küpe zeichnet sich durch Mangel an Satz aus; ausserdem werden auch mit fertigem Hydrosulfit und Ätzkalk Küpen mit geringem Satz erhalten. Viel gebräuchlich ist auch die diesen nahestehende Bisulfit-Zinkstaub-Kalkküpe, besonders in englischen Wollfärbereien. Zum Führen der Küpen bedient man sich der Ansatzküpen resp. der Hydrosulfitlösung. Näheres siehe Indigo rein B. A. S. F. Seite 146 u. f.

V. Die Urinküpe. Die Küpe wird durch Auflösen von Indigo in faulem Harn dargestellt. Die im Harn enthaltenen organischen Bestandteile reduzieren den Indigo und durch das Ammoniak des faulen Harns, oder genauer durch das aus dem Endzersetzungsprodukt des faulenden Harns, dem Harnstoff, entstehende kohlensaure Ammoniak wird das Indigoweiss aufgelöst. Die Küpe ist nur zum Färben im kleinen Maassstabe geeignet. 1 kg Indigo wird mit 150 kg Urin und einer entsprechenden Menge Wasser zusammengebracht. Man setzt auch wohl Kochsalz, Krapp und andere Stoffe zu. Der Ansatz ist dann wie folgt: Zu 500 l gefaultem Urin setzt man 3—4 kg Kochsalz und erwärmt 4 bis 5 Stunden lang auf 50—60° C. Dann fügt man 1 kg Krapp und 1 kg Indigo zu, rührt um und überlässt das Ganze der Gährung. Die Küpe ist sehr lange bekannt und giebt namentlich auf feiner Wolle gute Erfolge.

In der Seidenfärberei wird die Indigoküpe selten gebraucht, da der Kalk die Seide rauh und brüchig macht. Zu verwenden wäre hier wohl eine Küpe mit Zinkstaub und Ammoniak.

Waid. Die frischen Blätter der Waidpflanze, die in Deutschland und anderen Ländern Europas wächst, werden in Bottichen mit Wasser übergossen und in leichte Gährung versetzt, dann zu Ballen geformt, getrocknet und in den Handel gebracht. Die Waidkugeln sind gewöhnlich dunkelbläulich-grün oder gelblichgrün, häufig mit Schimmel bedeckt. Durch das Alter verbessern sie sich. Die beste Sorte kommt aus Süd-Frankreich und führt den Namen Pastel. Waid wird nur als gährungserregender Zusatz, weniger als farbstoffvermehrendes Mittel bei der Waidküpe gebraucht. Früher diente er ausschliesslich zum Blaufärben. 100 kg Waid haben dieselbe Färbekraft wie 2 kg Indigo. Der Verbrauch ist gegenwärtig ein sehr unbedeutender.

Indigokarmin, schwefelsaures Indigo, blaues Karmin oder löslich Indigoblau (Indigo soluble). Aeltere Bezeichnungen sind: Indigo-Komposition und Indigotinktur. Der Farbstoff kommt auch unter dem Namen Indigotin in den Handel, welcher Name aber eigentlich nur reines, aus Indigo gewonnenes Indigoblau bezeichnen sollte.

Indigokarmin besteht aus indigoblau-schwefelsaurem Natron. Vom Indigo unterscheidet es sich durch seine Löslichkeit. Es wird dargestellt durch Behandeln von fein gemahlenem Indigo mit rauchender oder konzentrierter Schwefelsäure, Verdünnen mit Wasser und Neutralisieren der Lösung mit Soda unter Zusatz von Kochsalz, bis die Flüssigkeit noch schwach sauer reagiert. Das indigoblau-schwefelsaure Natron scheidet sich dann in dunkelblauen Flocken aus. Der Niederschlag wird ausgewaschen und in teigartiger Beschaffenheit oder getrocknet und pulverisiert verkauft. Der Farbstoff ist leicht löslich. Zum Färben von Wolle bedarf es nur eines Zusatzes von 5% Schwefelsäure zum Farbbade und gleichzeitig 10% Glaubersalz, damit die Farbe gleichmässiger auf die Faser aufgeht. Seide wird ebenfalls in angesäuertem Bade oder auch, wie weiter unten angegeben, gefärbt.

Setzt man Alaun zur Lösung des Indigos in Schwefelsäure und rührt Stärkemehl hinein, so erhält man das sogenannte Neublau oder Waschblau, zum Bläuen der Wäsche bestimmt, das in viereckigen Stückchen oder gepulvert in den Handel gelangt.

Sächsischblaufärberei. Das Färben mit Indigokarmin nennt man auch die Sächsischblaufärberei, weil sie in Sachsen im Jahre 1740 zuerst benutzt wurde. Man erhält die Farbe durch Lösen von Indigo in rauchender oder konzentrierter Schwefelsäure. Da die übrigen Bestandteile des Indigos das Sächsischblau leicht grünlich und unrein machen würden, so werden dieselben vor dem Färben durch besonderes Verfahren entfernt. Man löst 1 Teil Indigo in 4—8 Teilen rauchender Schwefelsäure und lässt die Lösung mehrere Tage stehen, erhitzt dann im Wasserbade, also bei niedriger Temperatur, solange, bis der Indigo vollständig gelöst ist und wasserblau gefärbt wird. Die Indigolösung schüttet man nun allmählich in 20—30 Teile Wasser, wobei ein Teil der verunreinigenden Bestandteile des Indigos sich zu Boden setzt. In die klare Lösung wird nun rein gewaschene lose Wolle gebracht, die Flüssigkeit zum Sieden erhitzt und 24 Stunden ruhen gelassen. Die Wolle färbt sich schwarzblau, indem sie Indigosulfosäure und noch einige andere Verbindungen aufnimmt. Die übrig bleibende Flüssigkeit ist grünlichblau oder schmutziggelb. Die Wolle wird hierauf abtropfen gelassen und mit Wasser gewaschen. Dann bringt man die Wolle in einen Kessel mit Wasser, welchem ein wenig Potasche, Soda oder kohlensaures Ammoniak zugefügt worden und lässt ¼ Stunde kochen. Die blauen Säuren werden dann die Wolle verlassen und das Wasser färben. Die Wolle bleibt schmutzig-rotbraun zurück, gefärbt mit Indigorot, auf welches das Alkali wenig einwirkt. Die übrig gebliebene Flüssigkeit ist nunmehr zum Blaufärben der Wolle und Seide geeignet. Die damit erhaltenen Farbentöne sind reiner und haben einen schönen lebhaften Glanz. Man nennt dies Blau ein abgezogenes Blau. Das Sächsischblau wird nur auf Wolle und Seide gefärbt. Wolle wird vorher mit 4—5% Alaun und 1% Weinstein gebeizt und bei einer Temperatur von 75° C. im besondern Bade ausgefärbt. Auf der Faser bildet sich sodann indigodisulfosaure Thonerde. Zum Seidefärben wird die Seide in heisser Lösung von 25% Alaun längere Zeit eingeweicht. Dem Färbebad wird 10% Alaun zugesetzt. Nach dem Färben wird die Seide in einem Bade mit Essigsäure oder Weinsäure geschönt. Die Farbe lässt sich mit Cochenille, Gelbholz, Blauholz, Orseille u. s. w. abtönen.

Sächsisch-Blau kann man auch so darstellen: Indigo in grobes Pulver zerrieben wird ¼ Stunde in konzentrierte Salzsäure eingeweicht, mit Wasser verdünnt, filtriert und gewaschen, 1 Teil getrockneter Indigo wird dann in 5—6 Teile konzentrierter Schwefelsäure eingegeben und 1 Stunde auf 50—60° erwärmt, 24 Stunden stehen gelassen.

Die mit Indigosulfosäure, d. h. Karmin erhaltenen Farben sind lebhafter als Küpenblau, aber weniger echt gegen Seife, Licht und auch gegen Walken; zum Herstellen von Modefarben findet aber dieser lösliche Indigo auf Wolle noch ziemlich Verwendung; in vielen Fällen ersetzen ihn aber Teerfarben.

Auch Küpenblau hat man versucht durch andere Farbstoffe zu ersetzen. Indigo hat aber den Vorteil grosser Lichtechtheit, guter Uebersicht und lebhaften Tones von selbst hellen Stellen, so dass darin nur wenige andere Farben ihm gleich kommen. Auf Wolle machen ihm Konkurrenz die Alizarinblau's, Anthracenblau, auch wohl Säurevioletts und Patentblau. Auf Baumwolle ersetzen ihn teilweise die basischen Farbstoffe: Naphtindon (Cassella) Indoïnblau B. A. S. F.*) und Diazinblau (Kalle), ferner Neublau, Indaminblau, Phenylenblau; auch direkte Farbstoffe, welche auf der Faser nachbehandelt und dadurch sehr licht- und wasch-

---

*) B. A. S. F. = badische Anilin- und Sofabrik.

echt werden, machen dem Indigo stark Konkurrenz: Diaminogen-
blau, Diaminazoblau, Diamineralblau von Casella; ferner
von Bayer: Benzochrom- und schwarzblau, Diazoblau, Indigen F, Diazoindigoblau; Oxaminblau (B.A.S.F.); Sambesi-
blau (Aktiengesellschaft), Naphtaminindigo (Kalle).

Blauholz, Campecheholz, Logwood. Es ist das vom weissen
Splint befreite rote feste Kernholz des in Süd- und Mittelamerika
heimischen Baumes Haematoxylon campechianum. Das Holz kommt
in Stücken oder Scheiten, für den Färber geraspelt oder gemahlen,
in den Handel. In letzterem Zustande kann es mit rotem Sand
oder andern Rothölzern verfälscht werden. Das Kernholz hat
aussen eine dunkelblutrote bis braunrote, innen eine gelbliche
Farbe, einen schwachen, veilchenartigen Geruch und zusammenziehenden, bitteren Geschmack. Beim Anfeuchten mit Ammoniak-
flüssigkeit nimmt das Holz eine dunkelviolette Farbe an. Die beste
farbreichste Sorte ist das eigentliche Campecheholz, aus der Cam-
pechebai stammend, jetzt fast erschöpft. An Güte nahestehend ist
Monte-Christoblauholz aus Domingo und Jamaikaholz. Geringer
ist Domingoholz; am farbstoffärmsten Martinique und Guadeloupe,
welche auch unvollkommen vom Splint befreit sind. Von allen
Farbhölzern wird Blauholz am meisten gebraucht, und ist Blauholz
auch jetzt noch einer der wichtigsten Farbstoffe trotz der Konkurrenz der Teerfarben.

Der Farbstoff erzeugende Bestandteil ist das Haematoxylin,
welches durch Oxydation in das gefärbte Haemateïn, den eigentlichen Farbstoff übergeht. Aus diesem Grunde lässt man auch das
zerkleinerte, geraspelte Blauholz an der Luft fermentieren, d. h.
man schüttet es in Haufen, lässt dieselben liegen, feuchtet wiederholt mit Wasser an und schaufelt öfters um. Im Sommer genügen
oft schon wenige Tage, im Winter braucht man zuweilen einige
Wochen. An Wasser werden 40—80% aufgenommen. Ein solches
Blauholz giebt eine schönere und kräftigere Farbflotte. Die Späne
von solchem fermentierten Blauholz zeigen eine dunkelrote Färbung
und einen eigentümlichen, metallischgrünen Widerschein. Die Abkochung des Blauholzes in Wasser ist dunkelrot; sie wird durch
Säuren heller, durch Alkalien purpurviolett, durch Bleizucker entsteht ein blauer Niederschlag.

Blauholzextrakt. Häufiger kommt das Blauholz in Extrakt-
form in Anwendung, sowohl in flüssiger Form, 30—35° Bé stark,
als in fester Form unter dem Namen Haemateïn und auch in Pulverform. Mit grösserer Leichtigkeit als mit den Hölzern lassen sich mit

Extrakt schnell beliebig starke Farbbäder herstellen. Man spart das Raspeln und das Auskochen des Holzes. Der Extrakt im festen Zustand ist von schwarzbrauner Farbe, fettglänzendem, muscheligen Bruche, in Wasser nicht völlig löslich, indem bald grössere, bald geringere Mengen harziger Bestandteile zurückbleiben. Aus diesem Grunde werden die flüssigen Extrakte vielfach vorgezogen, weil diese sich leichter und klarer lösen. Der Extrakt wird zuweilen durch Kastanienrinden- oder Fichtenrindenextrakt, durch Melasse, Dextrin, Glaubersalz, Kreide, Gummi, Stärke und Sirup verfälscht. Der Aschengehalt für reinen Extrakt darf 3% nicht übersteigen. Ist er geringer, so ist damit allerdings auch nicht unbedingte Reinheit erwiesen. 15 kg Blauholzextrakt sollen in der Wirkung ungefähr 100 kg Blauholz gleichkommen (1 : 7).

Das Ausziehen der Farbhölzer. Dasselbe geschieht meistens durch Auskochen des geraspelten Holzes in offenen Gefässen durch hinzugeleiteten Dampf oder in geschlossenen Gefässen unter mehr oder weniger starkem Druck (Farbholzkocher). Bei letzterem Verfahren soll jedoch ein Teil des Farbstoffes vollständig unwirksam werden, obwohl scheinbar aller Farbstoff ausgezogen wird. Um das Farbholz richtig auszunutzen, als auch der Farbflotte nicht zu schaden, setze man die Farbhölzer nicht hoher Temperatur aus. Das Auskochen muss in hölzernen oder kupfernen und darf keineswegs in eisernen Gefässen geschehen. Beim Auskochen unter Druck wurden in Farbholzextraktfabriken 14—16% fester Extrakt gewonnen, während bei Anwendung eines Auslaugeverfahrens bei Siedehitze des Wassers der Gehalt auf 20% stieg. Auch wird der Extrakt bei weitem farbkräftiger und schöner.

In Wollfärbereien wird das für eine Farbe benötigte Blauholz noch zuweilen, in Säcke gefüllt, kurz vor der Verwendung ausgekocht. Wenig empfehlenswert ist die Methode, das Blauholz gleich in Spänen mit der Ware zugleich zuzugeben wie dies bei Stückwarenfärberei geschieht.

Mit Blauholz werden baumwollene, wollene und Seiden-Stoffe hauptsächlich in den Farben blau und schwarz, dann auch grau, rotviolett und mode gefärbt. Für alle Fasern ist Blauholz wohl gleich wichtig.

In der Baumwollfärberei verwendet man Blauholz ausschliesslich zur Herstellung verschiedener schwarzer Töne, wie Blauschwarz, Kohlschwarz, Violettschwarz. Man beizt die Baumwolle für Stränge kalt mit holzessigsaurem oder salpetersaurem Eisen, fixiert mit Soda und färbt im Blauholzbade aus. Um jedoch eine echtere Farbe zu erzielen, erzeugt man vorher auf der Faser gerbsaures Eisen, indem man die Baumwolle mehrere Stunden in ein Gerbstoffbad, wie Sumach, Galläpfel u. s. w. legt und dann erst die Eisenbeize folgen lässt. Um jede Spur Säure zu entfernen und um ein basisches Eisensalz auf der Faser zu erhalten, folgt mehrmaliges Durchziehen der Ware durch Kalkmilch oder Kreidebad. In einigen Färbereien giebt man bei feinen Baumwollgarnen denselben vorher einen hellblauen Grund mit Indigoküpe und färbt dann wie oben angeführt. Man erhält das bekannte Echtschwarz.

Man kann auch dem eben erwähnten Eisenbade schwefelsaure Thonerde zufügen und durch phosphorsaures oder arsensaures Natron oder Kuhkot befestigen. Hat man in heissem Catechubade gebeizt, so ist es notwendig, mit doppeltchromsaurem Kali hinterher zu behandeln, bevor man mit Eisenbeize behandelt. Das Auffärben geschieht in besonderem Bade mit Blauholz und einer Spur Gelbholz. Häufig setzt man noch schwefelsaures Kupferoxyd oder Marseiller Seife oder Soda zu.

Bei Herstellung von Manchesterschwarz wird mit Gerbstoff, Sumach oder Galläpfeln vorgebeizt, hierauf die Faser mehrere Male abwechselnd durch schwefelsaure Kupferoxyd-Lösung gezogen und mehrere Stunden in heissem Blauholzbade gefärbt. Vor dem letzten Eingehen ins Färbebad wird demselben schwefelsaures Eisenoxydul zum Abdunkeln zugesetzt.

Nach anderen Verfahren zur Herstellung von Chromschwarz wird die Baumwolle zuerst mit 10% Blauholzextrakt gefärbt und im Bade mehrere Stunden ruhen gelassen. Man geht alsdann 1/2 Stunde lang in eine kalte Lösung von 1% doppeltchromsaurem Kali und 1% schwefelsaurem Kupferoxyd. Dann geht man aufs Blauholzbad zurück, welchem man 4% calcinierte Soda zufügt, erhitzt dasselbe und färbt weiter aus. Gegen Ende des Färbens setzt man noch 4% schwefelsaures Eisenoxydul hinzu.

Ein ähnliches Verfahren wird beim Kalkschwarz eingeschlagen.

Für Stückfärberei beizt man auch mit holzessigsaurem Eisen, passiert 3/4 Stunden durch die Hotflue, lässt über Nacht liegen und fixiert mit Soda oder Natriumarseniat oder Kuhkot und färbt dann mit Blauholz und Quercitron aus.

Nach der Einbadmethode wird zuweilen im Strang wie folgt gefärbt: Man giebt in 100 l Wasser Blauholzabkochung von 2° Bé dann 0,3 kg Chromkali und 700 gr Salzsäure von 22° Bé. Der gebildete Hämatëinchromlack wird in Lösung gehalten und schlägt sich während des Färbens auf der Faser nieder.

In der Wollfärberei wird Blauholz stark zur Herstellung von blauen und schwarzen Farben verwendet. Man unterscheidet Eisen-, Chrom- und Calcium-Schwarz, sowie Schwarz auf Küpengrund.

Um die sogenannten Holzblaus darzustellen, wird mit 2% Alaun oder schwefelsaurer Thonerde und 8% Weinstein 2 Stunden lang unter Zusatz von 4% Eisenvitriol und 2% Kupfervitriol gebeizt. Nach dem Waschen wird auf frischem Bade kochend mit 20—25% Blauholz und 2 – 3% Kreide während 1½ Stunden ausgefärbt.

Um schwarze Farbtöne zu erhalten, beizt man mit 3% doppeltchromsaurem Kali und 1% Schwefelsäure oder Weinstein während 1½ Stunden und färbt im Blauholzbade aus. (Chromschwarz) Setzt man dem Färbebad etwas Gelbholz (5%) zu, so erhält man ein Kohlschwarz, bei geringer Gelbholzmenge ein Grünschwarz. Daraus lässt sich ein Violettschwarz herstellen, wenn man zu dem fast ausgezogenem Bade 2% Zinnchlorür zugiebt. Dasselbe lässt sich erreichen durch ein Fixierbad, das 3% Eisenvitriol und 0,5% Chromkali enthält.

Ein echtes Schwarz erhält man auch beim Ansieden der Wolle mit Alaun, Weinstein, schwefelsaurem Eisenoxydul und schwefelsaurem Kupferoxyd, Ausfärben im Blauholzbade unter Zusatz von Gelbholz und gegen Ende des Färbens unter Zusatz einer geringen Menge von schwefelsaurem Eisenoxydul. (Eisenschwarz). Das jüngere Chromschwarz ist bedeutend feuriger, intensiver und säureechter als das ältere Eisenschwarz oder auch Vitriolschwarz genannt. Tragechter ist indessen das letztere. Schmackschwarz oder Kommissschwarz ist ein Eisenschwarz, bei welchem man dem Blauholzbade Sumach oder einen anderen Gerbstoff zugesetzt hat. Es wird namentlich für Militärtuche verwandt und dem Chromschwarz vorgezogen, weil es nicht die Filzfähigkeit der Wolle beeinträchtigt.

Das Blauholz wird ferner gebraucht, um dasselbe auf Indigogrund aufzufärben. Man giebt der Ware einen hellen oder mittelblauen Ton, beizt hierauf mit doppeltchromsaurem Kali und Weinstein und färbt mit Blauholz und je nach Muster mit Sandel und Gelbholz aus. (Sedanschwarz.)

Bonsorschwarz ist ein in England viel benutztes Schwarz: Man fällt Blauholzabkochung mit Eisenvitriol und Calciumsulfat, löst die Paste in Oxalsäure und beschickt damit das Färbebad; man setzt etwas Soda zum Neutralisieren zu und färbt aus; auch Säurefarbstoffe lassen sich zusetzen.

Bei Anwendung von Chromsalzen ist stets zu beachten, ob dieselben als Chromsäure oder Chromoxyd wirken und die Natur des Blauholzextraktes danach zu wählen. Chromsäure erzeugt auf fermentiertem und schon zu Hämatëin oxydiertem Extrakt durch Überoxydation Missfarben; nicht oxydierter Farbstoff wird ein gutes Schwarz geben, da dann erst Hämatëin gebildet wird. Chromoxydbeize wird mit nicht oxydiertem, hauptsächlich Hämatoxylin haltendem Extrakt keine gute Färbung geben, wohl aber mit einem Hämatëin haltendem, fermentiertem und oxydiertem Extrakt. Näheres siehe in der Schrift „Blauholz-Extrakt", von Paul Gulden & Cie., Leipzig.

Auf Seide werden alle Schwarz ausschliesslich mit Blauholz hergestellt und zwar im Gegensatz zur Wolle, wo man stets mit Chrom beizt, hier auf Eisenbeize. Mit dem Schwarzfärben ist meist ein Beschweren verbunden. Beim Abkochen verliert die Seide bekanntlich bis 25%, beim Souplieren bis 10% ihres Gewichtes. Nun wird die Seide beim Schwarzfärben so beschwert, dass feinstes Schwarz noch 15% Verlust an Gewicht zeigt, Feinschwarz holt den Verlust des Abkochens mit der Beschwerung ein. Schwere Schwarz zeigen noch 10—20% Zunahme zum ursprünglichen Gewicht der Seide. Viel beizt man mit der Schwarzbeize, dem sogenannten „salpetersaurem Eisen", (Rouille), zu wiederholten Malen, wäscht und seift, nimmt durch ein Ferrocyankalium- und dann durch ein Catechu-Bad, zieht bei 60°-80° auf dem Bade um und passiert durch Alaun oder holzessigsaures Eisen; zuletzt färbt man in Blauholzabkochung aus. Für grössere Beschwerung passiert man 6—8 Mal das Schwarzbad (Rouille) und erhöht den Gehalt des Ferrocyankalium- und des Catechubades auf 100—200%; behandelt dann weiter mit 10—15% Zinnchlorür, nimmt nochmals durch Catechu, beizt endlich mit holzessigsaurem Eisen und färbt. Für Souplefärberei wird die rohe Seide in ein Bad von Schwarzbeize gebracht, dann das Eisen durch Soda fixiert und durch Blutlaugensalz passiert, zieht 1—3 Stunden im Galläpfel oder Divi-Dividad um, lässt erkalten und giebt 5—15% Zinnchlorür zu; nun färbt man mit Blauholz aus.

II. Blaue und violette Teerfarbstoffe.

Von den künstlichen blauen Farbstoffen seien die Säurefarbstoffe zuerst genannt; der Charakter dieser Gruppe ist schon bei den roten Säurefarbstoffen besprochen und erwähnt worden, vor allem, dass diese fast ausschliesslich auf Wolle und Seide Verwendung finden. Auch hier werden dieselben nach den Fabriken aufgeführt werden.

Blaue und violette Säurefarbstoffe. Die wichtigsten sind: Farbenfabriken vorm. Frdr. Bayer & Cie., Elberfeld:

Echtsäureblau und Intensivblau, die fast gleich gut wie Indigocarmin egalisieren und relativ walkecht sind; das ziemlich lichtechte Wollblau und Azosäureblau. Brillant-Alizarincyanin 3 G ist, da es gleichzeitig Alizarinfarbstoff, sehr lichtecht, ebenso Alizarinsaphirol B, welches noch klarer in der Nuance ist, beide sind mit die lichtechtesten Indigoersatzprodukte auf Wolle.

Säureviolett 12 B, 3 B extra und Echtsäureviolett 10 B sind gute violette Egalisierungsfarbstoffe.

Als billige, weniger echte, aber auf Wolle und Kunstwolle viel benutzte Unifarbstoffe sind zu nennen: Wasserblau, Rotblau, Marineblau, Brillantblau und Lichtblau; ferner das öfter auf Baumwolle als auf Wolle oder Seide benutzte Baumwollblau I und Seidenblau. Alkaliblau 7 B—B und R—6 R werden wegen klarer Nuance und guter Lichtechtheit viel auf Kammgarn, Halbwolle und Seide verwendet. Bemerkenswert sind diese Alkaliblau wegen ihrer eigentümlichen Färbeweise: Wolle wird gefärbt unter Ansieden mit 5% Soda oder 3% Borax. Die Wolle bleibt farblos und wird dann in einem Bade von 5% Schwefelsäure entwickelt. Kalt werden grünlichere, bei 50° — 60° rötere Töne erzeugt. Man kann auch im Entwicklungsbade mit basischen oder sauren Farbstoffen nuancieren, z. B. mit Naphtol- oder Chinolingelb. Das Färben auf Seide findet anolog im Bastseifenbade statt.

Indulin R, B und 6 B haben nicht mehr die Bedeutung wie früher, sie färben leicht unegal; Carminblau dient zum Schönen; Lazulinblau ist gut alkali- und lichtecht und findet auch mit Chromfarben Verwendung.

Viktoriaviolett 5 B wird als waschechte Farbe auf Strumpfgarn benutzt. Die Säurevioletts finden infolge ihrer Walkechtheit für lose Wolle und Kunstwolle grosse Verwendung. Zum

Teil färben sie auf neutralem Bad und eignen sich für die Halbwollfärberei, z. B. die Marke H. W. Man unterscheidet eine
ganze Reihe rötlicher und violetter Marken.

Aktiengesellschaft für Anilinfabrikation, Berlin:
Wasserblau 6 B — R, 3 B A u. s. w., für diese wird eine
Blaubeize bestehend aus: 10 kg Aluminiumsulfat, 2 kg Weinsteinsäure
und 7,5 kg Soda, in 100 l Wasser gelöst, empfohlen; zu 1 l
Färbebad setzt man 20 ccm Blaubeize hinzu; wegen der schön lebhaften Nuance finden sie trotz geringer Echtheit viel Verwendung;
ferner sind zu nennen: Lichtblau für Seide, Alkaliblau (siehe
oben), Echtblau für Wolle und für Seide, letzteres zum Abdunkeln
gebraucht, Indigocarminblau, ein Ersatz für Indigocarmin;
Wollblau 2 B ist wenig echt, eignet sich für Halbwolle, da es in
neutralem Bade nur Wolle färbt.

Säurevioletts sind den oben genannten gleich; Guinea-
violett zeigt gute Wasch-Alkali- und Lichtechtheit.

Farbwerk vormals Meister, Lucius & Brüning, Höchst:
Neben den schon oben angeführten Säurevioletten, Wollblau, Baumwollblau, Alkaliblau, Echtblau, Indulin, Azosäureblau finden wir: Ketonblau, Ersatz für Indigocarmin, auch
für Marineblau mit Azofuchsin zusammen gefärbt; Patentblau desgleichen; Cyanin B, das wasch-, alkali und lichtechter ist wie Indigocarmin, und Echtsäureblau für walk-, wasser- und lichtechte Farben.

Leopold Cassella & Cie., Frankfurt a. M.:
Formylviolett, ausgezeichnet durch brillante feurige Nuance
neben guter Echtheit und Egalisierungsvermögen, Lanacylblau
und Lanacylviolett, für dunkelblaue lichtechtere Farben bestimmt,
mit Essigsäure gefärbt; das billige Naphtolblau, neben Cyanol
für Dunkelblau verwendet; Thiocarmin und Indigoblau N als
Indigocarminersatz; ferner Echtblau, Wollblau, Alkaliviolett.

Badische Anilin- und Sodafabrik, Ludwigshafen:
Säureviolett's, von denen besonders 3 B N und 6 B N durch
lebhafte Nuancen sich auszeichnen, im übrigen zum Teil identisch
zum Teil analog den früher genannten gleichnamigen Produkten;
das auf Wolle nur mit Weinsteinpräparat schwach sauer gefärbte
Viktoriablau, Alkaliviolette, 6 B, R und 4 B, die ohne Säure
gefärbt werden, sich dadurch für die Halbwollfärberei eignen und
walkecht sind; ferner Alkaliblau, Wollblau und Echtblau,
schon oben genannten Farbstoffen analog.

Leonhard & Cie., Mühlheim:

Neben Wasser-, Alkali-, Marine-, Baumwoll- u. a. blau, Säurevioletts und Säureblaus ist bemerkenswert Toledoblau, das durch Nachchromieren walkecht fixiert wird, ebenso Chromblau.

K. Oehler, Offenbach:

Seidenblau, Bleu de Lille, Blau wasserlöslich, Methylblau für Seide, Solidblau, Reinblau u. Säureviolett's, welche alle für die Seidenfärberei Bedeutung besitzen.

Dahl & Cie., Barmen:

Alkaliblau, Indulin, Naphtazinblau, Säurevioletts.

Kalle & Cie., Biebrich:

Amethystviolett für Seide.

Ferner sind zu erwähnen: Erioglaucin (Geigy, Basel), das infolge seiner brillanten Nuance grosse Verwendung findet, besonders für Modefarben auf Stückware, Setocyanin (Geigy), für lebhafte Töne geeignet, ferner Echtwollblau und Säureviolette derselben Fabrik.

Die **basischen blauen und violetten Farbstoffe** sind weniger zahlreich; es sind:

Farbenfabriken vorm. F. Bayer & Cie., Elberfeld:

Neuviktoriablau, sehr klar und alkaliecht, auf Wolle mit Alaun im neutralen Bad gefärbt, auf Baumwolle auf Tannin-Antimonbeize. Viktoriablau B ist grüner als das eben genannte und weniger echt, desgleichen Türkisblau. Pfaublau ist lebhaft blau. Die Methylvioletts finden wegen der Billigkeit viel Verwendung auf Baumwolle, Wolle und Seide sowie auch für Papier; zur Imitation von Indigonuancen Neublau- und Neuechtblau-Marken; Methylenblau, das wegen guter Wasch- und Lichtechtheit sehr geschätzt wird in der Färberei und Druckerei der Baumwolle; Baumwollblau und Brillantbaumwollblau liefern klare Nuancen; Indigen F dient ebenfalls zur Herstellung von Indigotönen oft mit Türkisblau oder Gelbholz.

Aktiengesellschaft für Anilinfabrikation, Berlin:

Neben den schon genannten Methylenblau, Viktoriablau und Methylvioletts sind zu nennen: Echtblau für Baumwolle, das wegen seiner guten Lichtechtheit viel auf Baumwolle verwendet wird; Indolblau R ebenfalls; weniger verwendet wird Benzylblau.

Farbwerk vormals Meister, Lucius & Brüning, Höchst a. M.:
Ausser Methylenblau und den Methylvioletts finden Anwendung: Methylenviolette für echtere Färbungen auf Baumwolle; Indaminblau für wasch- und lichtechte Artikel auf Baumwolle; Echtneublau mit geringer Waschechtheit. Ferner sind von Bedeutung für Blaufärbungen einige der Janusfarbstoffe wie Janusblau G und B, Janusgrau B, Janusbordeaux B u. a. m. Zur Klasse dieser Janusfarben gehört auch das bei den roten Farbstoffen nur kurz erwähnte Janusrot, ferner Janusgelb, Janusbraun und Janusgrün. Die Lichtechtheit der Janusfarbstoffe ist eine verschiedene. Gelb ist das echteste, es folgen Braun, Bordeaux und Rot; mittelmässig sind die Blau, Grün G und die Grau; am unechtesten ist Grün B. Wasch- und Alkaliechtheit ist gut, auch sind sie widerstandsfähig gegen verdünnte Säuren. Sie dienen besonders zum Färben von Baumwolle und Halbwolle. Letzteres beruht auf der eigenen Färbemethode, nach welcher sie sich auf Baumwolle fixieren, nämlich durch Anfärben in mit Kochsalz und Schwefelsäure versetztem Bade. Für Halbwolle arbeitet man so, dass man zunächst die Flotte mit $2^{1}/_{2}$% Schwefelsäure und 5—10% Glaubersalz beschickt und dann die Farbstofflösung zugiebt. Man geht bei 60°—70° ein und treibt zum Kochen, färbt $^{1}/_{4}$ Stunde siedend die Wolle und lässt dann bei abgestelltem Dampf die Baumwolle nachziehen. Säureüberschuss zieht den Farbstoff von der Wolle, Salzüberschuss bringt ihn auf die Wolle. Unter der Kochhitze wird Baumwolle stärker als Wolle angefärbt, bei Siedetemperatur beide gleich; Baumwolle allein kann analog gefärbt werden. Man benutzt aber dann meist die basische Natur dieser Farbstoffe und behandelt sie in einem Bade nach, welches Tannin, Brechweinstein und Schwefelsäure oder Oxalsäure enthält. Die so fixierten Färbungen sind von guter Echtheit. Für Janusbraun muss man und für die anderen Janusfarben kann man dies Fixieren gleichzeitig mit dem Färben vornehmen. Die blauen sind so lichtecht wie Indoïn, die roten weniger wie Safranin, die braunen wie Bismarckbraun, gelb besser wie Auramin. Auf Halbseide wird mit 10% Essigsäure und 5% Tannin gefärbt.

Badische Anilin- und Sodafabrik, Ludwigshafen:
Neben Methylenblau ist zu nennen Nilblau, das ihm an Echtheit sehr nahe steht, dann Marineblau und Baumwollblau, welche auf Tannin- oder Sumach-Eisenbeize Indigotöne liefern. Ein guter Küpenblauersatz ist das Indoïnblau infolge guter Licht- und

Seifenechtheit. Viktoriablau liefert lebhafte und walkechte Töne; Nachtblau ist grünstichiger.

Leopold Cassella & Cie., Frankfurt a. M.:

Neumethylenblau liefert dem Methylenblau analoge klare Töne. Dem Indoïnblau der bad. Anilin- und Sodafabrik entsprechen Indoïnblau, Naphtindon und Methylindon; ferner sind zu nennen: Indazin, Metaphenylenblau, Wasserblau, Neutralviolett und -blau, Methylviolett und Neublau.

Dahl & Cie., Barmen:

Methylviolett, Methyllichtblau, Opalblau, Chinablau, Baumwollblau und Paraphenylenviolett.

K. Oehler, Offenbach:

Methylen- und Aethylenblau, Marineblau, Baumwollblau, Methylblau und Methylvioletts.

Leonhard & Cie., Mühlheim:

Neben Methylvioletten und Methylenblau finden wir hier eine ganze Reihe von eigenen Farbstoffen: das dem Indoïnblau entsprechende Indolblau, einen Ersatz für Küpenblau, dann verschiedene Oxazinfarbstoffe: Cresylblau, Brillantcresylblau, Cresylechtviolett, Capriblau, Neumetaminblau, Echtblauschwarz und ferner Neutralpfaublau, welche zum Teil gut licht- und waschechte Färbungen auf tannierter Baumwolle geben.

Kalle & Cie., Biebrich:

Ausser den bekannten: Echtblau, Methylblau, Spritblau, Wasserblau, Reinblau, Echtmarineblau, Methylviolett und Methylenblau finden Verwendung: Nigrosin für graublaue Töne, und als Indigoersatz: Biebricher Indigo und Diazinblau, Brillantdiazinblau, welch' letztere ebenfalls dem Indoïnblau entsprechen.

Baslerblau und Muscarin sind basische Farbstoffe von Durend & Huguenin, Basel; ferner werden von der Gesellschaft für chemische Industrie in Basel in den Handel gebracht: Firnblau, das tannirte Baumwolle grünstichig blau färbt; Victoriablau und weiter Krystallviolett und Aethylviolett.

Blaue und violette Beizfarbstoffe: Wie unter den roten Beizfarbstoffen das Alizarinrot, so spielen auch bei den blauen Farbstoffen die Verwandten des Alizarins, welche dem Alizarin chemisch sehr nahe stehen und zum Teil aus diesem erhalten werden können, eine grosse Rolle; es gilt für das Färben dieser blauen Alizarinfarbstoffe das schon bei Alizarin Gesagte.

Alizarinblau, ein Chinolinalizarin, das von Prudhomme 1877 entdeckt wurde, kam zuerst von der Bad. Anilin- und Sodafabrik aus in den Handel und wird jetzt in Deutschland auch von den Farbenfabriken vorm. F. Bayer & Cie. und Meister Lucius und Brüning in den Handel gebracht als Teig von 10% und 20%. Ausgezeichnet durch hervorragende Walk-, Licht- und Säureechtheit, findet es in der Wollfärberei eine grosse Verwendung und zwar ausschliesslich auf Chrombeize.

Man erhält sehr schöne indigoblaue Färbungen und ist das Alizarinblau hier ein starker Rivale des Indigo geworden. Das Färben ist einfacher und zuverlässiger. Nach kurzem Spülen ist die Ware vollkommen rein. Mit Hülfe anderer Alizarinfarben lassen sich in einfacher Weise Aufsatzfarben in einem Bade erzielen. Wollentuch wird besser durchgefärbt als auf Küpe. Kammzug mit Alizarinblau gefärbt giebt beim späteren Verspinnen weniger Abfall. Es ist daher auch in verschiedenen Staaten für blaue Uniformtuche Färbung mit Alizarinblau statt mit Indigo gestattet worden und hat sich dies sehr gut bewährt. In der Baumwollfärberei und besonders im Kattundruck findet die in Wasser lösliche Bisulfitverbindung des Alizarinblaus, das Alizarinblau S, vielfach Verwendung, welches sowohl als Teig wie in trockener Form in den Handel kommt. Es wird ebenfalls auf Chrombeize zur Herstellung von seifen-, chlor- und lichtechten Färbungen benutzt. Zur Herstellung grünlich-blauer Töne dient das aus dem Alizarinblau erhaltene und in der Anwendungsweise vollkommen analoge Alizarinindigoblau.

Brillantalizarinblau G und R (Bayer) finden vielfach in der Mützentuch- und Offizierstuchfärberei bei grossen Echtheitsansprüchen Verwendung. Am besten werden sie auf Chromweinsteinbeize gefärbt, auch einbadig mit Chromfluorid oder Chromalaun und Oxalsäure.

Anthracenblau ist ein Tetraoxyalizarin, das 1891 von der bad. Anilin- und Sodafabrik in den Handel gebracht wurde; es findet auf Baumwolle eine beschränkte Verwendung zum Nüancieren von Alizarinrotfärbungen nach Bordeaux auf Aluminiumbeize und zum Blaufärben für sich auf Chrombeize. Sehr wichtig ist es zur Herstellung blauer, licht- und walkechter Nüancen auf Wolle mittels

Chrombeize; seltener wird es auch hier zum Nüancieren von Alizarinfärbungen benutzt. Die Echtheitseigenschaften sind denen des
Alizarinblau ziemlich gleich, nur die Säureechtheit ist geringer, es
ist aber auch billiger und infolgedessen auch ein starker Konkurrent
des Indigos.

Chemisch steht demselben nahe:

Säurealizarinblau (Farbwerk vorm. Meister, Lucius &
Brüning, Höchst), das gleichzeitig saurer und Beizenfarbstoff ist.
Man färbt die Wolle durch Ankochen mit 3% Schwefelsäure und
10—50% Glaubersalz und entwickelt im gleichen oder einen
zweiten Bade durch $^3/_4$—$1^1/_2$ stündiges Kochen mit Fluorchrom. Es
findet sowohl auf loser Wolle als auch wegen des guten Durch-
färbens auf Stückware infolge der licht- und tragechten Färbungen
Anwendung. Die Färbungen auf loser Wolle zeichnen sich durch
Walkechtheit aus.

Alizarincyanin und Brillantalizarincyanin (Bayer) sind
ebenfalls Oxyalizarine, dem Anthracenblau verwandt und in den
Eigenschaften sehr ähnlich. Sie werden auch auf Wolle mit
Chrombeize verwendet; mit Milchsäure erhält man rötlichere, mit
Weinstein oder Oxalsäure blauere, mit Chromfluoridbeize
grünlichere Töne. Infolge ihrer grossen Reib- und Tragechtheit
werden sie auch vielfach zur Militärtuchfärberei benutzt.

Gallëin, hergestellt von der bad. Anilin- und Sodafabrik, Bayer
und den Höchster Farbwerken gehört zwar zu den Phtalsäure-
farbstoffen, steht aber nach Färbeeigenschaften und Echtheit den
Alizarinfarben sehr nahe. Es kommt sowohl als dunkelroter Teig
wie auch als schwerlösliches und wasserlösliches Pulver in den
Handel. Es findet besonders auf Wolle mit Chrombeize zur Herstellung rötlich-violetter Nüancen Verwendung, welche verhältnismässig echt und billig sind. Oft wird es auch mit Blauholz zusammen angewendet. Auf Baumwolle wird es wenig benutzt.

Weniger licht- und reibecht sind eine Reihe anderer Beizen-
farbstoffe, welche zu den Oxazinen zählen; sie sind aber waschecht
und werden oft zum Schönen benutzt. Dargestellt werden sie von
Durand & Huguenin in Basel: Gallocyanin, Coelestinblau,
Gallazin, Gallaminindigo, Phenocyanin und Corëin. —
Diesen nahe verwandt sind: Delphinblau und Prun (Kern &
Sandoz, Basel) und Gallaminblau (Geygy). Die letzteren
finden viel Verwendung im Druck mit Chromacetat; erstere auf
gechromter Wolle.

Blaue und violette direkte Farbstoffe: Ueber die Anwendungsweise der direkten Farbstoffe ist das Nötige schon bei Besprechung
der roten Farbstoffe gesagt worden. Auch unter den blauen finden
wir einige, welche grössere Bedeutung in der Färberei der Baumwolle, Wolle, Halbwolle, seltener auch auf Seide und Halbseide
haben. Die wichtigsten sind:

Aktiengesellschaft für Anilinfabrikation, Berlin:
Chicagoblau B, 4B, 6B, R, RW, 2R und 4R. Die B
marken zeigen gute Echtheiten, die Lichtechtheit wird noch durch
Nachbehandeln mit 3% Kupfersulfat erhöht. Die R-marken sind
weniger lichtecht; RW kann durch Nachkupfern widerstands-
fähiger gegen Licht werden. Dieselbe Eigenschaft zeigt auch Erie-
blau. Columbiablau, das mässig lichtecht ist, wird viel für Halbwolle gebraucht. Benzoazurine, die nachgekupfert ziemlich lichtecht
sind, sind weniger alkali- und bügelecht, ebenso Brillantazurin;
Azoblau findet nur wenig Verwendung. Congoblau giebt mit Kupfersulfat behandelt sehr licht- und waschechte Nüancen. Wegen guter
Licht- und Waschechtheit werden Congoechtblau R und B und
Columbiaechtblau 2G viel zu Indigoimitation benutzt, Sulfonazurin auf Wolle ebenfalls. Sambesiblaue finden, diazotiert und
entwickelt, auf Baumwolle Verwendung zu waschechterem Marineblau von guter Lichtechtheit. Azoviolett ist Nüancierfarbstoff.
Heliotrop und Benzoviolett liefern Heliotrop- und Modetöne von
mässiger Waschechtheit.

Farbenfabriken vorm. F. Bayer & Cie., Elberfeld:
Der älteste blaue Farbstoff ist hier das Azoblau, das meist
zum Abdunkeln verwendet wird; Benzoazurine dunkeln gut
und geben volle und schweissechte Töne, auch wird durch
Nachbehandeln mit Kupfersulfat die Lichtechtheit sehr erhöht,
die Färbung wird hierbei grüner und stumpfer. Sehr ähnlich sind
Brillantazurin B und 5G, welche alkali- und sehr lichtecht sind,
5G wird durch Kupfern noch echter; sie eignen sich ausser für
Baumwolle auch für Wolle und Halbwolle sowie Halbseide.
Sulfonazurin giebt auf Wolle mit Kupfersulfat nachbehandelt
lebhafte walkechte Töne. Färbungen mit Sulfoncyaninen
kommen auf Wolle denen mit Alizarin sehr nahe in Licht- und
Walkechtheit. Benzocyanine und Chicagoblaue färben ziemlich
schweiss- und alkaliecht, letztere werden durch Kupfern echter;
desgleichen Benzoblau 2B, Congoblau, Benzoreinblau, letzteres
giebt grünstichige himmelblaue Töne; sie färben Halbwolle im

Kochsalzbad ziemlich gleichmässig in beiden Fasern. Noch grün-stichigeres lebhaftes Blau giebt Brillantbenzoblau.

Benzoreinblau R W liefert klare rotstichige Töne und wird durch Nachkupfern sehr echt, es dient auch zu gleichmässigen Halbwollfärbungen; R und 2 R dienen zum Dunkeln. Benzo-schwarzblau, Benzoindigoblau und Benzomarineblau sind sehr licht- und gut waschecht, desgleichen Benzochromschwarz-blau, das sich zu echten Indigo- und Marineblautönen eignet und, mit Chromkali und Kupfervitriol nachbehandelt, sehr licht- und waschechte Blaus liefert. Azoviolett ist mässig echt, ebenso Congocorinth und Benzoviolett; Heliotrop giebt klare heliotrop-farbene Töne.

Diazurin, Diazoblau, Diazoindigoblau, Diazorotblau und Diazodunkelblau geben, diazotiert und mit β Naphtol gekuppelt, schöne Marine- und Indigotöne; letztere entstehen besonders durch Kombinieren von Diazoblau 3 R und Diazoindigoblau. Die Licht-echtheit kann durch Nachkupfern sehr erhöht werden; die undiazo-tierten Färbungen sind ohne Interesse.

Diazoblauschwarz und Diazobrillantschwarz geben tiefe Schwarzblau.

Badische Anilin- und Sodafabrik, Ludwigshafen:

Phenaminblau R, B und G wird für Indigotöne benutzt; Oxaminblau ist röter; Viktoriablau liefert ein sehr schönes lebhaftes Blau und kann, obgleich basischer Farbstoff (s. S. 166), auch als direkter Farbstoff in essigsaurem Bad auf Baumwolle ge-färbt werden. Oxaminviolett giebt für sich ein rötliches Violett, diazotiert und entwickelt mit α oder β Naphtol oder Aethyl β naphtylamin, giebt es dunkle echte Blau. Naphtylblau eignet sich zu Mischfarben und giebt z. B. mit Baumwollgelb ein schönes Grün.

Kryogenblau eignet sich zum Färben von Garn in Indigo-nüancen; es ist einer der Schwefelfarbstoffe, welche mit Schwefel-natrium bei Gegenwart von Kochsalz gefärbt werden, wie wir dies weiter auch bei Immedialblau, Immedialschwarz (Cassella) Anthrachinonschwarz (bad. Anilin- und Sodafabrik) und Katigen-gelbbraun (Bayer) finden werden· Diese Färbeweise ist aufge-kommen mit der Anwendung des Vidalschwarz (Poirier, Paris). Man färbt stets kalt in Holz- oder Eisengefässen, nie in Kupfer. Um 45 kg Baumwollgarn zu färben braucht man für mittlere Nüancen: 4,5 kg Kryogenblau, 13,5 kg Schwefelnatrium, 22,5 kg Kochsalz in 570 l Flotte. Man färbt eine Stunde, windet ab, spült gut und seift bei 60° zur Erhöhung der Echtheit.

Leopold Cassella & Cie., Frankfurt:

Diaminfarben sind die blauen direkten Farbstoffe dieser Firma, die von grösserer technischer Bedeutung sind: Sie dienen sowohl für Baumwolle als Wolle und besonders Halbwolle. Auf Baumwolle werden sie, wie schon oben gesagt, meist nur mit Glaubersalz (20 %), auf Wolle ebenso (10 %) unter Zusatz von 2—5 % Essigsäure gefärbt; auf Halbwolle werden sie meist nach der Einbadmethode gefärbt: 20 g Glaubersalz in 1 l Flotte. Es wird erst die Wolle kochend gefärbt und mit saurem Farbstoff nüanciert, dann die Baumwolle ohne Dampf eventuell nachgefärbt. Alkalische Zusätze verhindern das Auffärben auf Wolle. Manche Farbstoffe färben die Baumwolle und Wolle gleichmässig, z. B. Diaminblau B X und Diaminreinblau F F, andere die Baumwolle stärker z. B. Diaminblau 2 und 3 B, andere die Wolle dunkler wie Diaminblau R W. Auch auf Halbseide finden sie infolge ähnlichen Verhaltens Verwendung. Die wichtigsten sind folgende: Diaminblau N, für Heliotroptöne auf Stückware; Diaminblau B X für Indigotöne und die etwas lebhaftere Marke 2 B, ferner R W, das, mit Kupfersulfat nachbehandelt. Färbungen giebt, die Indigo in nichts nachstehen. Diaminreinblau dient für echtere Blaus; die Marke F F giebt mit Kupfersulfat sehr echte wertvolle Farben, Diaminbrillantblau ebenso. Diaminneublau R und G sind weniger lebhaft, aber mit die lichtechtesten durch Kupfern. Diaminblauschwarz findet, besonders diazotiert und gekuppelt, mit verschiedenen Entwicklern Verwendung; ferner Diaminogen, das, diazotiert und gekuppelt, indigo-echte Töne giebt; analog giebt Diaminschwarz R O, B O und B H, diazotiert und gekuppelt mit β Naphtol, Dunkelblau, mit Naphtylamin gekuppelt Marineblau.

Das schon oben erwähnte Immedialblau C hat sich als Ersatz für Indigo infolge grosser Billigkeit sowie Licht- und Waschechtheit für Baumwollgarn- und Stückfärberei eingeführt. Man färbt es analog der bei Kryogenblau beschriebenen Methode kalt, indem man pro 1 l Flotte 15—25 g Farbstoff, 5—6 g Schwefelnatrium, 20 g Kochsalz und 5 g Natronhydrat anwendet. Analog den Indigofärbungen lässt es sich mit Chlorat weiss ätzen. Zum Ueberfärben wird Neumethylenblau empfohlen; am besten wird vorher unter Luftzutritt gedämpft; ebenso kann ohne zu dämpfen mit Indigo überfärbt werden.

Farbwerk vorm. Meister, Lucius & Brüning, Höchst a. M.:

Zum Färben gemischter Gewebe aus Baumwolle und Kunstwolle werden die Dianilfarben in den Handel gebracht. Unter Zusatz von 30% Glaubersalz wird bei 50° eingegangen, 1 Stunde bei 80—90° gefärbt und ½ Stunde gekocht; so werden verwendet Dianilblau G, B, R, 2R und 4R.

Dianisidinblau schliesst sich in seiner Herstellung auf der Faser an das Paranitranilinrot an; es wird auf β Naphtolgrundierung mit diazotiertem Dianisidinsalz oder dem Azophorblau, dem haltbaren Dianisidindiazosalz erzeugt als schöne blaue Farbe auf Baumwolle. Die Färbung ist sehr schwierig herzustellen, da die Neutralisationsverhältnisse, die dem β Naphtol stets zuzusetzende Fettbeize (ricinusölsaures Ammoniak) und die Zersetzlichkeit der Tetrazoverbindung eine grosse Rolle spielen. Man stellt die Färbung so her, dass man nach der Naphtolgrundierung 1 oder 2 Bäder verwendet. Für die Einbadmethode benutzt man ein Bad enthaltend Mehlverdickung, Kupferchlorid und wenig Chromsäure, im zweiten Falle wird auch noch ein Natriumacetatbad zum Abstumpfen verwendet. Auch in der Druckerei wird es viel hergestellt z. B. neben Paranitranilinrot.

Nitrosoblau, auf der Faser erzeugt, kann, obgleich dieses Blau seiner chemischen Natur nach zu den basischen auf Baumwolle mit Hülfe von Tannin befestigten Farbstoffen der Oxazinklasse gehört wie Meldolablau und Muscarin, dennoch infolge seiner eigenartigen Bildung auf der Faser hier an dieser Stelle besprochen werden. Es bildet sich analog wie die eben genannten Farbstoffe durch Einwirkung der Nitrosoverbindung eines tertiären Anilins, wie Nitrosodimethylanilin, Nitrosodiäthylanilin, Nitrosoäthylbenzylanilin u. s. w. auf Betanaphtol, Dioxynaphtalin 2:7 oder Resorcin. Man kann nun so verfahren, dass man beide Komponenten in saurer Lösung vereinigt und sie auf die nur mit schwach alkalischer Lösung (2 g Solvay Soda in 1 l) vorbehandelte Baumwolle aufdruckt oder durch Pflatschen imprägniert, oder aber erst Naphtol etc. auf der Faser befestigt und dann die Nitrosobase auf dieselbe Weise durch Druck oder Pflatschen auf die Faser bringt und hier die Reaktion und Bildung des Farbstoffes durch Dämpfen bewirkt. Je nach den verwendeten Komponenten unterscheidet man verschiedene Nitrosoblau M D S; A D S; B D S; A D N etc.

Als Beispiel der Nitrosoblauklotzung möge die mit Nitrosoblau 15 M R ausgeführte dienen: 150 g Nitrosoblau M (Höchst) werden mit 200 ccm Wasser und 85 ccm Salzsäure von 22° Bé angerührt, 200 g Resorcin, in 1 l Wasser gelöst, zugefügt und dann in 3 l Wasser und 1 kg Tragant 60:1000 eingerührt. Dazu setzt man die kalten Lösungen von 60 g Oxalsäure in 1 l Wasser und 300 g Tanninpulver in 1 l Wasser. Vor Gebrauch fügt man noch 100 g phosphorsaures Natron in 2 l Wasser hinzu. Klotzt jetzt auf Foulard mit 2 Kautschukwalzen, trocknet bei 50°, dämpft 3 Minuten im Mather & Platt bei 100°, nimmt 20 Sekunden durch ein Bad, das im Liter 5 g Antimonsalz und 10 g Kreide enthält bei 50°, wäscht und seift 10 Minuten bei 60° in einem Bade von 2 g Seife pro Liter. Will man Weissätze erzeugen, so druckt man vor dem Dämpfen folgende Aetze auf: 2,3 kg Britishgum, 1 l Wasser, 700 g Glycerin, 6 kg Kaliumsulfit 45° Bé; Blau-, Gelb- und Rotreserve kann man durch Zusatz von Methylenblau, Auramin, Safranin etc. bewirken. Man erhält so mit den Nitrosoblau's seifen- und sodaechte Färbungen, die vielfach zur Imitation der Indigoartikel dienen.

Leonhardt & Cie., Mühlheim:

Neben schon genannten Farbstoffen, wie Benzo- und Brillantazurinen, Congoblau, Azoblau, Diazurin sowie Diazobrillantschwarz finden wir: Toledoblau, das durch Nachbehandeln mit Chromalaun sehr licht- und waschechte Färbungen erzeugt; ferner Eboliblau B, welches grünliche Blau von guter Echtheit liefert, und das ähnliche, aber rötlicher färbende Eboliblau 2R, welche sich für Baumwolle, Wolle, Halbwolle und Seide eignen; violette Farbstoffe sind: Azo-, Benzo- und Hessisch-Violett und endlich Congocorinth.

K. Oehler, Offenbach a. M.:

Neutoluylenblau B und B B mit indigoblauer Nüance, Toluylenschwarzblau mit matter graublauer Farbe, welches diazotiert und mit β Naphtol oder Paraphenylendiamin gekuppelt in Braun übergeht, Azoschwarzblau, Azo-Mauve und Naphtazurin.

Kalle & Cie., Biebrich a. Rh:

Naphtaminindigo, der auf Baumwolle 1 Stunde kochend gefärbt wird und sich diazotieren und kuppeln lässt. So entstehen mit β Naphtol tietblaue, mit Phenylendiamin schwarze, mit Naphtylaminäther indigoblaue Töne von grosser Waschechtheit.

Gelbe und orange Farbstoffe.

I. Natürliche Farbstoffe.

Obgleich die Zahl dieser Farbstoffe geringer als die der roten und blauen, so finden wir hier doch auch eine Reihe wichtiger Farbstoffe.

Zunächst sind die natürlichen gelben Farbstoffe zu besprechen; bei ihnen ist auch die chemische Natur durch Untersuchungen der letzten Jahre zumeist festgestellt. Es hat sich dabei ergeben, dass die meisten derselben auf denselben chemischen Körper zurückzuführen sind. So sind die färbenden Bestandteile des Fisettholzes, des Quercitron und des Wau: Fisetin, Quercetin und Luteolin als Flavonverbindungen erkannt worden (v. Kostanecki) und steht auch Morin, der Farbstoff des Gelbholzes, als Oxyketonverbindung mit ihnen in nahem Zusammenhang, ebenso das Maclurin, das sich ausser Gerbstoff stets daneben findet. Auch das Rhamnetin, der Farbstoff der Kreuzbeeren, ist ein Flavonderivat, während Curcumin des Curcuma und der Farbstoff der Berberizenwurzel nicht als zu dieser Klasse gehörig ermittelt werden konnten.

Gelbholz. Das echte Gelbholz, auch alter Fustik oder gelbes Brasilienholz genannt, ist das Kernholz des Färber-Maulbeerbaums, Morus tinctoria. Es wird hauptsächlich aus Mittel-Amerika und Westindien eingeführt. Das Holz hat eine hellbraune Farbe, ist mit roten Adern durchzogen und kommt in Scheiten von 10—200 kg in den Handel. Für den Gebrauch des Färbers wird es, wie die andern Hölzer, geraspelt oder zu Pulver gemahlen. Ferner kommt es als Gelbholzextrakt, auch Cubaextrakt genannt, vor. Der Extrakt ist entweder fest oder bildet eine dicke sirupartige Flüssigkeit. Verfälschungen des Extrakts sind vornehmlich Melasse und Dextrin. Daneben kommen häufig noch vor: Glycerin, schwefelsaures Zink, Alaun, Querzitron und Curcuma-Extrakt,

Teerfarben u. s. w. Eine Gelbholzabkochung ist im konzentrierten Zustande dunkelgelbrot, geruchlos und von zusammenziehendem Geschmack. Alkalien färben die Abkochung dunkelrot, Zinnsalz oder Alaun bringen gelben, essigsaures Bleioxyd einen orangen, Eisenoxydsalz einen grünlichbraunen Niederschlag hervor.

Das Gelbholz dient hauptsächlich in der Wollfärberei, weniger in der Seidenfärberei. Selten wird es zum Färben von Baumwolle benutzt, weil die Farben nicht seifenecht sind, und es ist hier durch Alizaringelb, Galloflavin u. a. m. verdrängt worden.

Bei Baumwolle beizt man mit essigsaurer Thonerde und befestigt dieselbe mit phosphorsaurem Natron. Beim Ausfärben erhält man ein Gelborange. Bei Anwendung von essigsaurem Eisen erzielt man ein Braun. Gelbholz dient auch zu Mischfarben.

Bei Wolle wird Gelbholz weniger als Farbe für sich benutzt, da die Farbe allmählich in Braun übergeht, sondern in ausgedehntem Maasse mit Blauholz und Rotholz, Krapp, Sandel sowie mit Alizarinfarbstoffen zu Mischschattierungen wie Braun, Oliv, Drap und Schwarz. Die Herstellung der braunen Schattierungen geschieht in der Regel durch gleichzeitige Benutzung mehrerer roter natürlicher Farbstoffe. Die Anwendung von Krapp giebt hierbei die schönsten, prächtigsten und festesten Farben, weil sein roter Farbstoff an Echtheit über denen der Rothölzer steht und mehr Gelb im Farbton enthält. Ein Grün wird erhalten durch Auffärben von Gelbholz auf Indigoküpengrund und zuvoriges Beizen mit Alaun und Weinstein. Oliv erzielt man durch Beizen mit Kupfer- und Eisenbeizen mit oder ohne Weinstein und Ausfärben mit Gelbholz. Siedet man die Wolle mit Alaun und Weinstein, Eisen- und Kupfervitriol an, setzt später Gelbholz hinzu und färbt im frischen Bade mit Blauholz aus, so erhält man ein echtes Schwarz. Zur Herstellung von Gelb auf der Faser dient als Beize schwefelsaure Thonerde oder doppeltchromsaures Kali oder Zinnsalz. Das letztere wird am häufigsten angewandt, weil hierbei die echtesten und lebhaftesten Farbtöne erzielt werden. Man siedet mit 8% Zinnsalz und 8% Weinstein an und färbt im besondern Bade aus. Soll die Farbe in einem Bade hergestellt werden, so nimmt man nur 4% Weinstein und setzt 2% Oxalsäure zu. Nicht so lebhafte Farbtöne werden in einem Bade durch Zusatz von 4% Alaun oder schwefelsaure Thonerde und 2% Oxalsäure erreicht. Ein Zusatz von Weinstein macht zwar die Farbe voller, lässt jedoch den Farbton matter erscheinen.

Einige Verwendung findet Gelbholz noch in der Seidenfärberei, um in Verbindung mit andern Farbstoffen zu Gelbgrün
und Grün zu dienen. Als Beize wird Alaun gebraucht. Man zieht
jedoch Wau vor.

Fisettholz. Das Holz bildet das Kernholz des Gerber- oder
Perrückenbaumes (Rhus cotinus), eines strauchartigen Gewächses.
Andere Namen des Holzes sind: Junger Fustik, Zandeholz,
ungarisches Gelbholz. Der färbende Bestandteil ist das Fisetin.
Das Fisettholz kommt aus Ungarn, Italien, Tyrol u. s. f. in Form
dicker Knüppel, die aussen bräunlich, innen gelblichgrün sind. Die
Abkochung hat eine schöne orange Farbe. Die Farben sind walkecht, aber nicht lichtecht. Der Farbstoff wird deswegen meist
nur als Zusatz zu Cochenille oder Wau in geringer Menge verwendet. Die Anwendung ist auf die Wollfärberei beschränkt.
Man färbt in einem Bade mit Zinnsalz und Weinstein und erhält
ein lebhaftes Orangegelb. Mit Kupfer und Eisenbeizen in Verbindung mit Weinstein erhält man Olive.

Querzitron. Unter diesem Namen versteht man die Rinde
der schwarzen Eiche oder der Färbereiche (Quercus tinctoria), die
in Nord-Amerika wächst. Die Rinde wird, nachdem sie von einer
schwarzen Oberhaut befreit ist, welche die Schönheit des Farbtons
beeinträchtigen würde, zu Pulver gemahlen. Das bräunlich gelbe
Pulver besitzt einen schwachen, nicht unangenehmen Geruch und
bittern Geschmack.

Ein Querzitronextrakt kommt in flüssiger und in fester Form
in den Handel. Der flüssige Extrakt wird durch Einwirkung der
Luft dunkler. 1 Teil fester Extrakt ist gleichwertig mit 5 Teilen
Rinde und 1 Teil flüssiger Extrakt mit 3 Teilen Rinde. Der
färbende Bestandteil ist das Querzitrin, ein Glycosid. Daneben
befindet sich noch eine bedeutende Menge Gerbsäure. Beim Kochen
mit verdünnten Säuren zerfällt das Querzitrin in Isodulcit und in
Quercetin. Dieser Farbstoff besitzt ein grosses Färbevermögen,
wird daher besonders dargestellt und unter dem Namen Flavin in
den Handel gebracht (siehe unten). Um die Reinheit des
Farbtons der Querzitronrinde schädliche Gerbsäure möglichst abzuscheiden, pflegt man der Abkochung vor dem Färben Leimlösung
oder saure Milch zuzusetzen. Ein Zusatz von Kalkwasser, jedoch
nicht im Überschuss, soll bessern Erfolg haben, indem sich der
Niederschlag schneller zu Boden setzt als bei den übrigen Mitteln.

Querzitron wird auf alle Fasern gefärbt. In der Echtheit
kommt es dem Gelbholz gleich. Die Färbeverfahren sind dieselben

wie bei Gelbholz. In der Wollfärberei ist es durch Flavin fast verdrängt.

Baumwolle wird mit essigsaurer Thonerde von 8° Bé vorgebeizt. Hierbei wird im besonderen Bade bei mittlerer Temperatur ausgefärbt. Man erhält ein schönes Goldgelb. Zu einem hellen Gelb muss schwächer gebeizt und mit weniger Farbstoff gefärbt werden. In einem Bade kann man mit Zusatz von 3% Zinnsalz färben. Durch Anwendung von Eisensalzen wird Braun und Schwarzbraun erhalten. Wolle wird in einem Bade unter Zusatz von Alaun oder schwefelsaurer Thonerde gefärbt. Setzt man noch Weinstein und Zinnsalz zu, so wird ein Orangegelb erzielt. Seide wird mit Alaun vorgebeizt und bei mässiger Temperatur ausgefärbt.

Flavin. Die Querzitronrinde wird mit Alkalien ausgezogen und der Auszug mit Schwefelsäure gekocht. Der erhaltene Extrakt wird unter dem Namen Flavin allgemein statt Quercitron gebraucht. Er besteht wesentlich aus Quercetin. Da derselbe keine Gerbsäure enthält, so ist die erzielte Farbe lebhafter. Die Färbekraft von gutem Flavin ist 16 mal grösser als die der Querzitronrinde. Zum Färben löst man Flavin in heissem Wasser. Man erhält eine trübe Lösung, die an der Luft bald bräunlich wird. Eine Auflösung muss daher bald in Gebrauch genommen werden. Eisenoxydulsalze geben einen dunkelgrünlichen, Zinnchlorür oder Thonerde einen gelben Niederschlag. Die Färbungen mit Flavin sind denen des Gelbholz und der Querzitronrinde gleich. Der Farbstoff wird nur für Wollfärberei benutzt. Man färbt in einem Bade wie bei Quercitron. Der Farbton richtet sich nach der Menge des benutzten Flavins. Statt Weinstein kann man Oxalsäure nehmen. Flavin wird häufig bei Herstellung von Scharlachfarben als Zusatz zu Cochenille genommen, sowie überall da, wo ein gutes helles Gelb verlangt wird.

Curcuma oder Gelbwurzel. Curcuma sind die getrockneten Wurzeln des Curcuma-Ingwers (Curcuma longa), einer in China und Ostindien heimischen Pflanze. Ausser in Wurzeln erscheint Curcuma häufig in gemahlenem Zustande als Pulver. Diese Form wird jedoch, wie gewöhnlich in diesem Zustande, verfälscht und zwar hier mit dünnen Wurzelfasern, Erbsenmehl, Sand u. s. w. Die Gelbwurzeln enthalten als färbenden Bestandteil einen schwachsauren Farbstoff, das Curcumin. Curcuma findet trotz geringer Lichtechtheit noch ziemlich Anwendung, in der Baumwollfärberei namentlich zum Abtönen roter Farben, z. B. des Safranins, in der Seidenfärberei zum Färben billiger zusammengesetzter Farben wie

Braun, Olive. Es besitzt die Eigenschaft, ohne weitere Beizen Baumwolle zu färben wie die Benzidinfarbstoffe. Die Farbe ist jedoch unbrauchbar, indem sie unecht gegen Licht, Seife und Alkali ist. Sogar Speichel reicht hin, die Farbe zu röten. Die gelbe Farbe lässt sich indessen jedesmal durch Säure wiederherstellen. Ebenso ist es in der Wollfärberei.

Wau, auch Waude, Streichkraut, Färbergras, Färberreseda oder Gelbkraut genannt, ist eine in Mittel-Europa angebaute oder auch wild wachsende krautartige Pflanze (Reseda luteola), welche seit ältesten Zeiten zum Gelbfärben dient, deren Gebrauch durch Querzitron und gelbe Teerfarben aber bedeutend abgenommen hat. Die Pflanze wird nach dem Aufblühen geerntet und getrocknet. Die ganze Pflanze ausser der Wurzel dient zum Gelbfärben. Das getrocknete Kraut sieht lebhaft gelb aus. Der färbende Bestandteil ist das Luteolin. Die Abkochung hat eine gelbe Farbe, die beim Verdünnen mit Wasser grünlich wird, einen eigentümlichen Geruch und bitteren Geschmack. Wau liefert ziemlich echte, etwas grünlichgelbe Farbtöne, die durch verschiedene Salze geändert werden können; wird nur noch in der Woll- und Seidenfärberei angewandt. Auf Baumwolle erhält man keine seifenechten Farbtöne.

Wolle wird mit schwefelsaurer Thonerde oder Alaun mit oder ohne Zusatz von Weinstein vorgebeizt und im besonderen Bade gefärbt. Die Farbe ist ziemlich licht- und walkecht, noch echter als Gelbholz. Durch einen Zusatz von Zinnsalz zum Färbebade erhält der Farbton einen grünlichen Schein. Setzt man beim Ansieden schwefelsaures Eisenoxydul hinzu oder siedet man mit schwefelsaurem Eisenoxydul und Weinstein an, so erhält man olivfarbige, beizt man mit 8% Zinnsalz und 8% Weinstein, orangegelbe Töne.

Vielfache Anwendung findet Wau in der Seidenfärberei, weil die erzielten Töne licht- und seifenecht sind. Die Seide wird zunächst mit Seife abgezogen, dann mit Alaun gebeizt, gespült und im besondern Bade ausgefärbt. Nach dem Färben folgt Schönen im frischen Seifenbade und Durchnehmen in schwachem Essigsäurebade, um der Seide den gewünschten Griff zu geben.

Kreutzbeeren, Gelbbeeren sind die getrockneten Früchte verschiedener Arten Rhamnus, wie rhamnus tinctoria, welche in Südeuropa und Asien vorkommen. Der Farbstoff ist darin als Glycosid, Xanthorhamnin, enthalten, das leicht in Isodulcit und

Rhamnetin (s. oben) gespalten wird. Häufig wird es mit dem ihm nahe verwandten Quercetin zusammen verwendet. Die Hauptanwendung ist die als Extrakt in der Kattundruckerei.

Berberizenwurzel findet wegen hohen Gerbstoffgehaltes in der Lederfärberei etwas Absatz als gelber Farbstoff.

II. Gelbe und orange Teerfarbstoffe.

Gelbe und orange Säurefarbstoffe: Dieselben finden analoge Anwendung wie die schon früher besprochenen roten und blauen Säurefarbstoffe. Wichtig sind folgende:

Farbenfabriken vorm. Bayer & Cie., Elberfeld:

Orange II B und Mandarin G; dieselben egalisieren gut, geben klare, ziemlich licht-, säure- und alkali-echte Nuance und sind wichtig für Wolle, Seide und Halbwolle, besonders für Modetöne. Croceïnorange G und R sind gelber, sonst ähnlich. Indischgelb G und R dient viel in der Seidenfärberei wegen der schönen Goldnuance, ist neutral auf Wolle färbbar und dient bei Halbwolle zum Nuancieren der Wolle; ist ziemlich alkali- und säurebeständig. Echtgelb extra ist das echteste saure Gelb und egalisiert sehr gut; die rötliche Nuance wird beim Waschen grünlicher; hat Curcuma auf Wolle ersetzt.

Naphtolgelb S ist ein klares feuriges Gelb, das in der Wollstückfärberei wegen guten Egalisierens eine grosse Rolle spielt; oft dient es mit Säuregrün zusammen für Grün und auch für Modefarben; ist nur mässig licht- und waschecht, findet auch auf Seide viel Verwendung. Orange I und G T sind dem Orange II B sehr ähnlich, egalisieren aber weniger gut.

Goldgelb egalisiert ziemlich und ist säureecht, ein röteres Gelb von gutem Egalisierungsvermögen, aber geringer Säureechtheit bildet: Neugelb; ihm ähnlich ist Metanilgelb; trotz der geringen Lichtechtheit werden sie doch häufig auf Wolle und Seide gebraucht. Chinolingelb ist durch schwefelgelbe grünstichige reine Nuance ausgezeichnet, ebenso durch Lichtechtheit und wird viel für Wolle auf Garn und Stückware und ebenso auf Seide benutzt.

Aktiengesellschaft für Anilinfabrikation, Berlin:

Im grossen und ganzen werden die gleichen manchmal anders bezeichneten Farbstoffe empfohlen: Orange II, Mandarin, Ponceau 4 G B und 4 G R entsprechend Crocëinorange, Azosäuregelb = Indischgelb, Säuregelb D und G = Neugelb und Echtgelb, Naphtolgelb, Metanilgelb und Chinolingelb; ferner: Uranin, ein Eosinfarbstoff zum Nuancieren von Eosinen; Chromechtgelb G G und R, sauer und auf Beize färbbar als Gelbholzersatz.

Badische Anilin- und Sodafabrik, Ludwigshafen:

Neben den schon besprochenen: Chinolingelb, Naphtolgelb, Echtgelb, Metanilgelb, Orange N und P N (= Neugelb, Bayer), Azoflavin (identisch mit dem besprochenem Indischgelb), Orange G R X (= Croicëinorange), Orange II (= Goldorange) und anderen ähnlichen Orangen, wie z. B. Brillantgelb S finden wir das Tartrazin, das sehr lichtechte und waschechte schöne Töne giebt, gut egalisiert und daher viel auf Wolle und Seide verwendet wird.

Farbwerk vorm. Meister, Lucius & Brüning, Höchst a. M.:

Naphtolgelb S, Azogelb (= Azoflavin), Orange IV, II, Orange G, R, R R; Brillantorange (= Crocëinorange) u. a. m.

Leopold Casella & Cie., Frankfurt a. M.:

Naphtolgelb S, Echtgelb, Indischgelb G und R, Tropäolin G (= Metanilgelb), O O (= Neugelb), Orange G G, das identisch mit Orange G (Höchst) und Patentorange der Aktiengesellschaft und sehr egal und licht- und walkecht färbt; Orange II extra, Orange E N Z (= Crocëinorange); ferner Anthracensäurefarben, welche saure und beizenfärbende Farbstoffe gleichzeitig sind:

Anthracengelb B N, das leicht löslich, O das wasch- und lichtecht färbt, G G, das besonders lichtecht ist; nachbehandelt werden dieselben mit chromsaurem Kali, G G am besten mit Chromflourid; die Färbungen sind so licht- und walkecht.

Kalle & Cie., Biebrich a. R.:

Salicingelb G und 2 G; Echtgelb G, Schwefelgelb (= Naphtolgelb); Crocëinorange; Orange IV (= Neugelb, Bayer) Orange II (= Goldorange, Bayer), Orange N (= Orange G T Bayer) u. a. m.

K. Oehler, Offenbach a. M.:

Naphtolgelb S, Säuregelb, Metanilgelb; Orange P (= II), Orange GS (= IV); Citronin (= Azoflavin); Orange R, R R u. a. m.

Dahl & Cie., Barmen:

Naphtolgelb, Azoflavin, Metanilgelb, Pyrotinorange (= Crocëinorange), Echtgelb, Säuregelb; Goldorange, Naphtalinorange.

Leonhardt & Cie., Mühlheim:

Orange A, B, C (= I, II. IV), Säuregelb (= Echtgelb), Citronin (= Naphtolgelb S), Curcumin (= Indischgelb), Azogelb (= Azoflavin) Akmegelb (= Goldgelb Bayer), Metanilgelb, Walkgelb (= Anthracengelb B N).

Pikrinsäure, der erste gelbe künstliche Farbstoff, wird auf Wolle nur noch wenig verwendet, da die Färbung nicht wasch- und wasserecht ist; die Nuance wird beim Belichten stumpf. Auf Seide wird dieselbe noch ziemlich verwendet. Seide wird mit Säure allein oder auf mit Essigsäure oder Schwefelsäure gebrochenem Bastseifenbad gefärbt.

Basische gelbe und orange Farbstoffe. Dieselben sind ihrer Zahl nach sehr beschränkt.

Auramin I, II, und O wird von den meisten der genannten Fabriken in den Handel gebracht. Liefert klare, etwas grünstichige, ziemlich wasch- und lichtechte Gelb. Wird viel auf Baumwolle auf Tannin-Antimonbeize gefärbt sowohl auf loser Baumwolle als auch auf Garn und Stück; wird oft auch zu Combinationen für Gelb, Grün, Oliv und Scharlach verwendet. Auf Wolle und Seide wird es in neutralem Bade gefärbt. Auf Halbwolle und Halbseide dient es viel zum Nachfärben der Baumwolle resp. der Seide. Es findet auch viel Verwendung zum Gilben.

Der basische Farbstoff Flavanilin, ein Chinolinderivat, kann analog gefärbt werden, wird aber wenig mehr benutzt.

Von technischer Bedeutung sind einige Acridinfarbstoffe: Phosphin, Xanthin, Ledergelb, Philadelphiagelb, das auch von einer Reihe von Fabriken aus den Abfällen der Fuchsinfabrikation gewonnen wird, ist hauptsächlich wichtig für die Lederfärberei, dient aber auch für Crêmetöne auf Baumwolle; auf Wolle und Seide wird es selten verwendet; Benzoflavin (Oehler) verhält sich analog.

Sehr waschechte Färbungen auf tannierter Baumwolle liefern auch: Acridingelb, das Baumwolle gelb, Seide grüngelb mit grüner Fluorescenz färbt; Acridinorange, das auf Baumwolle orange, auf Seide orange mit grünlicher Fluorescenz färbt; Acridinorange R extra, das Baumwolle orangerot färbt. Alle drei werden von Leonhardt & Cie. in den Handel gebracht.

Dem Janusblau in Verhalten und Anwendung entsprechen als gelbe Farbstoffe die Höchster Farbstoffe: Janusgelb R, das ein oranges Gelb liefert, als lichtechter gut egalisierender Farbstoff auch zum Nuancieren verwendet, besonders für Halbwolle. Janusgelb G ist viel weniger rötlich.

Chrysöidin färbt tannierte Baumwolle braungelb und eignet sich zu Mischnuancen und zum Nuancieren; für helle Nuancen, kann auch ohne Tannin gefärbt werden. Auf Wolle und Seide wird neutral gefärbt. Der Farbstoff wird von verschiedenen Seiten in den Handel gebracht.

Gelbe und orange Beizfarbstoffe. Dieselben sind sowohl als Farbstoffe für gelbe Färbungen als auch zu Mischnuancen als Gelbholzersatzprodukte von Wichtigkeit. Die Namen Alizaringelb und Anthracengelb sind insofern nicht entsprechend, da diese Farbstoffe sich nicht vom Alizarin oder Anthracen ableiten, sondern Oxyketonderivate oder Azokörper sind, entstanden durch Kuppelung mit Salicylsäure, und der Hydroxyl (OH)- resp. Carboxyl ($COOH$)-gruppe die Beizeigenschaft verdanken.

Farbenfabriken vorm. F. Bayer & Cie., Elberfeld: Chromgelb R extra, walkecht, aber mässig egalisierend; Diamantflavin gut egalisierend, aber nicht walkecht; Alizaringelb 3 G, ebenso Chromgelb B ist identisch mit dem Cassella'schen Anthracensäurestoffe: Anthracengelb BN; an Lichtechtheit kommen alle dem Gelbholz gleich, sind aber billiger. Lichtechter und teurer sind: Diamantgelb G und R und Anthracengelb; sie stehen auch an Walkechtheit dem Gelbholz nahe. Alle werden viel auf loser Wolle, Garn und Stück verwendet; man färbt auf Chrombeize oder sauer und chromiert mit Chromfluorid nach.

Farbwerk vorm. Meister, Lucius & Brüning, Höchst a. M.: Alizaringelb GG und GGW mit guter Walkechtheit, für lose Wolle und Kammzug geeignet, oft mit andern Chromfarben gefärbt, auch für echte Garnfärberei benutzt und für Stücke oft

zum Gilben, ebenso für Baumwolle. Alizaringelb R färbt gelbbraun. Beizengelb O ist identisch mit Anthracengelb BN
(Cassella). Auf Chrombeize gefärbt, sind sie doppelt so ausgiebig
wie beim Färben mit Nachchromieren.

Alizarinorange N und M sind nitriertes Alizarin resp. Flavopurpurin; sie färben auf Thonerdebeize gelb, M bedeutend gelber
wie N; sie werden sowohl für Baumwolle als Wolle, lose, im Garn
und Stück viel benutzt, oft zu braunen Nuancen.

Aktiengesellschaft für Anilinfabrikation, Berlin:

Chromechtgelb G G, G und R sind als Gelbholzersatzprodukte
im Handel; dieselben zeigen gute Licht-, Wasch-, Säure- und Alkaliechtheit und Egalisationsvermögen; G dient nur für Baumwolldruck.
Sie werden auf Chrombeize oder sauer mit Nachchromieren auf
Wolle gefärbt, auf Baumwolle auf Chrombeize.

Leopold Cassella & Cie., Frankfurt a. M.:

Von hierher gehörigen Farbstoffen sind die Anthracensäurefarben: Anthracengelb B N, C und G G schon bei den Säurefarbstoffen erwähnt worden.

Badische Anilin- und Sodafabrik, Ludwigshafen:

Alizarinorange A in Teig ist identisch mit Alizarinorange N (Höchster Farbwerk), Galloflavin giebt auf Chrombeize
ein grünliches Gelb; wegen guter Echtheit findet es viel Verwendung
z. B. in der Hutfärberei, ferner in der Baumwolldruckerei. Alizaringelb A und C finden nur in der Baumwollfärberei auf Aluminiumbeize Verwendung; A giebt ein Orangegelb, C ein Citronengelb.
Carbazolgelb giebt auf Chrombeize sehr echte Töne; auf Baumwolle kann es direkt gefärbt werden und dient ausser in der
Färberei auch im Kattundruck. In der Wollfärberei wird es zu
licht- und waschechten Färbungen auf Chrombeize benutzt. Es ist
ein Carbazolazofarbstoff mit Salicylsäure als Componente und ver-
dankt dieser die Beizkraft.

Wollgelb hergestellt aus Gelbholzextract und diazotiertem
Anilin dient auf Chrombeize für Wolle als Ersatz für Gelbholz,
Quercitron. Beizengelb G und R sind Azofarbstoffe entsprechend
dem Anthracengelb (Cassella), welche auf Chrombeize walk- und
lichtechte Färbungen geben. Echtbeizengelb übertrifft dieselben
noch an Walkechtheit.

Dahl & Cie., Barmen:

Walkgelb ist identisch mit Anthracengelb B N (Cassella)
Walkorange ist ebenfalls ein Salicylsäurefarbstoff, welcher auf
Chrombeize auf Wolle gefärbt wird.

Leonhardt & Cie., Mühlheim:

Walkgelb lässt sich sauer auf Wolle färben und wird durch
Nachchromieren licht- und walkecht.

Die Prager Alizaringelb von Kinzlberger färben Baumwolle und Wolle auf Chrombeize; Alizaringelb F S (Durand &
Huguenin) dient zum Gelbfärben von gechromter Wolle. Patent-
fustin entsteht durch Einwirkung von diazotiertem Anilin auf
Gelbholzextrakt und wird von Wood & Bedford als Chrombeiz-
farbstoff in den Handel gebracht.

Direkte gelbe und orange Farbstoffe sind folgende:

Aktiengesellschaft für Anilinfabrikation, Berlin:

Chrysamin G, das erste substantive Baumwollgelb des Handels,
giebt sehr reine und lichtechte Nuancen; findet auch auf Wolle Anwendung. Mit Kupfervitriol und mit chromsaurem Kali nachbehandelt,
wird es licht- und waschechter, ebenso steigt durch Nachbehandeln
mit diazotiertem Paranitranilin und Kupfervitriol die Wasch- und Lichtechtheit. Chrysophenin zeichnet sich durch reine Nuance,
Licht- und Chlorechtheit und Egalisationsvermögen aus; es wird
auch viel auf Wolle, Halbwolle und Halbseide angewendet.
Columbiagelb ebenso, es ist das beständigste Gelb gegen Licht
und Chlor, auch sehr säureecht. Curcumin S. ist etwas licht-
unechter. Mikadogelb und Mikadogoldgelb zeigen gute Echtheiten und dienen vielfach zu Halbwoll- und Halbseidenfärbungen.
Congoorange G und R geben auf Baumwolle lebhaftes, echtes
Gelb, werden auf Wolle wegen guter Walkechtheit benutzt; Orange
T. A. dient meist zum Nuancieren von Halbwolle, Brillantorange G
ist recht licht-, aber mässig säureecht, findet auch auf Wolle Verwendung. Toluylenorange dient gut zu Crême- und Chamoistönen,
giebt, mit chromsaurem Kali und Kupfervitriol nachbehandelt, echte
Färbungen, auch auf Halbseide und Halbwolle verwendet; ebenso
Columbiaorange und Mikadoorange, ersteres giebt lebhafte
echte Nuancen, letzteres ebenfalls, deckt aber nur mässig.

Thiazolgelb, ein Derivat des Primulin's (s. u.), ist seiner
reinen grüngelben Nuance wegen geschätzt.

Farbenfabriken vorm. F. Bayer & Cie., Elberfeld:

Neben den schon genannten finden wir: Benzoorange, ein echtes Orange, Chloraminorange G, das gut licht- und waschecht ähnlich dem Mikadoorange ist, ferner neben Thiazolgelb ein anderes Primulinderivat, Chloramingelb, das sehr echt ist und viel zu Crêmefärbungen benutzt wird; Mikadogelb ein rötliches Gelb, Brillantgelb und Hessischgelb, welche weiter unten bei den Farbstoffen von Leonhardt & Cie. erwähnt werden.

Farbwerk vorm. Meister, Lucius & Brüning, Höchst a. M.:

Von den schon bei den blauen Farbstoffen genannten Dianilfarben finden wir als gelbe Repräsentanten: Dianilgelb 3G, ein lichtes Grüngelb, und Dianilgelb G und R, die dem Orange nahe stehende Färbungen liefern. Ganz analog dem Paranitranilinrot werden auf β Naphtolgrund mit Metanitranilin ein Gelb und mit Nitrotoluidin ein Orange erhalten; sie finden aber weniger in der Baumwollfärberei als in der Druckerei Anwendung.

Leopold Cassella & Cie., Frankfurt a. M.:

Thioflavin S, methyliertes Primulin, giebt ein lebhaftes Citronengelb, auch zum Lebhaftnuancieren verwendet, zeigt gute Echtheit und zieht gut aus; auf Halbwolle färbt es Baumwolle und Wolle gleichmässig. Diamingelb N dient für helle Crêmefarben. Diamingoldgelb mit lebhafter Nuance und guter Lichtechtheit färbt auf Halbwolle die Wolle dunkler. Diaminechtgelb A giebt klare Nuancen, egalisiert sehr gut und dient viel zum Gilben; auf Halbwolle färbt es die Wolle dunkler. Diaminorange G giebt ein gelbliches Orange; Diaminorange B dient zu gelb- und lederbraunen Färbungen, ist ziemlich wasch- und lichtecht. — Nachbehandeln mit Chromfluorid oder chromsaurem Kali ist ohne Einfluss auf die Nuance bei allen gelben und orangen Diaminfarben. Nachbehandlung mit Kupfervitriol macht Diamingelb N waschechter, Diaminorange B brauner unter Erhöhung von Wasch- und Lichtechtheit. Durch Behandeln mit Nitrazol (diazotiertem Paranitranilin) wird Thioflavin S orangegelb, bei Diaminorange und bei Diaminechtgelb A wird die Waschechtheit bedeutend erhöht.

Badische Anilin- und Sodafabrik, Ludwigshafen:

Baumwollgelb G giebt ein grünstichiges Gelb, Carbazolgelb färbt rötlicher, Baumwollgelb R, eine Primulin-Salicylsäureverbindung, giebt orangegelbe Nuance, zu Crêmetönen geeignet.

Primulin, auch Sulphin, Carnotin, Polychromin, Aur-
eolin genannt, wurde zuerst von der englischen Fabrik Brooke,
Simpson, Spiller & Cie. in den Handel gebracht, jetzt von den meisten
Farbwerken. Es färbt in neutralem oder alkalischem Bade Baumwolle
Primelgelb mit guter Wasch- und Säureechtheit. Man setzt Kochsalz oder Glaubersalz beim Färben zu und färbt kochend; analog
werden gemischte Gewebe, sowie Wolle und Seide gefärbt.
Interessant und wichtig ist nun das Primulin als erster Farbstoff,
mit dessen Hülfe man verschiedene Farben auf der Faser selbst
herstellen kann, wie dies schon beim Paranitranilinrot besprochen
wurde. Behandelt man das Primulin auf der Faser mit einer
salzsauren Lösung von Natriumnitrit, so wird es diazotiert und
diese Diazoverbindung vereinigt sich wie andere Diazoverbindungen
mit Phenolen oder Aminen, sogenannten Entwicklern, und giebt
dann je nach der Natur des Entwicklers einen verschieden gefärbten Azofarbstoff. So erzeugte Farben werden Ingrainfarben
genannt; auf diese Weise erhält man mit β Naphtol: rot, mit
Resorcin : orange, mit Phenol : gelb, mit Benzylnaphtylamin oder
Aethyl - β Naphtylamin : bordeaux, mit R - salz : marron, mit Meta-
phenylendiamin : braun. Die Färbungen zeigen meist gute Wasch-,
Walk- und Säureechtheit.

Mit einziger Ausnahme des Marron-Entwicklers, der nicht
mit Wolle sich verbindet, lassen sich alle auf jeder Faser mit fast
derselben Leichtigkeit befestigen.

Primulin wie die Ingrainfarben dienen auch wie die aufgefärbten
Benzidinfarbstoffe als Beizen für die basischen Teerfarben, so dass
sie ohne weiteres mit denselben überfärbt werden können.

1. Bad: Primulinbad: Die anzuwendende Farbstoffmenge
richtet sich nach dem zu erreichenden schwächeren oder stärkeren
Farbton. Für Ingraingelb und Orange nimmt man 3%, für
Ingrainrosa $^1/_4$—$^1/_2$%, für alle übrigen Farben 5% Primulin und
5% Kochsalz. Das Bad ist stets konzentriert zu halten. Im
andern Falle wird die Farbe zu schwach ausfallen. Die Anwendung
einer grösseren Prozent-Menge Kochsalz ist schädlich, da hierdurch ein Teil des Farbstoffs zu Boden geschlagen und der Farbton
selbst matt und unrein erscheinen wird. Nach dem Färben wird
gut gewaschen, damit die Ware nicht abfärbt. Das Färbebad
zieht nicht aus und kann zu weiteren Färbungen benutzt werden.
Man braucht dann nur 2% Farbstoff und $^1/_2$% Kochsalz beizu-
fügen, um wieder von neuem färben zu können.

2. **Bad: Nitritbad:** Die anzuwendende Menge von salpetrig-saurem Natron oder Sodanitrit wird auf die zur Verwendung ge-langende Wassermenge bezogen. Je mehr Wasser, desto mehr Nitrit. Auf 300 l Wasser nimmt man 2 kg salpetrigsaures Natron. Das Nitritbad wird mit einer ziemlich starken Menge Schwefel-säure oder Salzsäure versetzt. Das Bad muss stark sauer sein, nach salpetriger Säure riechen, andernfalls werden matte und un-gleiche Farben erreicht. Alsdann muss das Nitritbad kalt gehalten werden, indem sonst ein Verlust an Nitrit eintritt. Die Fasern müssen ferner von Nitrit ordentlich durchdrungen sein, dürfen jedoch nicht zu lange im Bade ruhen bleiben. Ebenso darf die Ware nach dem Bade nicht lange lagern bleiben, sondern muss sofort nach sorgfältigem Spülen in das Entwickelungsbad gelangen. Es genügt ein Umziehen während 5 Minuten. Das Bad lässt sich verwenden, so lange dasselbe noch nach salpetriger Säure riecht und sauer schmeckt.

3. **Bad: Entwickelungsbad:** Die Entwickelungsbäder dürfen nicht zu schwach genommen werden. Etwa 5% Entwickler werden gebraucht. Die Entwickler sind alle in Pulverform. Wird das Bad durch ungenügendes vorhergegangenes Spülen sauer, so wird sich die Farbe matt oder gar nicht entwickeln. Das Bad kann kalt, warm oder heiss benutzt werden. Bei dichten Geweben oder gemischten Waren wird man stets das letztere vorziehen. Das Bad kann 5 bis 6 mal benutzt werden. Der Entwickler wird, bevor er dem Bade zugesetzt wird, am besten getrennt aufgelöst. Bei Herstellung von dunklen Farben, von Braun und Purpur wird die Ware noch ein zweites Mal durch das Nitritbad und hierauf durch das Entwickelungsbad genommen. Ein wiederholtes Färben mit Primulin ist unnötig.

Alle Vorgänge des Färbens geschehen besser nicht in kupfernen Gefässen.

Auch zum Herstellen photographischer Bilder auf der Faser kann dies Verfahren dienen: Ein mit Primulin gefärbter und mit Nitrit diazotierter Stoff wird mit einem photographischen Negativ belegt und dem Licht ausgesetzt; nur an den nicht vom Licht getroffenen Stellen bleibt das diazotierte Primulin fähig, sich mit dem Entwickler zu einem Farbstoff zu vereinigen; es tritt daher nach der Entwicklungspassage deutlich das photographische Bild auf der Faser hervor.

Weitere Primulinfarbstoffe sind die schon genannten: Thia-zolgelb, Chloramingelb, Baumwollgelb R, Thioflavin S, ferner: Baumwollorange G; Chromin G (Kalle) und Mimosa (Geigy), welche beide goldgelb färben und Terracotta (Geigy), das braun färbt.

Leonhardt & Cie., Mühlheim:

Genannt sind bereits: Chrysamin, Chrysophenin, Primulin, Curcumin S, Benzorange, Congoorange, Toluylenorange, Orange T A. —

Brillantgelb und Hessischgelb sind sehr lichtecht und werden auf Baumwolle mit 25% Kochsalz und 2,5 resp. 0,5% Essigsäure gefärbt.

Gute Licht- und Säureechtheit zeigen die Mikadofarbstoffe: Mikadogoldgelb 2 G, 4 G u. s. w.; Mikadogelb G und R, Mikadoorange Go, Ro, 3 Ro, 5 Ro usw.

Auf Baumwolle wird kochend mit 10—25 resp. 25—50. gr Salz in 1 l Flotte in möglichst kurzer Flotte 1 Stunde lang mit weiterem $1/2$ stündigen Umziehen gefärbt. Der Farbstoff wird allmählig eingegeben; für Chamois und Crême arbeitet man ohne Salz mit 0,6 — 0,2 % Farbstoff, 2 gr Soda und 5 gr Glaubersalz in 1 l und kocht kürzere Zeit. Zum Teil können sie als Ersatz für das auf der Faser erzeugte Chromgelb und Chromorange dienen; für Mischnuancen kann man sie mit alkalisch gefärbten Farbstoffen wie Deltapurpurin, Eboliblau u. a. m. zusammen verwenden. Auf Seide erhält man in mit Schwefelsäure gebrochenem Bastseifenbade echte Färbungen; durch Nachbehandeln mit Chromsulfat werden die Färbungen ganz wasserecht. Auf Halbseide färben sie im neutralen Bade nur die Baumwolle, ebenso auf Halbwolle. Hier färbt man für einfarbige Artikel die Wolle mit Säuregelb M, Orange A u. a. m., welche neutral auf Wolle ziehen. Für zweifarbige Artikel färbt man erst die Wolle sauer und dann nach gutem Spülen die Baumwolle.

Ferner sind zu nennen: Direktgelb und Direktorange von Kalle; Alkaligelb von Dahl, Toluylenorange von Ohler; Mekonggelb und Azoorange von Durand & Huguenin; Arnicagelb und Chicagoorange von Geigy; Nitrophenin von Clayten & Cie.

Grüne Farbstoffe.

Die Zahl der grünen Farbstoffe ist eine beschränkte; natürliche sind nicht im Handel. Von künstlichen haben folgende Interesse:

Basische grüne Farbstoffe sind folgende:

Malachitgrün. Der Farbstoff erscheint in grünglänzenden Krystallen oder in Pulverform, je nachdem das schwefelsaure, oxalsaure oder Zinkdoppelsalz der Farbbase vorkommt. In heissem Wasser wie in Alkohol ist der Farbstoff mit blaugrüner Farbe löslich. Kalkhaltiges Wasser schadet der Farbe, weshalb etwas Essigsäure dem Färbebad zugesetzt werden muss. In den Handel gelangt der Farbstoff unter verschiedenen Namen: Solid- oder Echtgrün (Cassella & Co.), Viktoriagrün (Bad. Anilin- und Sodafabrik), Neugrün, Bittermandelölgrün, Benzaldehydgrün, Benzoylgrün, Benzalgrün, Krystallgrün, Neuviktoriagrün, Diamantgrün. Der Farbton des Farbstoffes ist ein blaustichiges Grün. Der Farbstoff wird sowohl für Baumwolle, wie Wolle und Seide sehr viel gebraucht. In Verbindung mit Methylviolett erhält man ein Blau, mit Methylviolett und Orange IV ein Indigoblau, einen Ersatz für Indigokarmin, mit Auramin ein Gelblichgrün.

Baumwolle wird mit Tannin und Brechweinstein oder mit Sumach und Brechweinstein gebeizt und dann kalt, später im lauwarmen Bade während $\frac{1}{2}$ Stunde ausgefärbt. Man trocknet, ohne zu waschen. Das Färbebad wird nicht erschöpft. Für lebhafte Farben kann mit Türkischrotöl und Alaun oder schwefelsaurer Thonerde vorgebeizt werden. Man kann auch mit Alaun oder schwefelsaurer Thonerde allein beizen und die Beize dann durch phosphorsaures Natron befestigen. Ein recht dunkles Grün wird erzielt, indem man zunächst mit Tannin oder Sumach beizt, dann in schwacher holzessigsaurer Eisenbeize durchzieht und hierauf ein Kreidebad passiert. Jute wird kochend ohne weiteren Zusatz gefärbt. Die Färbungen sind sehr lebhafte und gut waschecht.

Wolle kann im neutralen Bade ohne weiteren Zusatz gefärbt werden, vorausgesetzt, dass das Wasser kalkfrei ist. Andernfalls wird etwas Weinsteinpräparat zugefügt. Man hantiert $\frac{1}{2}$ Stunde, wäscht und trocknet. Statt Weinsteinpräparat kann Alaun oder schwefelsaure Thonerde oder Glaubersalz und Schwefelsäure genommen werden. Die nach solchem Verfahren erzielte Farbe ist indessen nicht walk- und lichtecht und schmutzt ab. Ein besserer Erfolg wird bei Anwendung von folgendem, etwas umständlicherem Beizverfahren, nämlich des Vorbeizens der Wolle mit sogenannter Schwefelbeize, erreicht: Man legt die Wolle bei 40° C. in eine Lösung von 10—20% Natriumthiosulfat oder unterschwefligsaures Natron, welcher 2—5% Schwefelsäure von 66° Bé oder Salzsäure von 20° Bé zugesetzt worden, steigert die Temperatur innerhalb 1 Stunde auf 80° C. und wäscht dann gut aus. Andere geben noch 5—10% Alaun zu, um das Filzigwerden der Wolle zu verhindern. Im besondern Bade wird dann bei 50—60° C. unter Zusatz von 2—4% Borax oder essigsaurem Natron ausgefärbt. Der Zusatz neutralisiert die Säure, die nach dem Waschen noch in der Wolle zurückbleiben könnte. Im getrenntem Bade findet zweckmässig das Abtönen mit Pikrinsäure statt. Will man in demselben Bade abtönen, so kann man nur Naphtolgelb oder Echtgelb hierzu verwenden. Ein Bläulichgrün erhält man durch Zusatz von Indigokarmin oder Methylviolett.

Seide wird in mit Essigsäure oder Schwefelsäure ganz leicht gebrochenem Bastseifenbade gefärbt. Nach dem Färben schönt man mit Essigsäure. Für Gelblichgrün wird im besondern Bade bei mittlerer Temperatur ein gelber Farbstoff, Naphtolgelb oder Pikrinsäure, aufgefärbt.

Zum Färben vermeide man kupferne Gefässe und wende nur Holzgefässe oder innen verzinnte Kupferkessel an.

Brillantgrün. Dieser Farbstoff, dem vorhergehenden sehr nahe verwandt, erscheint in goldglänzenden kleinen Krystallen, die jedoch ihren Glanz verlieren und blaugrün werden. Der Farbstoff ergiebt ein schönes Gelblichgrün. Die Färbekraft ist etwas schwächer. Im Handel erscheint er unter verschiedenen Namen wie: Solidgrün J, Neuviktoriagrün (Bad. Anilin- und Sodafabr.), Chinagrün (Bayer & Co.), Smaragdgrün (Bayer & Co), Diamantgrün, Aethylgrün, Echtgrün J, Emeraldingrün.

Anwendung genau wie vorhin. Beide Farbstoffe werden fast allgemein fabriziert.

Methylengrün (Höchster Farbwerk) ist das echteste basische Grün auf Tannin-Antimonbeize; wird auf loser Baumwolle, Garn und Stück viel verwendet, oft als Nunaciermittel für basische oder Alizarinfarben. Auf Seide wird es zuweilen über Blauholz gefärbt.

Methylgrün. Der Farbstoff wird wenig mehr gebraucht. Er ist durch Säuregrün und Malachitgrün fast ganz verdrängt, da diese sowohl billiger als vorteilhafter, weil dauerhafter, zu verwenden sind. Nur vereinzelt ist er noch in der Seidenfärberei in Anwendung, wo er im Bastseifenbad ohne Zusatz von Säure aufgefärbt wird. (Bayer, Kalle, Aktiengesellschaft.)

Janusgrün G und B gehören zu den bei Janusblau näher besprochenen Janusfarben. Wasch- und Alkaliechtheit ist gut. B ist sehr dekaturunecht und ebenso wenig lichtecht; G etwas besser. Ueber ihre Verwendung s. o. (Meister, Lucius & Brüning.)

Azingrün G. B. ist eine Rosindulinverbindung von Leonhardt & Cie., welche tannierte Baumwolle dunkelgrün färbt; die entsprechende Sulfosäure desselben dient ebenfalls als gut lichtechter saurer Wollfarbstoff unter dem Namen: Azingrün S.

Caprigrün färbt tannierte Baumwolle dunkelgrün. Die Färbungen sind gut lichtecht und auch waschecht.

Grüne Säurefarbstoffe sind folgende:

Die Zahl der sauren grünen Farbstoffe ist auch nicht sehr gross; der verbreitetste Farbstoff ist das

Säuregrün. Die sulfosauren Alkalisalze des Farbstoffs Malachitgrün und seiner Analogen kommen unter den Namen Säuregrün, Guineagrün (Akt.-Ges. für Anilin-Fabr.), Helvetiagrün, Lichtgrün S (Bad. Anilin- und Sodafabrik), in den Handel, sowohl in hellgrünen Stücken, in Pulverform, als auch als flüssiges Säuregrün. Der Farbstoff ist leicht in Wasser, schwer in Alkohol löslich. Er muss stets im sauren Bade gefärbt werden. Die Färbekraft ist geringer als die des basischen Malachitgrün. Der Farbstoff ist indessen in vielen Fällen geeigneter, weil er sich mit sauren Farbstoffen wie Säureviolett und Säurefuchsin zu indigoblauen Farbtönen, mit Naphtolgelb zu oliv u. s. w. vereinigen lässt. Der Farbstoff wird nur für Wolle und Seide angewandt,

Die Farbe schmutzt nicht ab und ist walkechter wie Malachitgrün. Wolle wird mit Zusatz von Weinsteinpräparat und Schwefelsäure kochend gefärbt. Man setzt die Farblösung zu, steigert langsam zum Kochen, unterhält dieses $1/2$ Stunde, wäscht und trocknet. Man kann auch mit Zusatz von Säure allein färben, da ein Ueberschuss nichts schadet. Wenn jedoch Neigung zum ungleichmässigen Färben eintritt, muss Glaubersalz zugesetzt werden. Seide wird in mit Schwefelsäure schwach gebrochenem Seifenbade gefärbt und nachher mit Schwefelsäure geschönt. Jute färbt man mit Essigsäure oder Alaun kochend aus.

Naphtolgrün B (Cassella & Co.) ist nur für Wolle und Seide anwendbar und giebt eine dunkelolive Farbe, die licht-, walk- und waschecht ist. Auf Baumwolle ist es nicht zu gebrauchen. Wolle färbt man mit 5 % Weinsteinpräparat, 5 % schwefelsaurem Eisenoxydul und 7 % Farbstoff. An stelle von Weinsteinpräparat kann auch 10 % Glaubersalz und 2—3 % Schwefelsäure treten. Zum Walken diene Seife, die neutral ist.

Wollgrün S ist ein dem Säuregrün ähnlich zusammengesetzter Farbstoff, welcher einen Naphtalinrest enthält; derselbe findet zu Modefarben als Mischfarbe häufig Verwendung (Bad. Anilin- und Sodafabrik).

Patentgrün, dem Patentblau verwandt, wird in der Wollstückfärberei zu Grün, Olive, Braun und Modefarben viel verwendet; ist echter als Säuregrün. (Meister, Lucius & Brüning).

Echtgrün (Bayer & Cie.) und Echtlichtgrün sind lichtechter und beständiger gegen Alkalien als Säuregrün; Echtgrün mit Chromfluorid nachbehandelt zeigt grosse Walkechtheit; wird auch häufig mit Alizarin- und anderen Chromfarben zusammen benutzt.

Grüne Beizfarbstoffe sind folgende:

Coeruleïn. Dieser Farbstoff, auch Anthracengrün genannt, dargestellt durch Behandeln des Gallëins mit konzentr. Schwefelsäure, kommt in zwei Formen vor, als fester schwarzer Teig, Coeruleïn in Teig, der in Wasser mehr oder weniger unlöslich ist, und als Coeruleïn S, ein schwarzes in Wasser, Alkohol und Äether lösliches Pulver, die Bisulfitverbindung des Coeruleïns. Letztere Form lässt sich am besten handhaben und gestattet auch eine bessere Ausnutzung des Farbstoffs. Die Färbekraft des pulverförmigen Coeruleïns ist vier mal grösser als die des teigförmigen. Die Farbtöne auf Baumwolle und Wolle sind inbezug auf Licht-, Säure- und Walkechtheit den Alizarinfarben durchaus gleichzustellen. Der Farbton ist olivgrün.

Auf Baumwolle findet Coeruleïn wenig Verwendung. Zweckmässig wird nur das pulverförmige Coeruleïn S gebraucht. Die Baumwolle wird zunächst mit Tannin bei 60° C gebeizt und 4—5 Stunden in dieser Beize ruhen gelassen, hiernach folgt ein widerholtes Umziehen der Ware durch essigsaure Thonerde. Nach dem Abwinden und Waschen wird ausgefärbt. Für helle Farben kann man unmittelbar ins Färbebad eingehen, bei mittleren Farbtönen geht man vorher noch auf das Tanninbad zurück, bei ganz dunklen Farben von Tannin noch auf ein Bad mit Chromalaun. Beim Färben wird kalt eingegangen, und während einer Stunde die Temperatur auf 90° C. gesteigert. Nach dem Färben wird heiss geseift, dann in kaltem Wasser gespült und getrocknet. Das Wasser darf nicht kalkhaltig sein. Für Baumwollstückwaren empfiehlt die Badische Anilin- und Sodafabrik das Klotzen der Ware mit 850 g Tragantschleim, 70—100 g Coeruleïn S, 200 g essigsaures Chrom von 10° B, dann zu trocknen und 20 Minuten lang ohne Druck zu dämpfen. Man kann auch wie bei Alizarinrot verfahren, also mit essigsaurer Thonerde beizen, durch Kreidebad befestigen und dann ausfärben.

Grössere Anwendung findet Coeruleïn in der Wollfärberei. Das Färbeverfahren ist dem für Alizarinrot angeführten durchaus gleich. Es lassen sich alle grünen Farben vom hellsten bis zum dunkelsten Tone herstellen, die bisher auf umständlichere Weise und teils auch weniger echt, durch Auffärben auf Küpengrund mit Gelbholz oder Flavin oder Wau gefärbt wurden. Mit 2% Farbstoff erhält man ein Hellgrün, mit 5% ein mittleres Olivgrün und mit 10% eine ganz dunkelgrüne, fast schwarze Farbe. Ferner dient der Farbstoff zum Abtönen von Blau, um indigoblaue Töne zu erreichen. Als Beize ist 3% doppeltchromsaures Kali und 2$\frac{1}{2}$% Weinstein zu empfehlen. Beim Färben ist dasselbe wie bei Alizarinrot zu beachten. Ein Zusatz von Kreide oder von essigsaurem Kalk zum Färbebade ist zu unterlassen, jedoch ist es notwendig, einen Ueberschuss von Essigsäure anzuwenden, um die im neutralen Bade durch die Anwesenheit des essigsauren Kalks. sich vollziehende Kalklackbildung und den damit zusammenhängenden Farbstoffverlust zu verhindern, sowie bis zu einem gewissen Grade den Farbstoff in Lösung zu bringen. Beizt man mit 2% doppeltchromsaurem Kali und färbt mit einer Mischung von Coeruleïn S und Alizarinrot aus, so erhält man echte braune und olive Farben.

Mit Thonerdebeizen erhält man blauere bei Verwendung von Eisenbeize olivgrüne und olivschwarze Farbtöne. Auf Seide findet Coeruleïn noch keine Anwendung, obschon sich echte Farbtöne erzielen lassen. Man kann mit Alaun vorbeizen, im besondern Bade ausfärben und mit Seifenlösung später schönen.

Alizaringrün S (Badische Anilin- und Sodafabrik) wird aus Alizarinblau und Schwefelsäure erhalten bei höherer Temperatur; es ist ein Oxychinolinalizarin. Ein analoges Chinolinalizarin ist das Alizaringrün S (Höchst). Beide sind als Bisulfitverbindungen im Handel in Teig- und in Pulverform. Dient als Marke S in Färberei und Druckerei der Baumwolle zur Herstellung licht- und waschechter Blaugrün auf Garn und Stück. Auf Wolle wird die Marke S W verwendet für sich und mit andern Farbstoffen zur Herstellung echter grüner und Modefarben auf loser Wolle, Garn und Stück. Mit Coeruleïn oder Galleïn zusammen ergeben sich eine grosse Auswahl grüner Farbtöne, mit Anthracenbraun und Alizarinschwarz Modefarben. Es wird stets auf Chrombeize im besondern Bade analog wie bei Alizarinrot ausgefärbt.

Säurealizaringrün (Meister, Lucius & Brüning, Höchst) ist eine Sulfhydroanthrachinonsulfosäure; es dient nur zum Färben der Wolle. Man färbt durch Ankochen mit $3\,^0/_0$ Schwefelsäure und $25—100\,^0/_0$ Glaubersalz und entwickelt dann mit $2—4\,^0/_0$ Chromfluorid oder $1—3\,^0/_0$ chromsaurem Kali; es wird besonders auf loser Wolle und Garn verwendet, oft kombiniert mit Säurealizarinblau, Anthracengelb und mit Säurefarbstoffen. Beim Entwickeln mit chromsaurem Kali ist es auch mit Chromogen I und Chromotropen kombinierbar; es findet auch in der Stückfärberei vielseitige Anwendung.

Alizarincyaningrün G, E K (Bayer) sind als Alizarinfarbstoffe sehr lichtecht. Die Nuance ist nicht ganz so klar auf Wolle wie bei Säuregrün. Die Färbungen sind alkali-, säure- und mittelmässig walkecht; es wird auf loser Wolle, Garn und Stück viel benutzt. Wird auf Wolle entweder sauer mit essigsaurem Ammoniak und Essigsäure unter Nachsetzen von Schwefelsäure angewandt oder als Chromierungsfarbstoff oder auf Chromvorbeize; die Nuance ist auf Chrom etwas stumpfer, die Walkfähigkeit aber nur mit Chrom gut. Auf Baumwolle erhält man auf Aluminiumbeize ein zartes Blaugrün auf Chrom ein stumpferes Grün.

Diamantgrün ist ein Salicylsäuredisazofarbstoff derselben Fabrik, der sich in Anwendungsweise und Echtheit ganz an die Alizarincyaningrüne anschliesst. Wegen seiner guten Lichtechtheit ist er in vielen Staaten zum Färben von Uniformtuchen (Russischgrün) zugelassen worden.

Solidgrün (Meister, Lucius & Brüning, Höchst) ist Dinitrosoresorcin; wird selten auf Wolle gefärbt; auf Baumwolle auf loser Ware, Garn und Stück mittels Eisenbeize als gut waschechte Selbstfarbe.

Alizaringrün G und B (Dahl) sind keine Alizarinverbindungen, sie färben auf Chrombeize grün.

Grüne direkte Farbstoffe sind folgende:

Farbenfabriken vorm. F. Bayer & Cie., Elberfeld:

Benzogrün B B und G geben schöne lebhafte Grün von guter Alkaliechtheit, daher auch alkalisch färbbar; gefärbt mit 15—50% Kochsalz, meist für Baumwolle, weniger für Halbwolle und Halbseide verwendet.

Benzoolive und Benzodunkelgrün liefern ein Russischgrün resp. hell ein Meergrün von guter Lichtechtheit; letzteres ist lebhafter, auch für Kombinationen geeignet.

Leopold Cassella & Cie., Frankfurt a. Main:

Diamingrün B, mit 20% Kochsalz oder Glaubersalz gefärbt, zieht langsam aus und gut auf auf Baumwolle. Lichtechtheit ist mässig, es ist säureecht und alkaliecht, aber nicht chlorecht. Durch Kupfersulfat wird die Nuance braun, durch Chromieren tritt keine Veränderung ein. Wird auf Wolle mit 10% Glaubersalz und 3% Essigsäure gefärbt und widersteht normaler Walke. Auf Halbwolle färbt es neutral Wolle und Baumwolle gleich. Auf Halbseide färbt es Baumwolle stärker.

Diamingrün G ist ähnlich, auf Wolle auch mit Chrom fixierbar; auf Baumwolle, mit Chromfluorid nachbehandelt, hält es starke Wäsche und leichte Walke aus. Auf Wolle sauer gefärbt und mit Chromfluorid nachbehandelt wird es sehr wasch- und walkecht.

Aktiengesellschaft für Anilinfarikation, Berlin:

Columbiagrün hat gute Echtheiten, nur ist es mässig waschecht; es egalisiert gut und ist, da alkalisch färbbar, auch in Mischungen mit alkalisch färbenden Farbstoffen zu gebrauchen. Für Baumwolle und Halbwolle verwendet. Auf Halbseide gefärbt, lässt es die Seide fast weiss.

Columbiaschwarzgrün ist ihm in Echtheit sehr ähnlich und wird besonders zum Abdunkeln benutzt.

Leonhardt & Cie., Mühlheim:

Eboligrün ist neutral und alkalisch färbbar und gut lichtecht; die Baumwollfärbungen, mit Chromalaun nachbehandelt, werden waschecht und sehr säureecht. Durch Nachbehandeln werden die Wollfärbungen licht- und walkecht, die Seidefärbungen wasser- und waschecht. Direktgrün C ist ihm sehr ähnlich.

———

Braune Farbstoffe.

Die Herstellung brauner Farben mit Hülfe des in der Natur vorkommenden Catechu ist bereits bei den Gerbstoffen besprochen worden.

Künstliche braune Farbstoffe.

Braune saure Farbstoffe:

Aktiengesellschaft für Anilinfabrikation, Berlin:

Resorcinbraun, für Wolle und Seide und auch für Leder häufig mit andern Säurefarbstoffen zusammen gefärbt, ist mässig wasch- und lichtecht, gut säure- und alkaliecht. Säurebraun ist ihm ähnlich, aber etwas waschechter, ebenso Echtbraun, welches nur wenig alkaliecht ist.

Echtbraun N, auch Naphtylaminbraun genannt (Bad. Anilin- und Sodafabrik), ist identisch mit Azobraun und Chrombraun der Höchster Farbwerke. Liefert gut wasch- und lichtechte Braun und findet auf Wolle und Seide Anwendung, ferner auf Leder, Holz, Stroh und Papier. Auf Wolle sauer gefärbt, dient es für Braun oder Mischfarben auf loser Wolle, Kammzug, Webgarn und Stück für billige, trag- und säureechte Farben, auch viel auf Seide für dunkle Braun.

Chromogen I ist ein schmutzig weisses saures Salz der Chromotropsäure, welches von Wolle aus saurem Bade farblos aufgenommen wird und durch Oxydation mit chromsaurem Kali dann auf der Faser ein ·echtes Braun liefert.

Farbenfabriken vorm. F. Bayer & Cie., Elberfeld:

Azosäurebraun ist nur von geringer Bedeutung. Dunkel-, Bismarck- und Bronzesäurebraun sind Woll-Unifarbstoffe, welche ziemlich egalisieren und in saurem Bad ein Braunrot liefern, das z. B. in der Strumpfgarnfärberei viel angewendet wird. Echtbraun färbt meist gut egal und wird auch häufig auf Chrombeize gefärbt; es ist dem oben genannten Echtbraun ähnlich.

Leopold Cassella & Cie., Frankfurt:

Zu den Anthracensäurefarben, welche einbadig und auf Chrombeize färbbar sind, gehören: Anthracensäurebraun G, R, B, N und SW; alle zeigen sehr gute Walkechtheit; an Luft- und Lichtechtheit, welche die der Alizarinfarben ist, steht R obenan, ihm nahe steht N dann folgen GB und SW; alle stehen aber an Echtheit mit den Combinationen von Farbhölzern und Alizarinfarben auf einer Stufe. Auch beim Dekatieren und Carbonisieren sind sie sehr echt.

Einbadig färbt man mit 10% Glaubersalz und 1—3% Essigsäure, kocht $^3/_4$ St. und setzt noch 3—4% Essigsäure zu, dann kocht man bis zum Ausziehen und fährt nach Zusatz von $1^1/_2$% Chromkali noch $^1/_2$ St. mit Kochen fort. Zweibadig beizt man mit 2—3% Chromkali und 2% Weinstein vor. Man färbt nun erst bei 60°, dann kochend mit 4—6% Essigsäure $1^1/_2$ St.; für satte Farben setzt man noch $^1/_2$% Chromkali nach und kocht noch $^1/_2$ St.

Echtbraun und Säurebraun sind analog dem oben genannten Echtbraun und dem Säurebraun und Naphtolbraun (Dahl und Leonhardt), ebenso Kastanienbraun (Öhler) und Ahornbraun (Leonhardt).

Walkbraun (Leonhardt) ist ziemlich säure- und lichtecht und wird durch Nachbehandeln mit Chromfluorid oder Chromkali walkecht fixiert.

Basische braune Farbstoffe.

Der wichtigste basische braune Farbstoff ist das Bismarckbraun, welches von fast allen Farbwerken dargestellt wird und unter den verschiedensten Namen in den Handel kommt: Phenylenbraun, Manchesterbraun, Vesuvin, Anilinbraun, Lederbraun, Zimmtbraun, Canella, Englischbraun, Goldbraun, Neutralbraun. Dasselbe wird auf Baumwolle, Jute, Leder und Papier viel benutzt, selten auf Wolle; es ist nur mässig licht- und waschecht, wenig alkali- aber gut säureecht.

Baumwolle wird auf Tannin-Antimonbeize bei 50—60° gefärbt. Die erhaltenen Farbtöne sind lebhafter als mit Catechu erhaltene, daher werden Catechufarben oft mit Bismarckbraun überfärbt. Die Gerbsäure des Catechu dient hier als Beize. Helle braune Farben können ohne Beize gefärbt werden. Oft dient es auch zu Mischfarben.

Jute wird bei 90° ohne Beize gefärbt. Wolle wird ebenfalls im neutralen Bade ohne Zusatz gefärbt; durch Zufügen von

4—6% Alaun zum Färbebade wird ein röterer und satterer Farbton erreicht. Seide wird in schwachem Seifenbade bei 60° gefärbt. Nach dem Färben wird gewaschen und mit Essigsäure geschönt.

Berliner Mode- und Philadelphiabraun sind Farbstoffe von nur geringen Echtheiten, die nur wenig Bedeutung haben und wenig auf Baumwolle, mehr auf Leder verwendet werden. Sie werden von der Aktiengesellschaft für Anilinfabrikation in den Handel gebracht. Das zu den oben besprochenen Janusfarben gehörende Janusbraun übertrifft Bismarckbraun nur wenig an Echtheit. Gefärbt wird es analog dem Janusblau (s. d.).

Braune Beizfarbstoffe sind folgende:

Ein sehr echter Farbstoff ist als Oxyalizarin das Alizarinbraun (Höchster Farbwerke), auch Anthracenbraun (Bayer und Badische Anilin- und Sodafabrik) genannt. Auf Baumwolle dient es auf Aluminium- oder Chrombeize zur Herstellung echter Braun. Auf Wolle erhält man auf Chrombeize braune Töne von hervorragender Echtheit gegen Licht und Walke, welche alle Vorzüge des Alizarinrots ebenfalls besitzen.

Man kann mit Anthracenbraun Farben vom hellsten Drap bis zum dunkelsten Tabakbraun erhalten. Zur Herstellung von Modetönen lässt es sich mit allen übrigen Alizarinfarben mischen, z. B. erhält man mit Zusatz von Alizarinorange ein feuriges Rotbraun; durch Mischen von Cörulëin und Alizarinbraun stellt man ein Dunkeloliv her. Auf Wolle wird es sehr viel verwendet auf loser Wolle, Kammzug, Garn und Tuch; auf Baumwolle sowohl für Färberei wie Zeugdruck. Das Färbeverfahren ist das allgemein bei Alizarinfarben übliche. Auf Chrombeize kann man auch mit Alizarinorange (s. d.), wie bei diesem erwähnt, ein Braun erhalten.

Alizarinrotbraun R und Alizarinbraun G sind Farbstoffe der Farbenfabriken vorm. F. Bayer & Cie.; sie kommen hauptsächlich für Wolle in Betracht. Man färbt entweder direkt mit 10% Glaubersalz, 2% Essigsäure und 1% Schwefelsäure mit oder ohne Nachchromieren mit Chromkali — Nachchromieren giebt tiefere Nuance — oder auf Chrombeize. Die Walkechtheit ist gut; Alizarinbraun G zeigt die Lichtechtheit des Anthracenbraun; Alizarinrotbraun steht ihm etwas nach. Sie sind combinierbar mit Alizarinfarben, mit sauren Farbstoffen oder mit Nachchromierungsfarbstoffen.

Diamantbraun und Echtbraun (Bayer & Cie.), auf Chrombeize gefärbt, sind diesen ähnlich, stehen ihnen aber an Echtheit nach. Das Anthracensäurebraun ist schon bei den sauren Farbstoffen erwähnt worden, in seiner Eigenschaft auf Chrombeize zu färben gehört es auch hierher; Sulfaminbraun (Dahl) färbt auch auf Chrom und ist ein Wollfarbstoff. Walkbraun (Leonhardt) wird sauer gefärbt und mit Chromfluorid oder Chromkali nachbehandelt; die Färbungen sind ziemlich licht und säureecht.

Direkte braune Farbstoffe. Die Anzahl der direkten braunen Farbstoffe ist eine ziemlich grosse:

Aktiengesellschaft für Anilinfabrikation, Berlin:

Congobraun ist wichtig für Baumwolle, Wolle und Halbwolle; direkt gefärbt ist es nur ziemlich lichtecht und mässig waschecht; mit Kupfervitriol nachbehandelt wird es sehr licht- und gut waschecht, egalisiert auch gut und zeigt gute Säure- und Alkaliechtheit. Auf Baumwolle färbt man es in einem Bade mit 10 bis 20 gr Glaubersalz und $1/2$—2 gr Soda in 1 l von 50° bis kochend, auf Wolle ohne Soda, ebenso auf Halbwolle, wo es sehr gleichmässig beide Fasern färbt.

Catechubraun ist im Verhalten und Anwendung analog; Wollbraun, für Wolle und Halbwolle verwendet, ist weniger licht- und nur mässig waschecht. Columbiabraun R ist ziemlich echt und giebt, diazotiert und gekuppelt, gute echte Dunkelbraun auf Baumwolle, Halbwolle und Halbseide. Sambesibraun wird als Entwicklungsfarbstoff auf Baumwolle, Halbwolle und Halbseide (Wolle und Seide werden nur wenig angefärbt) viel verwendet. Sie geben diazotiert und mit Entwicklern gekuppelt intensive Gelbbraun bis Rotbraun von guten Echtheiten.

Chromanilbraun dient meist auf Baumwolle, egalisiert gut und wird durch Behandeln mit Kupfersulfat sehr lichtecht und ist auch sonst gut echt. Die Chlorechtheit ist bei allen diesen direkten Farbstoffen gering.

Farbenfabriken vorm. F. Bayer & Cie., Elberfeld:

Sulfonbraun, Neusulfonbraun, Sulfondunkelbraun kommen besonders für Wolle in Betracht. Die Färbungen sind nicht so lichtecht wie die mit Sulfocyaninen, für mittlere Walke sind sie walkecht. Auf Garn und Stück sind dieselben billige Ersatzprodukte für Anthracenbraun bei mässigen Echtheitsansprüchen. Gefärbt werden sie mit essigsaurem Ammoniak bei 80—85° 1 Stunde.

Benzobraun, Benzodunkelbraun und Benzoschwarzbraun geben alle Nuancen von Gelbbraun bis Schwarzbraun; die Lichtechtheit ist mässig. Erstes findet auch auf Wolle, zweites auch auf Halbwolle, das letzte nur auf Baumwolle Verwendung. Die Benzochrombraune sind lichtechter, finden auf Wolle, besonders aber auf Halbwolle und Baumwolle Anwendung; auf Halbwolle färben sie beide Fasern gleich stark; die mit Chromkali und Kupfersulfat nachbehandelten Färbungen zeigen gute Licht-, Wasch- und Seifenechtheit. Zum Teil dienen sie als Catechuersatz.

Direktechtbraun und Direktbroncebraun sind ziemlich licht- und alkali-, aber nur mässig waschecht.

Chloraminbraun G ist ein oranges, sehr echtes Braun, welches dem Chloramingelb an Echtheit nahe steht und somit mit zu den echtesten direkten Farbstoffen gehört, geeignet für helle Töne. Toluylenbraune und Neutoluylenbraune finden eine ausgedehnte Anwendung auf Baumwolle, Halbwolle und Halbseide; sie sind relativ widerstandsfähig gegen Licht, alkalische Wäsche und organische Säure wie Schweiss. Toluylenbraun G ist diazotierbar und giebt, mit β Naphtol entwickelt, ein Rotbraun, mit Toluylendiamin ein Dunkelbraun, Färbungen, die sich durch grössere Echtheit auszeichnen. Die Toluylenbraune kommen auch durch K. Öhler, Offenbach, in den Handel. Mikadobraune (auch von Leonhardt fabriciert) sind gut licht- und säure- und ziemlich alkaliecht; gefärbt werden sie wie die Mikadogelb und werden auf Baumwolle, Halbwolle, Seide und Halbseide viel verwendet. Diazobraun G und V sind sehr lichtecht und decken gut, diazotiert und auf der Faser entwickelt, geben sie auch waschechte Tiefbraun. Diazobraun R extra und Diazobrillantschwarz R und B sind direkt gefärbt rot und säureempfindlich. Durch Diazotieren und Nachbehandeln mit Soda geben sie wasch- und alkaliechte Catechubraune. Benzonitrolbraune, mit Soda und Glaubersalz gefärbt, geben, mit diazotiertem p. Nitranilin (Benzonitrol) nachbehandelt, gut wasch-, licht- und säureechte Färbungen. Katigenschwarzbraun dient meist zu Schwarzfärbungen (s. d.), Katigengelbbraun giebt helle sehr echte Braune. Beide gehören zu den schon beim Immedialblau näher besprochenen Schwefelfarben, sie finden nur auf Baumwolle Anwendung und zwar meist auf Garn; Katigengelbbraun wird kochend heiss in Wasser mit der gleichen Menge Schwefelnatrium zusammen gelöst. Gefärbt wird in einer Flotte mit 25—50% Kochsalz bei 90°. Katigenschwarzbraun wird kochend mit $1/4$ seines

Gewichtes Soda gelöst und analog gefärbt; sie können teilweise als Catechuersatz verwendet werden.

Farbwerk vormals Meister, Lucius & Brüning:

Dianilbraun färbt Baumwolle im Soda-Glaubersalzbade dunkelbraun, es entspricht im Verhalten und Anwendung dem Dianilblau und Dianilschwarz. Auf Halbwolle färbt es die Baumwolle dunkler an und wird daher für gemischte Gewebe aus Baumwolle und Kunstwolle empfohlen. — Entsprechend dem Paranitranilinrot erhält man auf β-Naphtol präpariertem Stoff mit diazotiertem Benzidin resp. Tolidin dem Braun nahestehende Pucenuancen von guter Seifen- und geringerer Lichtechtheit.

Leopold Cassella & Cie., Frankfurt a. M.:

Baumwollbraun A giebt lebhafte und volle Töne und findet vielfach Anwendung. Es färbt langsam im Bade mit 20% Kochsalz auf; das Farbbad zieht nicht ganz aus. Die Färbungen sind mässig waschecht, ziemlich licht- und alkaliecht und werden durch Säuren etwas dunkler. Baumwollbraun N ist analog nur etwas röter. Beide geben diazotiert mit β Naphtol oder mit Diamin dunkle Braun; mit diazotiertem p. Nitranilin nachbehandelt liefern sie lebhafte Braun von guter Waschechtheit.

Diaminbraun 3G giebt sehr gute gelblichbraune Färbungen von guten Echtheiten. Wird auf Baumwolle mit 3% Soda und 15% Glaubersalz gefärbt und wird auch für Wolle zu waschechten Färbungen benutzt; auf Halbwolle dient es zum Nuancieren und färbt Baumwolle und Wolle gleich stark an.

Diaminbraun V ist ähnlich, diazotiert und mit β Naphtol oder Diamin entwickelt, giebt es tiefe Dunkelbraun von guter Walkechtheit; mit diazotiertem Paranitranilin nachbehandelt erhält man sehr waschechte Färbungen. Diaminbraun M und B geben die lichtechtesten Braun; durch Nachbehandeln mit Kupfersulfat und Chromkali erzielt man sehr gute Waschechtheit. Marke M diazotiert und auf der Faser mit Diamin oder β Naphtol entwickelt giebt tief dunkelbraune Töne; durch Säuren wird die Nüance etwas gerötet. Auf Wolle wird die gekupferte walkechte Färbung auch viel verwendet; auf Halbwolle benutzt man sie zum Nüancieren, da beide Fasern gleichmässig gefärbt werden. Sie sind vielfach ein Ersatz für Catechu. Diaminbronze, wie die eben genannten mit 5% Soda und 15% Glaubersalz gefärbt, eignet sich zu Modetönen; mit Chromfluorid nachbehandelt wird es echter. Auf Halbwolle wird die Wolle etwas lebhafter gefärbt und muss mit Naphtolschwarz etwas abgestumpft werden. Diamincatechu ist Ersatz für Catechufarben.

Zu nennen sind ferner:

Echtbaumwollbraun von Geigy, das im Salzbade orange-braun färbt und, diazotiert und mit Paraphenylendiamin nach-behandelt, ein Dunkelbraun liefert; weiter das Direktbraun der Gesellschaft für chemische Industrie in Basel.

Schwarze Farbstoffe.

Zu den mit Naturfarbstoffen erzeugten Schwarz gehört das Blauholzschwarz, welches unter Blauholz näher besprochen wurde.

Die Zahl der künstlichen schwarzen Farbstoffe ist jetzt auch eine recht bedeutende geworden, besonders die der direkten Baumwollfarbstoffe.

Schwarze Säurefarbstoffe:

Aktiengesellschaft für Anilinfabrikation, Berlin:

Nigrosin, Silbergrau, Anilingrau sind Sulfosäuren des Indulins und geben auf Wolle und Seide gut licht-, wasch- und säureechte Graublau; wegen des schlechten Egalisierens färbt man am besten erst in neutralem Bad und setzt allmählig Natriumbisulfat zu. Vorheriges Chloren oder Kochen mit verdünnter Soda führt besseres Egalisieren herbei bei den Wollfärbungen.

Wollschwarz B, 4B, 6B und Wolltiefschwarz sind viel verwendete Wollfarbstoffe von guter Licht-, Wasch-, Säure- und Alkaliechtheit. Nachchromiert wird die Färbung wasch- und lichtechter, auf Seide wasserecht. Auf Halbwolle dient es zu Uniartikeln, indem man die Baumwolle mit direkten Farbstoffen anfärbt, oder für zweifarbige Artikel, da Baumwolle nur sehr wenig angefärbt wird; sie egalisieren gut. Wollschwarz G R zeigt noch bessere Lichtechtheit, wird auch im Woll- und Seidendruck verwendet. Wollschwarz 474 giebt ein sehr echtes, auch walkechtes Violettschwarz, mit etwas Gelb ein Tiefschwarz; es dient häufig mit Wollblau zu walkechten Marineblaufärbungen. Chromechtschwarz ist ein sehr echtes, auch walkechtes Chromierungsschwarz; auf Seide sind die nachchromierten Färbungen sehr wasserecht.

Badische Anilin- und Sodafabrik, Ludwigshafen:

Brillantschwarz B ist identisch mit Naphtolschwarz (Cassella und Höchster Farbwerke) und Azoschwarz

(Höchster Farbwerke). Es ist ein schönes, säurebeständiges Schwarz von guter Licht- und Tragechtheit, ersetzt vielfach Blauholz. Auf Garn färbt man erst 1¹/₂ Stunden mit 5% Glaubersalz, giebt langsam 6–9% Natriumbisulfat zu. Die Färbungen sind waschecht, bluten aber bei starker Walke ins Weisse; durch Nachbehandeln mit 10% Chromalaun während ¹/₂ Stunde werden sie waschechter. Tuche werden auf 1000 l Wasser mit 3 l essigsaurem Ammoniak 1¹/₂ Stunde kochend gefärbt. Dann setzt man noch 1000 l Wasser und 3 l Essigsäure (30%) zu, endlich 10% Glaubersalz und 5% Essigsäure und kocht noch 1 Stunde; es wird auch oft mit blauen Farbstoffen für Blauschwarz und mit gelben für Tiefschwarz verwendet.

Blauschwarz B und Tiefschwarz E stehen ihm sehr nahe, ersteres zeigt grössere Walkechtheit.

Farbwerk vorm. Meister, Lucius & Brüning, Höchst a. M.:

Neben Naphtol-(Azo)-schwarz ist Azosäureschwarz zu erwähnen mit gutem Egalisierungsvermögen und mässiger Walk- und Waschechtheit.

Farbenfabriken vormals F. Bayer & Cie., Elberfeld:

Nigrosine sind schon oben genannt. Victoriaschwarze, als Ersatz für Blauholz auf Garn und Stück benutzt, sind echter und färben besser, sind aber teurer; sie sind säure- und alkaliecht, licht- und luftbeständig und werden wegen guter Waschechtheit oft für Strumpfgarn gebraucht. Zu diesen gehören oder stehen ihnen nahe: Victoriaschwarzblau, Neuvictoriaschwarz, Phenolschwarz, Wollschwarz.

Leopold Cassella & Cie., Frankfurt a. M.:

Dem erwähnten Naphtolschwarz ist verwandt als Farbstoff und in der Anwendung das Naphtylaminschwarz. Naphtylblauschwarz färbt auf essigsaurem Bade blauschwarz, die Färbungen sind ziemlich walkecht. Anthracensäureschwarze zeichnen sich durch sehr gute Licht- und Walkechtheit aus; ebenso Anthracitschwarz.

Kalle & Cie., Biebrich a. Rh.:

Biebricher Patentschwarz ist ein echtes blaustichiges Schwarz, das mit Säuregrün und Echtgelb ein gutes Tiefschwarz liefert. Man kocht erst ³/₄ Stunden ohne Zusatz, dann ebenso lange mit 5% Essigsäure und 10% Weinsteinpräparat.

Dahl & Cie., Barmen:

Wollschwarz und Seidenschwarz entsprechen den schon genannten.

Leonhardt & Cie., Mühlheim:

Domingoviolettschwarz ist ein saurer Egalisierungsfarbstoff, welcher sehr lichtechte, aber nicht walkechte Färbungen liefert, eignet sich gut zur Herstellung von Modetönen. Domingoblauschwarz wird ebenfalls sauer gefärbt auf leichter Ware mit Glaubersalz und Bisulfat, auf schwerer mit Glaubersalz und Essigsäure; es ist dem ersteren an Echtheit ähnlich.

Schwarze basische Farbstoffe: Echtschwarz (Leonhardt) liefert auf Baumwolle auf Tannin-Antimonbeize ein ziemlich echtes Blauschwarz, mit Tannin und holzessigsaurem Eisen erhält man ein reines Schwarz. Juteschwarz ist kein einheitlicher Farbstoff, sondern ein Gemisch verschiedener basischer Farben.

Neugrau (Bayer, Oehler. Höchster Farbwerke), Methylengrau (Höchster Farbwerke) und Nigrosin, Anilingrau (Kalle, Cassella) sind dem Indulin verwandte Farbstoffe. Baumwolle wird auf Tannin-Antimonbeize rein grau angefärbt. Man erhält sehr licht- und seifenechte Färbungen. Auch direkt lassen sich dieselben auf Baumwolle färben, man muss aber dann dämpfen und nachchromieren mit $0,5\%$ Kaliumbichromat. Seide und Halbseide werden in neutralem Bade gefärbt. Sie finden vielfach Anwendung auf Baumwolle, Halbseide und im Kattundruck, auch in der Lederfärberei und in der Färberei von Papier.

Schwarze Beizfarbstoffe:

Badische Anilin- und Sodafabrik, Ludwigshafen:

Alizarinschwarz kommt auch als Naphtazarin in den Handel seit 1887. Es ist kein wahres Alizarinderivat, steht aber an Echtheit auf der gleichen Stufe mit den Alizarinen und wird auch wie diese angewandt. Auf Baumwolle erhält man auf Chrombeize licht- und waschechte Schwarz; auf Wolle wird auf Chrom-Weinsteinbeize gefärbt; die erzielten Färbungen sind sehr licht-, walk- und säureecht und ist es dem Blauholz auch in der sauberen Anwendungsweise überlegen. In Verbindung mit anderen Alizarinfarbstoffen dient es vielfach zu Modefarben. Alizarinblauschwarz ist ganz analog.

Farbwerk vorm. Meister, Lucius & Brüning, Höchst a. M.:

Alizarinschwarz P und S sind Chinolinalizarine und zwar „S" die Bisulfitverbindung von „P". Erstere findet in der Wollfärberei, letztere auf Baumwolle, besonders im Zeugdruck, Verwendung, immer auf Chrombeize. Wolle wird mit Chromkali und Weinstein gebeizt und dann erst bei 30° später kochend $1\frac{1}{2}$ Stunden ausgefärbt; Alizarinschwarz wird sehr viel zu echten Farben auf loser Wolle, Garn und Stück benutzt, auf Baumwolle häufig zum Graufärben von Garn auf Türkischrotöl-Chrombeize; auf Seide stellt man damit auf Aluminiumnitratbeize wasser-, wasch- und lichtechte Färbungen her.

Die Chromotrope (siehe rote Farbstoffe) dienen ebenfalls viel zu Schwarzfärbungen; es sind dies die Marken: S, SB, SR, FB, 2B, 8B und 10B; man erzeugt damit auf loser Wolle, Kammzug und Webgarnen Färbungen, die echt sind gegen Wasser- und Seifenwalke.

Farbenfabriken vorm. F. Bayer & Cie., Elberfeld:

Die Diamantschwarz sind sehr licht- und säureecht, so dass sie vielfach zur Militärtuchfärberei gebraucht werden; auch in Walk- und Dekaturechtheit sind sie gut und haben gutes Egalisierungsvermögen; sie finden auf loser Wolle, Garn und Stück grosse Anwendung. Man färbt sie auf loser Wolle mit Schwefelsäure, auf Stück erst mit Essigsäure und dann mit Schwefelsäure und chromiert mit $1\frac{1}{2}\%$ Chromkali nach. Alizarinblauschwarz ist noch lichtechter und dient zum Nuancieren und Abdunkeln besonders auf Kammzug; Alizarinechtschwarz ist denselben sehr ähnlich.

Leopold Cassella & Cie., Frankfurt a. M.:

Anthracensäureschwarz ist schon bei den sauren Farbstoffen erwähnt worden.

Leonhardt & Cie., Mühlheim:

Domingoschwarz und Domingochromschwarz geben auf Wolle auf Chromweinsteinbeize Schwarzfärbungen von grosser Licht- und Walkechtheit; sie eignen sich auch zusammen mit anderen Beizfarbstoffen zur Herstellung von Modefarben.

Direkte schwarze Farbstoffe:

Aktiengesellschaft für Anilinfabrikation, Berlin:

Columbiaschwarze sind ziemlich licht- und waschecht; Alkaliechtheit und Egalisationsvermögen ist gut. Sie sind sehr säureecht und vertragen heisses Nachfärben in saurem Bade, was sie zur Halbwollfärberei sehr geeignet macht. Auf Baumwolle dienen sie vielfach als Blauholzersatz, auch als Untergrund für Anilinschwarzfärbungen. Auf Baumwolle werden sie mit 10—20 g Glaubersalz und $^1/_2$—2 g Soda in 1 l Flotte, auf Halbwolle ohne Soda gefärbt. Nyanzaschwarz egalisiert auch gut, ist ziemlich licht- und waschecht, wird durch Säuren blauer; wird auf Baumwolle und Halbwolle wie die vorigen gefärbt und giebt auf Wolle schwefel- und walkechte Färbungen. Diazotiert und entwickelt giebt es Marineblaufärbungen von guter Wasch-, Säure- und Alkaliechtheit. Taboraschwarz wird nur auf Baumwolle zum Nuancieren von Garn verwendet und ist ziemlich licht- und waschecht. Columbiaschwarzblau egalisiert gut, mit Kupfervitrol nachbehandelt ist es gut licht- und waschecht; findet für dunkle Schwarzblau auf Baumwolle, Halbwolle und Halbseide Verwendung.

Sambesischwarz B zeigt, direkt gefärbt, gute Echtheiten, gekupfert wird es sehr lichtecht und wird gleich wie die obigen verwendet. Diazotiert und entwickelt giebt es gut echte dunkle Marineblau. Sambesischwarz F giebt gut wasch-, licht- und alkaliechte Färbungen, die mit Kupfervitriol und Chromkali nachbehandelt, sehr licht- und waschecht sind; dient so zu Marineblau und als Küpengrund. Die diazotierte und entwickelte Färbung ist gekupfert ebenfalls sehr echt. Wird auf Baumwolle, Halbwolle und Halbseide viel verwendet; die Seide wird nur schwach violett gefärbt. Sambesischwarz D ist gut echt, die Waschechthet ist mässig. Dient auf Baumwolle für Blauschwarz, Grau und zu Mischfarben. Auf Halbwolle ist es von Bedeutung; kochend färbt es die Baumwolle stärker, bei längerem Kochen aber die Wolle, so dass man egale Färbungen erzielen kann. Die diazotierte und entwickelte Färbung giebt ein waschechtes Dunkelblau. Sambesischwarz BR ist gut licht- und alkaliecht, gekupfert und chromiert, sehr lichtecht, noch mehr die diazotierte und entwickelte Färbung, welche gut waschechte Dunkelblau liefert. Chromanilschwarz giebt gute Violettschwarz, nachbehandelt, giebt es sehr licht- und waschechte Blau- und Tiefschwarz von seltener Echtheit; wird viel auf Baumwolle und Kunstwolle verwendet, in letzterem Falle oft mit chromierbaren Farbstoffen zusammen.

Farbenfabriken vorm. F. Bayer & Cie., Elberfeld:

Sulfonschwarze egalisieren gut, sind nicht ganz so echt wie die Sulfoncyanine; werden auf Wolle oft verwendet, gefärbt

werden sie mit essigsaurem Ammoniak und Essigsäure. Sulfon-
blauschwarz steht dem Sulfoncyanin an Echtheit nahe.

Jetschwarz G und R findet auch auf Wolle für gut licht-
und walkechte Färbungen Verwendung, auf Halbseide färbt es
beide Fasern gleich stark. Benzoschwarz ist metallempfindlich
und nur mässig lichtecht; wird auf Baumwolle mit 5—10% Soda
und 2½% Seife gefärbt; Benzoschwarz S ist ziemlich widerstandsfähig gegen Licht, Alkali, Schweiss und Metalle, wird mit
10—50% Kochsalz gefärbt. Benzoechtschwarz ist noch echter;
wird häufig auf Baumwolle, wo es mit 15% Kochsalz und 5%
Soda gefärbt wird, als Anilinschwarzgrund benutzt; wird selten
auch auf Wolle gefärbt, wo es nur mässig walkecht ist. Direktblau-
schwarze und Direkttiefschwarze liefern alle Nuancen von
Violettschwarz bis Tiefschwarz, egalisieren gut und sind echt gegen
Licht, Alkalien und Wäsche; werden viel auf Baumwolle und Halbwolle verwendet. Direktblauschwarz B giebt, mit diazotiertem
Paranitranilin nachbehandelt, ein sehr waschechtes Tiefschwarz. Die
Plutoschwarze sind sehr wasch- und säureecht und daher für Halbwolle geeignet, wobei die Wolle nach der Baumwolle sauer gefärbt
wird; sie werden auf Baumwolle mit Soda und Kochsalz gefärbt.
Plutoschwarz B mit diazotiertem Paranitranilin nachbehandelt giebt
ein wasch-, säure- und lichtechtes Schwarzbraun. Benzograu und
Benzoechtgrau sind in Anwendung und Eigenschaften denselben
analog. Benzoblau 2B, 3B und Diazoblauschwarz (siehe diese)
liefern, diazotiert und entwickelt mit Betanaphtol, blaugraue bis tief-
graue Töne von guter Wasch-, Alkali- und Säureechtheit. Diazo-
schwarze B, R, G u. s. w., diazotiert und mit Betanaphtol oder
Phenylendiamin entwickelt, geben rötliches resp. blaues Schwarz,
mit Entwickler G ein reines Schwarz. Die Färbungen sind ebenfalls von guter Echtheit. Die mit der Marke „3 B" erhaltenen
Färbungen werden durch Kupfern sehr licht- und waschecht. Auf
Baumwolle und auf Wolle finden sie vielfach Verwendung. Auf
Baumwolle wird mit 15% Kochsalz und 3% Soda, auf Wolle ohne
Soda gefärbt. Diaminschwarz R O dient meist auf Garn zum Abdunkeln. Diazobrillantschwarz R und B färben direkt mit
10% Kochsalz Baumwolle rot, diazotiert und mit β-Naphtol entwickelt, geben sie Blau- und Violettschwarz. Benzochromschwarz
N und B, mit Chromkali und Kupfervitriol nachbehandelt, giebt ein
reib-, wasch- und säureechtes Schwarz von guter Luft- und Lichtechtheit; ist reibechter wie Anilinschwarz, ohne die Faser anzugreifen, und hat vor Anilinschwarz den Vorteil, unvergrünlich und

sicher in der Anwendung zu sein, es wird oft für und mit Anilinschwarz verwendet.

Katigenschwarzbraun N, das schon bei den braunen Farbstoffen genannt wurde, dient auch zur Schwarzfärberei. Auf Garn kann man folgendermassen ein Schwarz erhalten: Für 50 kg Garn geht man in ein Farbstoffbad bei 40° ein, das ³/₄ kg Alaun und 350 g Essigsäure enthält; zieht 5—6 mal um, nimmt aus, setzt 110 g Methylenblau und 25 g Safranin zu, zieht 6 mal um, schlägt auf und setzt 1 kg Kupfervitriol und 150 g Chromkali zu, zieht 5 mal um, spült und seift. Das so erhaltene Schwarz ist wasch- und laugenecht, schmutzt wenig ab und ist fast so lichtecht wie Anilinschwarz.

Leopold Cassella & Cie., Frankfurt a. M.:

Hier sind zu nennen eine Reihe wichtiger schwarzer Diaminfarben; gefärbt werden sie auf Baumwolle meist mit 5% Soda und 15% Glaubersalz.

Diaminblauschwarz E ist nur für Baumwolle von Bedeutung, giebt die blauesten Schwarzfärbungen von mässiger Lichtund ziemlicher Waschechtheit; Säure- und Alkaliechtheit ist gut. Diazotiert und mit Betanaphtol, Naphtylaminäther u. s. w. entwickelt, giebt es viel verwendete gute Blau. Mit diazotiertem Paranitranilin nachbehandelt, liefert es sehr waschechte Blaugrau. Diaminschwarz R O ist sehr echt und wird daher viel zum Nüancieren, Abdunkeln und Grundieren verwendet. Diazotiert und entwickelt mit Betanaphtol, Naphtylaminäther, Blauentwickler, Diamin, Resorcin, Phenol, dient es zu sehr wasch- und walkechten blauschwarzen bis tiefblauen Färbungen. Diaminschwarz B O ist sehr ähnlich nur in der Nuance blauer und lebhafter; diazotiert und entwickelt giebt es analog gute Schwarze. Diaminschwarz B H ist ebenfalls ähnlich. Die entwickelten Färbungen sind noch lebhafter blauschwarz; dient ausser auf Baumwolle auch auf Wolle für Walkartikel auf Kammgarn. Alle drei färben auf Halbwolle die Baumwolle stärker und wird die Wolle mit Naphtolblau nachnüanciert. Diaminschwarz H W ist mehr grünschwarz, ist sonst den andern ähnlich; nur die direkten Färbungen sind von Bedeutung. Oxydiaminschwarz N giebt ein tiefes Schwarz von geringerer Lichtechtheit, viel für lose Baumwolle, für säureechte Schwarz und Futterstoffe verwendet. Diaminschwarz S 000 ist lebhafter und blauer in der Nuance; auf Halbwolle färbt es Baumwolle dunkler, durch Nachfärben mit Diaminbraun und Naphtolschwarz erhält man seitengleiche Färbungen. Die Diamintiefschwarz SS und OO geben sehr lichtechte Tiefschwarz, chromiert sind die Färbungen walkecht. Diazotiert giebt SS mit Diamin entwickelt ein walk- und säureechtes Schwarz; mit diazotiertem Paranitranilin nachbehandelt, giebt dasselbe wie auch Oxydiaminschwarz sehr waschechte Braun. Diaminschwarzblau BB ist gut lichtecht, gekupfert und chromiert, waschecht. Dieses und Halbwollschwarz S finden sehr viel auf Halbwolle Verwendung, da sie Baumwolle und Wolle gleichmässig färben. Diamineralschwarz giebt, mit Kupfervitriol und Chromkali nachbehandelt, auf Baumwolle sehr gute echte Blau- bis Tiefschwarz; gefärbt wird mit 2% Soda und 20% Glaubersalz.

Immedialschwarz wurde schon als Schwefelfarbstoff neben Immedialblau erwähnt; es findet nur auf pflanzlichen Fasern Verwendung; es wird in eigenartiger Weise mit Schwefelnatrium gefärbt und arbeitet man in Holz- und Eisengefässen; je kürzer die Flotte um so intensiver ist das Schwarz. Das Bad enthält am besten auf 1 l 5 g Soda und 30 g Kochsalz und wendet man 10 bis 15% Immedialschwarz und 3—5% Schwefelnatrium vom Gewicht der Baumwolle an. Man färbt entweder kochend oder kocht zuerst und färbt dann im erkaltenden Bade weiter. Man zieht nur anfangs und am Ende um und lässt im übrigen von der Flotte bedeckt stehen. Nach dem Färben muss sofort von der anhaftenden Flotte befreit werden. Es ist nicht nötig, wirkt aber günstig, wenn man mit Chromkali, Kupfervitriol und Essigsäure nachbehandelt; endlich seift man noch heiss. Die Färbungen sind reibecht, ausgezeichnet lichtecht und widerstehen Säuren und Alkalien. Es können so lose Baumwolle, Strang, Kette, Cops und Bobinen gefärbt werden.

Badische Anilin- und Sodafabrik, Ludwigshafen:

Echtschwarz ist ebenfalls ein Schwefelfarbstoff und ist älter wie das eben genannte. Die Anwendung ist analog. Man färbt kalt (³/₄ Stunden) nur unter Zusatz der gleichen Menge Schwefelnatrium wie Farbstoff, wäscht und behandelt nach. Beim Nachbehandeln mit Kupfervitriol erhält man bräunliche Schwarz. Mit sehr wenig Methylenblau (0,15%) überfärbt und mit Kupfervitriol und Chromkali nachbehandelt, werden die Färbungen tief schwarz; ebenso kann man mit andern basischen Farbstoffen leicht nuancieren. Durch Einwirkung von Chlor geht es in Havannabraun über. Die Echtheit ist eine gute. — Baumwollschwarz ist ein nur mässig lichtechtes Schwarz, Waschechtheit geht; Säure- und Alkaliechtheit sind gut. Es liefert auf Baumwolle satte Schwarz; auf Halbwolle mit Säureschwarz kombiniert, ist es neutral färbbar; auf Seide liefert es ziemlich wasserechte Färbungen; wird auf Baumwolle mit 5—20% Glaubersalz und 2—6% Soda gefärbt. Oxamin-schwarz M, M T, M B sind sehr lichtechte direkte Schwarz; mit Anilinschwarz sind die Färbungen vorzüglich lichtecht. Sie werden wie alle Oxaminfarbstoffe auf Baumwolle mit Kochsalz und Soda gefärbt; sie egalisieren gut und eignen sich auch für Wolle. Die Waschechtheit ist eine gute, besonders beim Nach-chromieren und dann ebenfalls die Walkechtheit; auch die Säure-und Alkaliechtheit geht. Auf Seide werden wasserechte Färbungen erhalten. Violettschwarz liefert blaugraue und violettschwarze Nuancen von guter Wasch- und Säureechtheit.

Farbwerk vorm. Meister, Lucius & Brüning, Höchst a. M.:

Als direkte schwarze Farbstoffe für Baumwolle, Halbwolle und Halbseide kommen verschiedene Dianilschwarze in den Handel. ·P R und P G dienen in der Baumwollfärberei direkt gefärbt für wasch- und wasserechte Färbungen. Nachbehandelt mit Azophor-rot P N (diazotiertem Paranitranilin), zeigen sie auch gute Säure-echtheit und gekupfert auch gute Lichtechtheit. Sie eignen sich auch als Untergrund für Anilinschwarzfärbungen; diese sind dann reibechter, weicher und unvergrünlicher. Dianilschwarz C R giebt mit Azophorot sehr waschechte blaustichige Schwarz; diazotiert und mit Soda entwickelt waschechte Dunkelblau. Auf Halbwolle färbt es neutral stets Baumwolle stärker an, ebenso auf Halbseide. Gefärbt wird auf Baumwolle im alkalischen Kochsalzbade 1 Stunde kochend. Dianilschwarz H W ist analog und eignet sich besonders für die Halbwollfärberei, färbt auch die Baumwolle stärker; mit Chromschwarz, Dianilgelb und Naphtalingrün zusammen erhält man ein fadengleiches Schwarz; wird auch häufig mit Säurefarbstoffen zum Nuancieren und Abdunkeln verwendet. Azophorschwarz dient auf β Naphtolgrund als Druckfarbe zur Erzeugung von Schwarz, häufig wird daneben Paranitranilinrot durch Färben entwickelt.

Cachou de Laval, Cattu Italiano wird durch Schmelzen or-ganischer Stoffe: Sägespähne, Torf, Blättern u. a. m. mit Schwefel-natrium erhalten. Die Lösung ist dunkelgrün und wird an der Luft unter Ausscheidung des Farbstoffes bräunlichgrau. Die im

Farbbad umgezogene Baumwolle nimmt die Farbe des Bades an und oxydiert sich dann zu Braungrau. Durch Säuren oder Salze, besonders oxydierend wirkende, wird der Farbstoff aus der Lösung niedergeschlagen resp. auf der Faser befestigt. Es wird nur Baumwolle damit gefärbt. Man arbeitet in kurzen Flotten (100 Wasser und 1—10 g Farbstoff), geht bei 30° ein, zieht um, erwärmt während 1¹/₂ Stunden auf 80°, schlägt auf, setzt Kochsalz zu (10%) und zieht noch eine halbe Stunde um; dann passiert man durch verdünnte Säuren oder durch eine Lösung von Kupfervitriol, Chromkali, Permanganat; man kann auch Beizsalze auf der Faser befestigen und dann mit Beizfarbstoffen überfärben; ebenso lassen sich basische Färbungen auf Cachouuntergrund anbringen.

Die Färbungen sind grau bis rotbraun, ziemlich licht- und sehr seifenecht, ferner beständig gegen Säuren, Alkalien und Chlor.

Vidalschwarz (Poirier, Paris) ist ein Schwarz, welches ebenfalls durch Schmelzen verschiedener organischer Körper mit Schwefel und Schwefelnatrium erhalten wird. Es findet auch ausschliesslich zum Färben der Baumwolle, besonders in Frankreich, sehr viel Verwendung. Man färbt in möglichst kurzer Flotte; 20—30 mal das Gewicht der Baumwolle an Wasser und 20—22% Farbstoff, 15% Soda und 50% Kochsalz bilden das Färbebad. Man färbt 2 Stunden anfangs kalt, dann kochend. Durch gutes Abringen sucht man Unegalitäten zu vermeiden; nimmt dann durch Bichromat-Schwefelsäurebad und setzt zur vollkommenen Oxydation noch 6—12 Stunden der Oxydation an feuchter Luft bei 45°—65° aus; seift und aviviert mit verdünnter Essigsäure. Man erzielt so ein sehr gleichmässiges blaustichiges tiefes Schwarz von fast absoluter Echtheit gegen Säuren, Alkalien, Licht und Luft.

Anilinschwarz.

Anilinschwarz ist ein durch Einwirkung von Oxydationsmitteln auf Anilin gewonnenes Schwarz. Das fertig gebildete Anilinschwarz findet in der Färberei niemals, sehr selten im Zeugdruck Verwendung. Seine Erzeugung auf der Faser selbst durch Einwirkung von Oxydationsmitteln, hauptsächlich Chromaten und Chloraten, auf Anilin bei Gegenwart von Säuren findet eine sehr weitgehende Anwendung in der Baumwollfärberei und im Zeugdruck infolge der grossen Schönheit und Echtheit der erhaltenen Farbe. Anilinschwarz hat in vielen Fällen Blauholzschwarz vollständig ersetzt; es ist sehr licht-, alkali-, seifen-, säure- und reibecht und auch echt gegen schwaches Chloren. Nicht richtig gefärbt, kann es jedoch die Faser schwächen. Auf Wolle und Seide findet es kaum Verwendung, wohl aber auf Halbseide.

Die Besprechung des Anilinschwarz gehört aus oben genanntem Grunde mehr in das Gebiet der praktischen Färberei als in das der Farbstoffe und hat im 3. Bande ausführliche Berücksichtigung gefunden. Eine erschöpfende Behandlung desselben giebt: Nölting & Lehne, „Das Anilinschwarz und seine Anwendung in Färberei und Zeugdruck", Berlin, Verlag von Springer.

Die chemische Konstitution des Anilinschwarz steht nicht fest, man hat drei Arten unterschieden: Emeraldin, Nigranilin und unvergrünliches Schwarz, letztere zwei sind die Hauptbestandteile des Anilinschwarz der Faser. Die Bildung aus Anilin erfolgt durch Wasserstoffentziehung mit Hülfe von Oxydationsmitteln wie chromsaurer Salze, Eisenoxydsalzen, Permanganaten, Mangansuperoxyd, Bleisuperoxyd und Chloraten; die Wirkung von Chloraten erfolgt am besten bei Gegenwart gewisser Salze wie des Kupfers, des Vanadiums, Cers und Eisen. Schon Runge, der Entdecker des Anilinschwarz, machte auf die Erzeugung desselben auf der Faser aufmerksam; 30 Jahre später wurde es zuerst von Calvert, Clift und Lowe 1863 im Zeugdruck verwendet. Lighfoot vervollkommnete es erst zur allgemeinen Anwendung für den Druck und hat auch Anweisungen für die Färberei desselben gegeben, die noch heute gebraucht werden. Es sind dann weiter eine sehr grosse Anzahl von zum grossen Teil patentierter Vorschriften für die Anwendung in Druck und Färberei gefolgt, welche vielfach Verwendung finden. Das erste Patent zur Erzeugung von Anilinschwarz in der Färberei wurde 1865 Bobeuf in Frankreich erteilt.

Bei dem das Schwarz erzeugenden Gemische, welches aufgedruckt wird, dem sogenannten Druckschwarz, unterscheidet man zwei Arten: das ältere Hängeschwarz und das jüngere Dämpfschwarz. Ersteres bestand in der älteren Form aus einem Gemisch von Anilinsalz, Kupfersulfat, Chlorammonium, Chlorat und Essigsäure, das verdickt aufgedruckt und durch Verhängen an der Luft bei 35° entwickelt wurde. Es hatte den Nachteil, sich schon in der Farbe zu entwickeln und die Eisenteile, besonders der Rakel, anzugreifen. Eine wesentliche Verbesserung war der Ersatz von Kupfersulfat durch Schwefelkupfer, von Lauth eingeführt, welcher diese Nachteile aufhob. Ein weiterer Fortschritt war die Einführung von Vanadiumsalzen statt der Kupferverbindung durch Witz, wobei nur sehr geringe Mengen desselben zur Entwicklung eines guten Schwarz genügen: $1/_{66700}$ des angewandten salzsauren Anilins an Ammoniumvanadat genügen praktisch vollkommen. Statt des langen Verhängens wendet man besser ein kürzeres Verfahren zur Schwarzentwicklung an, indem man die bedruckten Stücke mit einer Geschwindigkeit von 60 m in der Minute den Apparat von Mather & Platt bei einer Temperatur von 80° und 74° Hygrometerfeuchtigkeit passieren lässt. Bei der zweiten Art des Druckschwarzes, dem Dämpfschwarz, sind die Kupfer- und Vanadiumsalze durch Ferri- oder Ferrocyankalium ersetzt und wird das Schwarz durch Dämpfen ohne Druck erzeugt in der kurzen Zeit von 20 Minuten; es muss hier möglichst basisches Anilinschwarz genommen werden, da Säuren wie Kupfersalze oder Chromate eine Zerstörung der Faser beim Dämpfen verursachen.

In der Anilinschwarzfärberei wendet man ebenfalls verschiedene Verfahren zur Herstellung der Schwarz an. Man unterscheidet hier: Oxydationsschwarz, welches dieselbe Zusammensetzung hat und in gleicher Weise entwickelt wird wie die eben genannten Druckschwarze. Solch' Oxydationsschwarz wird sowohl beim Färben von Stücken als auch Garnen und loser Baumwolle verwendet. Einbadschwarz oder Färbeschwarz ist dagegen ein Schwarz, das nur auf loser Baumwolle oder Baumwollgarn hergestellt wird. Meist wird hier nur ein Bad verwendet bestehend aus Salzsäure oder Schwefelsäure, chromsaurem Kali und Anilinsalz. Dasselbe kann kalt oder warm hergestellt werden.

Anilinfärbeschwarz auf warmem Wege. Es werden z. B. für 100 kg Baumwolle angewandt: 2400 l Wasser, 8 l Salzsäure von 19° Bé, 10 kg Anilinsalz, 8 kg doppeltchromsaures Kali. Mit der vorher schwach geseiften und gut gewaschenen Ware wird ins kalte Bad eingegangen und eine halbe Stunde lang umgezogen. Man setzt dann 4 kg doppeltchromsaures Kali und 4 l Salzsäure von 19° Bé zu und geht allmählich während weiterer 1—2 Stunden zum Kochen. Das Kochen wird wenigstens $1/_4$ Stunde angehalten. Je länger man im kalten Bade umzieht, desto voller wird die Farbe ausfallen. Geschieht dagegen das Erwärmen zu schnell, so wird viel Farbstoff verloren gehen, weil ein Teil des gebildeten Anilinschwarz sich dann nicht auf der Faser befestigt, sondern als unlöslicher Niederschlag zu Boden sinkt. Nach dem Färben wird mit Wasser gewaschen, in schwacher Schmierseifenlösung mit oder ohne Zusatz von Soda kochend geseift und getrocknet. Im Färbebad kann auch ein Teil Salzsäure durch Schwefelsäure vertreten sein.

Anilinfärbeschwarz auf kaltem Wege. Das Färbebad enthält für 100 kg Baumwolle, 16—20 kg Salzsäure von 21° Bé, 20 kg Schwefelsäure 66° Bé, 8—10 kg Anilinöl, 14—20 kg doppelt chromsaures Kali, 10 kg schwefe'saures Eisenoxydul. Letzterer Zusatz dient zur Erzielung grösserer Echtheit. Er soll das Grünwerden der Farbe verhindern. Aus dem schwefelsauren Eisenoxydul wird schwefelsaures Eisenoxyd gebildet, welches wiederum als Oxydationsmittel wirkt. Die Mengen von doppelt chromsaurem Kali und Säure sind grösser als bei dem warmen Färbeverfahren, da solche die Oxydation bei niederer Temperatur befördern. Die anzuwendende Wassermenge muss bedeutend geringer sein als bei der warmen Methode, sonst bleibt das Färben unvollständig oder es dauert länger. Zur Ausführung des Verfahrens löst man das Anilinöl in der mit der gleichen Menge Wasser verdünnten Salzsäure, fügt die ebenfalls verdünnte Schwefelsäure zu und sodann das im Wasser vorher aufgelöste schwefelsaure Eisenoxydul. Das doppeltchromsaure Kali wird ebenfalls getrennt in der nötigen Menge Wasser gelöst. Man giebt zunächst die Hälfte der Chrom-Lösung mit der genügenden Menge Wasser ins Färbebad, bringt die gut genetzte Ware hinein und behandelt sie 1—1½ Stunde lang. Alsdann giebt man die andere Hälfte zu und färbt etwa ebenso lange weiter bis zur Erzielung des gewünschten Tones. Die Ware wird sodann gewaschen und kochend geseift wie vorhin. Das erhaltene Schwarz ist von genügender Echtheit für die meisten Anwendungen. Dem auf warmem Wege hergestellten steht es etwas nach.

Um das Schwarz vor dem Nachgrünen zu bewahren, als auch um das Abschmutzen zu verhüten, sind verschiedene Mittel vorgeschlagen worden. Das Abschmutzen wird schon einigermassen durch das dem Färben folgende Seifen verhindert. Einen besseren Erfolg erreicht man jedoch, wenn man die Ware nach dem Auswaschen einer nochmaligen Oxydation unterzieht. Man setzt eine Mischung von 20 kg schwefelsaurem Eisenoxydul, 5 kg doppeltchromsaurem Kali, 15—18 l Schwefelsäure von 66° Bé, 60—70 l Wasser an. Von dieser nimmt man 5 l auf je 500 l Wasser, erhitzt auf 15° C. und behandelt hierin die Ware ¾ Stunden lang, spült und seift dann wie oben (Verfahren von Koechlin frères). Dasselbe Ziel soll man erreichen, wenn nach dem Färben ein leicht angesäuertes kochendes Bad von doppeltchromsaurem Kali genommen wird, man dann spült und ein Bad mit 1% chlorsaurem Aluminium oder mit Ammoniak folgen lässt. (Verfahren nach Orr). Franc empfiehlt die schwarzgefärbte Ware durch eine Mischung von 1 l Benzin und 50 g rohem Leinöl zu nehmen, die Ware in einem heissen Raume von Benzin zu befreien und das Öl trocknen, beziehungsweise oxydieren zu lassen.

Das Anilinfärbeschwarz kann nach dem Waschen auch mit Blauholzschwarz zusammengebracht werden. Die Ware wird zu diesem Zwecke eine Stunde lang in eine warme konzentrierte Blauholzabkochung gebracht, und hierauf durch holzessigsaure Eisenlösung gedunkelt. Zur Befestigung der Farbe folgt ein lauwarmes Bad mit 2% doppeltchromsaurem Kali. Nach dem Waschen wird die Ware durch ein mit Soda alkalisch gemachtes Ölbad genommen, um Weichheit zu erhalten, und dann bei mittlerer Temperatur getrocknet.

Als Beispiele für die in der Färberei gebräuchlichen Oxydationsschwarz mögen folgende dienen: 2,6 kg Anilinöl und 2,5 kg Salzsäure von 19° Bé werden gemischt und mit Wasser auf 8 l verdünnt; ebenso werden 2 kg chlorsaures Kali, 250 gr Kupfervitriol und wenig Tragant zu 8 l gelöst, beide Lösungen werden gemischt und damit 25 kg Baumwolle gefärbt. Man zieht das Baumwollgarn durch die Lösung gut durch, trocknet und verhängt an der Luft.

Nach Nölting eignet sich zum Schwarzfärben von Stückware folgendes Schwarz: Man stellt ein Bad her aus 24 l Wasser, 1 kg Anilinsalz, 150 gr Anilin, 2 kg Ferrocyananilin, 900 gr chlorsaurem Natron und 150 gr Essigsäure. Das Ferrocyananilin wird erhalten aus 2500 gr Anilinöl, 2500 gr Salzsäure von 21° Bé, 3000 gr Ferrocyankalium und 6000 gr Wasser. Man passiert die Stücke durch dies Bad, trocknet und entwickelt, wie oben angegeben, im Mather-Platt'schen Apparat. Bei den meisten dieser Oxydationsschwarz wird noch durch eine Passage durch eine Lösung von 0,2—10 gr Chromkali in 1 l Wasser das Schwarz entwickelt und dann gewaschen und geseift. Meist wird sauer chromiert, indem man auf 1 Teil Chromkali 1 Teil Schwefelsäure zusetzt, nur selten in mit Soda alkalisch gemachter Chromatlösung.

Thermometer.

Formeln zur Umrechnung von Celsius-Graden in solche von Réaumur und Fahrenheit und umgekehrt.

1. Bekannt sind Réaumur-Grade; gesucht Celsius-Grade

$$\frac{\text{Réaumur-Grade}}{4} \cdot 5 = \text{Celsius-Grade.}$$

2. Bekannt sind Réaumur-Grade; gesucht Fahrenheit-Grade

$$\frac{\text{Réaumur-Grade}}{4} \cdot 9 + 32 = \text{Fahrenheit-Grade.}$$

3. Bekannt sind Celsius-Grade; gesucht Réaumur-Grade

$$\frac{\text{Celsius-Grade}}{5} \cdot 4 = \text{Réaumur-Grade.}$$

4. Bekannt sind Celsius-Grade; gesucht Fahrenheit-Grade

$$\frac{\text{Celsius-Grade}}{5} \cdot 9 + 32 = \text{Fahrenheit-Grade.}$$

5. Bekannt sind Fahrenheit-Grade; gesucht Celsius-Grade

$$(\text{Fahrenheit-Grade} - 32) \cdot \frac{5}{9} = \text{Celsius-Grade.}$$

6. Bekannt sind Fahrenheit-Grade; gesucht Réaumur-Grade

$$(\text{Fahrenheit-Grade} - 32) \cdot \frac{4}{9} = \text{Réaumur-Grade.}$$

Vergleichende Tabelle der Celsius-Grade mit denen von Réaumur und Fahrenheit.

Celsius.	Réaumur.	Fahren-heit	Celsius.	Réaumur.	Fahren-heit
100	80	212	40	32	104
95	76	203	35	28	95
90	72	194	30	24	86
85	68	185	25	20	77
80	64	176	20	16	68
75	60	167	15	12	59
70	56	158	10	8	50
65	52	149	5	4	41
60	48	140	0	0	32
55	44	131	— 5	— 4	23
50	40	122	— 10	— 8	14
45	36	113	— 17,18	— 14,22	0

Aräometer.

Formeln zur Umrechnung von Beauméschen Graden (rat. Skala) in spezifisches Gewicht und umgekehrt.

A. Für Flüssigkeiten schwerer als Wasser bei 15° C.

1. Bekannt sind Beaumésche- Grade; gesucht spezifisches Gewicht:

$$\frac{144,3}{144,3 - \text{Beaumé-Grade}} = \text{spezifisches Gewicht.}$$

2. Bekannt spezifisches Gewicht; gesucht Beaumésche Grade:

$$144,3 - \frac{144,3}{\text{spezifisches Gewicht}} = \text{Beaumé-Grade.}$$

B. Flüssigkeiten leichter als Wasser bei 15° C.

3. Bekannt sind Beaumésche-Grade; gesucht spezifisches Gewicht:

$$\frac{144,3}{144,3 + \text{Beaumé-Grade}} = \text{spezifisches Gewicht.}$$

Vergleichung der verschiedenen Aräometer-Grade nach Beaumé, Cartier, Beck mit dem spezifischen Gewicht bei 12,5° C.

Für Flüssigkeiten leichter als Wasser.

Grade Beaumé	spez. Gew.	Cartier sp. G.	Beck sp. G.	Grade Beaumé	spez. Gew.	Cartier sp. G.	Beck sp. G.
0	—	—	1,000	32	0,869	0,865	0,841
2	—	—	0,988	34	0,859	0,854	0,833
4	—	—	0,977	36	0,848	0,843	0,825
6	—	—	0,966	38	0,839	0,834	0,817
8	—	—	0,955	40	0,829	—	0,809
10	1,000	—	0,944	42	0,820	—	0,802
12	0,986	0,992	0,934	44	0,811	—	0,794
14	0,973	0,976	0,924	46	0,802	—	0,787
16	0,961	0,963	0,914	48	0,793	—	0,780
18	0,948	0,949	0,904	50	0,785	—	0,772
20	0,936	0,936	0,895	52	0,777	—	0,766
22	0,924	0,924	0,885	54	0,768	—	0,759
24	0,913	0,911	0,876	56	0,760	—	0,752
26	0,901	0,899	0,867	58	0,753	—	0,746
28	0,890	0,888	0,859	60	0,745	—	0,739
30	0,879	0,876	0,850				

Zur Anwendung vor- und nachstehender Tabellen, um Beaumé-Grade in Beck-Grade zu verwandeln und umgekehrt, diene folgendes Beispiel. Man will erfahren, wieviel Grade nach Beck gleich sind 24 Beaumé-Grade. Die Tabelle zeigt, dass laut erster und zweiter Kolumne 24 Grade bei Beaumé dem spezifischen Gewicht 0,913 entsprechen. In vierter Kolumne wird nun die der letzten Zahl am nächsten stehende gesucht = 0,914 und findet dann in der ersten Kolumne 16. 24° Beaumé entsprechen 16° Beck.

Für Flüssigkeiten schwerer als Wasser.

Grade Beaumé	spezif. Gewicht	Beck.	Grade Beaumé	spezif. Gewicht	Beck.
0	1,000	1,000	34	1 308	1,250
2	1,014	1,012	36	1 332	1,269
4	1.028	1,024	38	1,357	1,288
6	1,043	1,036	40	1.383	1 308
8	1 059	1,049	42	1,411	1,328
10	1,075	1,063	44	1 439	1.349
12	1,091	1 076	46	1,468	1.371
14	1.107	1,089	48	1.498	1,391
16	1.125	1,104	50	1.530	1,416
18	1,143	1.118	52	1.563	1.440
20	1,161	1,133	54	1.598	1,465
22	1,179	1,149	56	1.634	1,491
24	1,199	1.164	58	1,672	1 518
26	1,219	1.181	60	1,712	1 543
28	1,241	1,197	62	1,753	1.574
30	1,262	1,214	64	1,796	1,604
32	1,285	1,232	66	1.843	1,635

Die Skala am Beauméschen Aräometer für Flüssigkeiten leichter als Wasser, wird so hergestellt, dass der Punkt, bis zu welchem die Spindel in eine Lösung von 1 Teil Kochsalz in 9 Teilen Wasser mit Null, und derjenige, bis zu welchem dieselbe in reinem Wasser eintaucht, mit 10 bezeichnet wird. Für Herstellung der Skala für Flüssigkeiten schwerer als Wasser wird der Nullpunkt in reinem Wasser und der 10 Punkt durch Eintauchen in 10%ige Kochsalzlösung bei 17° C. erhalten.

Bei Anfertigung der rationellen Skala wird der Nullpunkt des Aräometers in reinem Wasser bei 15° C. bestimmt und mit 66 der Punkt bezeichnet, bis zu welchem das Aräometer in reiner Schwefelsäure vom spezifischen Gewicht 1,842 bei 15° C. einsinkt.

Bei Cartiers Einteilung entspricht der Punkt 21 dem 22. Beauméschen Grade des Aräometer für Flüssigkeiten leichter als Wasser.

Beck bezeichnet an seinem Aräometer den Punkt mit 0, bis zu welchem es in reinem Wasser, mit 30 denjenigen, bis zu welchem es in einer Flüssigkeit von 0,850 spezifisches Gewicht einsinkt. Dreissigstel dieser Länge werden als Grade von 0 ab, auf- und abwärts, aufgetragen.

Das Aräometer nach Twaddle wird in England angewandt. Hierbei wird das spezifische Gewicht des Wassers als 1,000 angenommen und jede Zunahme um 0.005 entspricht 1° Twaddle, also 1° T. = 1,005; 2° = 1,010; 3° = 1,015. Der abgelesene Grad ist mit 0,005 zu multiplizieren und zu 1,000 zu addieren, um das spezifische Gewicht zu erhalten. Das spezifische Gewicht kann dann mittels obenstehender Tabelle in Beaumésche oder Becksche Grade umgesetzt werden.

Zur Ermittelung des Alkoholgehalts eines wässerigen Spiritus dient in Deutschland, Österreich und Frankreich das Aräometer nach Tralles, welches direkt Volumprozente angiebt. Ein Spiritus von 90 Prozent Tralles ist solcher Weingeist, der bei 15° C. in 100 Raumteilen 80 Raumteile absoluten Alkohol enthält. Der Preis wird jetzt nach Literprozenten angegeben, die man erhält, indem man die Zahl der Liter mit den Graden Tralles multipliziert. So sind 100 Liter von 90° Tralles 9000 Literprozente.

Bei den Aräometern für Flüssigkeiten, die schwerer sind als Wasser (Alkalimeter, Säureprober, Milchprober u. s. w.), liegt der Nullpunkt am obern Ende der Spindel. Umgekehrt befindet sich der Nullpunkt bei den Aräometern für Flüssigkeiten, die leichter als Wasser sind (Alkoholometer, Weinprober, Spirituswagen) am untern Ende der Spindel.

Sachverzeichnis.

Druckfehlerverzeichnis.

Seite 25 Zeile 15 von unten: guten statt alkalischen
„ 26 „ 7 „ „ Seidenleim statt Seifenleim.
„ 27 „ 1 „ „ Ausfällung statt Ausfüllung.
„ 33 „ 11 „ oben $Na_2 CO_3$ statt $Na_2 Co_3$.
„ 36 „ 13 „ „ der statt den.
„ 36 „ 14 „ „ Fundamentalpunkt statt Fundamentelpunkt.
„ 37 „ 8 „ unten Wichtig war dies statt wichtig war.
„ 40 „ 22 „ „ Chlorammonium stattChhorammonium.
„ 44 „ 3 „ oben $2 Ca CO_3$ statt $Ca CO_3$.
„ 47 „ 8 „ unten Filterkammern statt Filterhammer.
„ 72 „ 6 „ oben Chromfluorid statt Chromflurid.
„ 72 „ 13 „ unten mit statt man.
„ 98 „ 18 „ „ frei statt rei.
„ 99 „ 20 „ „ und wird sie statt und wird.
„ 103 „ 2 „ „ viel statt vie.
„ 111 „ 18 „ „ die statt den.
„ 120 „ 11 „ „ Parfümerien statt Parfürmerien.
„ 141 „ 6 „ „ setzt statt setzen.